水务行业技术工种培训教材

供 水 管 道 工

深圳市水务（集团）有限公司　编著

中国建筑工业出版社

图书在版编目（CIP）数据

供水管道工/深圳市水务（集团）有限公司编著．—北京：中国建筑工业出版社，2005（2024.9重印）

（水务行业技术工种培训教材）

ISBN 978-7-112-07336-8

Ⅰ．供…　Ⅱ．深…　Ⅲ．城市供水-管道施工-技术培训-教材　Ⅳ．TU991.36

中国版本图书馆 CIP 数据核字（2005）第 032979 号

水务行业技术工种培训教材

供 水 管 道 工

深圳市水务（集团）有限公司　编著

*

中国建筑工业出版社出版、发行（北京西郊百万庄）

各地新华书店、建筑书店经销

北京红光制版公司制版

建工社（河北）印刷有限公司印刷

*

开本：787×1092 毫米　1/16　印张：17　字数：420 千字

2006 年 1 月第一版　　2024 年 9 月第六次印刷

定价：**52.00** 元

ISBN 978-7-112-07336-8

（38463）

本教材以供水管道工技能标准为指导，综合知识要求和操作要求，结合供水行业特点，旨在提高供水管道工的职业技能和实际操作能力。

本教材共分四个部分，第一部分给水基础知识，第二部分管材和附属设施，第三部分管道施工，第四部分管网维护与管理。主要内容包括：给水系统，识图基础知识，水力学基本理论；管件和管材，水表，阀门；沟槽开挖与回填，管道安装，管道防腐蚀，管道水压试验与冲洗消毒，顶管施工，过河管道的施工；管网维护与管理，管网检漏，管网测压和测流等。

本教材可供自来水公司、排水公司、各水务集团所属各工种的技术工人培训用书，也可供高、中等职业学校实践教学用书。

*　　*　　*

责任编辑：胡明安
责任设计：崔兰萍
责任校对：刘　梅　李志瑛

出 版 说 明

为贯彻《建设部关于〈中共中央、国务院关于进一步加强人才工作的决定〉的意见》，落实建设部、劳动和社会保障部《关于建设行业生产操作人员实行资格证书制度的有关问题的通知》（建人教〔2002〕73号）精神，加快提高城市水务行业生产操作人员素质，培养高素质的水务技能人才，深圳市水务（集团）有限公司组织编写了"水务行业技术工种培训教材"。

本套培训教材共13册，包括：安全用氯、供水管道检漏工、机泵运行工、供水调度工、供水营销员、供水仪表工、水表装修工、水质检验工、净水工、水务电工、供水管道工、污水处理工、下水道工。

本套培训教材注重结合水务行业的工作实际，充分体现水务行业的工作特点，重点突出技能训练要求，注重实效，既体现了现代供水企业的技术操作要求，又兼顾了国内的实际发展水平，对我国供水事业的发展，具有很强的指导意义。

本套培训教材由中国建筑工业出版社出版发行。

水务行业技术工种培训教材

组织编写单位：深圳市水务（集团）有限公司

编写委员会：

主　　编：	黄传奇	
主　　审：	梁相钦	
成　　员：	韩德宏　刘振深　郑庆章　闫振武　杜　红　姚文彧	
	李庆华　陆坤明　张金松　钟　坚　廖　强　李德宏	
	吴小怡	
编写组长：	陈立新	
编写人员：	陈立新　宋　林　陈　华　王　刚　蔡　倩　常永第	
	江贤新　陈均贤　刘起香　唐贻顺	

前　言

　　城市供水是城市的命脉,是保障人民生活,发展生产和城市建设不可缺少的物质基础。城市供水是城市的重要基础设施。随着我国社会经济的迅速发展,我国的供水事业取得了巨大的成就,同时,城市供水也越来越成为城市建设和经济发展的制约因素之一。为适应城市供水行业技术进步和发展的需要,从事供水管网管理的供水管道工需要不断地提高自身的素质。供水管道工所从事的管道安装施工、维修养护、日常管理等工作都与保障供水有着密不可分的联系。本教材以供水管道工技能标准为指导,综合知识要求和操作要求,结合供水行业特点,旨在提高供水管道工的职业技能和实际操作能力。

　　本书由陈立新主编,负责拟定编写大纲、组织编写和全书的统稿工作。参加编写的有陈立新(第七章)、宋林(第八章)、陈华(第六、十五章)、王刚(第十一、十二章)蔡倩(第四、十四章)、常永第(第一、三章)、江贤新(第十三章)、陈均贤(第九、十章)、刘起香(第二章)、唐贻顺(第五章)等。本书由梁相钦等审稿,并提出宝贵意见,在此深表敬意。

　　衷心感谢深圳市水务(集团)有限公司党委书记、董事长黄传奇(博士生导师)为本书的封面题赠墨宝。

　　由于时间紧迫和编写者的水平所限,本书会存在许多不足和欠妥之处,希望各位专家和同仁提出宝贵的修改意见,以便我们下次修改时不断提高。

目　　录

第一部分　给水基础知识

第二部分　管材和附属设施

第三部分　管　道　施　工

第一部分 给水基础知识

第一章 给水系统

第一节 给水系统概述

一、给水系统分类

水在人们生活和生产活动中占有重要地位，它会直接影响工业产值和国民经济的可持续发展。因此，给水工程是城市的重要基础设施。

给水系统是保证城镇、工矿企业等用水的各项构筑物和输配水管网组成的系统。根据系统的性质，可分类如下：

（一）按水源种类，分为地表水（江河、湖泊、蓄水库、海等）和地下水（浅层地下水，深层地下水等）给水系统。

（二）按给水方式，分为自流系统（重力给水）、水泵给水系统和混合给水系统。

有些水厂设置的地势较高，水厂的清水池水位较服务的区域地势高出很多，一般在30m以上，此时可采用自流的给水方式，即清水池出水管直接与管网连通。另外一种就是采用水泵加压给水方式，通过加压达到提高服务水量和水压。还有些地势存在高低区域，可适当考虑上述两种给水方式。无论采用哪一种都必须首先满足用户的水压、水量要求，其次考虑运行的经济效益。

（三）按使用目的，可分为生活饮用、生产、消防、中水及近年来发展的直接饮用系统。

生活用水包括居住建筑、公共建筑、生活福利设施的生活饮用、洗涤、炊事、清洁卫生等用水，以及工业企业中工人的生活洗浴和食堂用水等。它的水质关系到人们的身体健康，在感官方面、化学方面和细菌学方面有严格的要求。各国根据本国的情况制定各自的水质标准。现我国实行的生活饮用水标准"GB5749—85"中针对水厂出厂水及管网水的水质有详细规定。

工业生产用水对水量、水质、水压的要求与生产种类有关。工业性质不同，生产种类不同，对水质、水量、水压的要求也不同。

消防用水是在发生火警时用于扑灭火灾的用水，可分为室外消防用水与室内消防用水。室外消防用水通过室外给水管网的消火栓上供给，每个室外消火栓应能供给 10～15 l/s的水量，且消防时管网的服务水头一般不小于 0.10MPa（10m 水柱），以满足水从消火栓流入加压泵车的水头需求。

中水系统最早出现在国外水资源较为短缺的国家，但近年来在国内部分发达城市也有使用，中水主要指用于居民厨房洗涤等相对"清洁"的排放水经过收集系统，并经简单处理，又重新被利用到居民用于冲洗厕所。由于中水系统与原有系统是两套管网，因此管网的建设需要耗费大量资金，目前中水系统在国内应用较少。

直接饮用系统是"管道优质直接饮用水"的简称。它是用分质供水的方式，在居住小区（酒店、写字楼）内设净水站，运用纳滤、反渗透或超滤型等现代高科技生化与物化技术，对自来水进行深度净化处理，去除水中有机物、细菌、病毒等有害物质，保留对人体有益的微量元素和矿物质；同时采用优质管材设立独立循环式管网，将净化后的优质水送入用户家中（或客房、办公室），供人们直接饮用。

（四）按给水的整体性可为分统一给水系统和分区给水系统

统一给水系统是指整个给水区域，利用共同的取水构筑物、净水厂、输配水设备（水质、水压相同），统一供应生产、生活及消防等各项用水。

给水区地势高差较大或功能区分比较明显，且用水量较大时，可以采用相互独立的给水系统，这种系统称为分区给水系统。根据用户对水质及水压的不同要求，分区给水又分为分压给水系统和分质给水系统。具体如下：

1. 当给水区域（给水管网）的地势高差较大时，若采用同一个给水系统，则势必因地势较低的区域水压过高，而造成不必要的水头浪费，同时给使用和维修带来困难，管网的使用寿命也将降低，运行及维护费用较高。对此我们可采用分压的给水方式，将管网分成高低两个供水区，或高、中、低等若干个区域分别进行加压的给水方式，这样减小了管网的工作压力，降低了管网的运行费用。一般地势高差达 30m 左右，可考虑分压给水。

2. 对一般的工业用水（除电子、仪表等行业外），其水质要求比城市生活饮用水质低，此时可以采用分质供水。若条件适宜，可不用同一水源。例如，取地表水经过简单处理后供工业用水，地下水经过标准处理后供生活饮用水。

二、给水系统的组成

给水系统由相互联系的一系列构筑物和输配水管网组成。它的任务是从水源取水，根据用户对水质的具体要求进行处理，然后将水输送到给水管网，并向用户配水。其工艺流程图如图 1-1 所示。

为了完成上述任务，给水系统常由下列工程设施组成：

（一）取水构筑物：用以从选定的水源（包括地表水和地下水）取水，并输送原水至水厂。

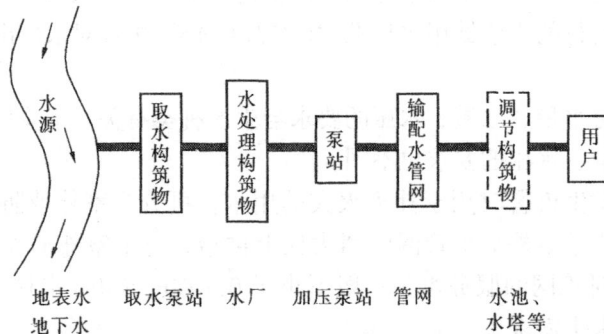

图 1-1 工艺流程

（二）水处理构筑物：用以将从取水构筑物的来水加以处理，以符合用户对水质的要求。这些构筑物常集中布置在水厂范围内。

（三）泵站：用以将所需水量提升到要求的高度，可分为抽取原水的一级泵站、输送清水的二级泵站和设于管网中的增压泵站等。

（四）输水管渠和管网：输水管渠是将原水送到水厂或将水厂的水送到管网的管渠，其主要特点是沿线基本无流量分出。管网则是将处理后的水送到各个给水区的全部管道（主要指直径较大的干管）。

（五）调节构筑物：它包括各种类型的贮水构筑物，例如高位水池、水塔、清水池等，用以贮存调节不均匀的用水量。

泵站、输水管、管网和调节构筑物等总称为输配水系统。从给水系统整体来说，它是投资最大的子系统。

三、管道在给水系统中的作用

城市管网是连接各给水系统各构筑物及用户的惟一通道，在给水系统中占有重要地位，是整个给水系统中工程量最大，投资最多的部分，其投资额约占总系统投资的60%~70%。一座现代化的城市里，输配水系统管道纵横交错长达数千公里，口径也日愈增大。其次管道的口径及布局是否合理对整个管网系统今后的运行及保障用户水质、水压有着深远的影响。因此，如何保持管网输水畅通，输送水质稳定，应根据城市的总体发展规划、用户的用水量分布特征、地形地势等基础数据，按经济、合理、科学的方案输送配水，确保用户对水量、水压、水质的要求，是管网设计、施工、维护、管理的重要任务。

一般城市发展到哪里，给水管网就延伸（覆盖）到哪里。管网的设计、规划是否合理关系到给水管网的安全、可靠、经济、运行，并且直接关系到广大人民群众的生活及生产的水量、水压及水质。另一方面，由于管道一般敷设在地下，给管道的使用及维护都带来一定的难度，进行管网建设时，应尽量做到规划、设计、施工既经济又合理，运行既安全又可靠。

第二节　城市给水管网形式及布置

一、管网的布局及种类

我们把水厂送水泵房到用户水表前部分的给水管道称为给水管网。给水管网的任务是把净水厂的净化水输配到各用水的区域，然后通过用户的引入管将水引入建筑物的给水管中，供生活设备或生产设备及消防设备等用水。也有将位于管道市政道路上的部分称为市政管网，小区或自然村的管网称为小区管网，用户表后的部分，一般称之为室内给水管网。

管网的布置形式多种多样，但是总的来说有两种基本形式：树状网和环状网。如图1-2所示。

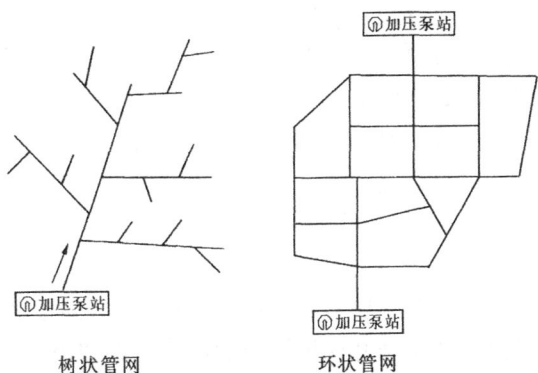

图 1-2　管网布置形式

树状网中，如 1-2 图所示，主管上分出支管，支管上分出用户管，管径逐渐变小，整个管网犹如树枝状。对于管网中用户，单方向来水，给水可靠性较差，任何一段管损坏或停水时，该管段以后的所有管线都会断水。此外，由于树状管网的水流为单向流动，当末端因用水量较小，水流就会缓慢，甚至停滞不动，水质容易变坏。

环状网中，如上图所示，管道与管道之间相互连接，整个管网形成许多个环，对于管网中用户，双向来水，任一管段损坏时，可用阀门隔开，进行检修，水可以从其他方向的管线供应用户，缩小停水区域，从而增加给水可靠性。此外，环状管网，可大大减轻因水锤造成的危害，而在树状管网中，水锤对管网的冲击基本没有缓冲能力，易出现此类事故，但是由于管网连成环状，这使建设投资明显比树状管网高。

树状管网一般适用于小城镇和小型工矿企业，此外在城镇发展初期可采用树状管网，以后逐步连成环。实际上，现有城镇给水管网多是树状网和环状网结合起来。在城镇中心地区，布置成环状网，在郊区则以树状网形式向四周延伸。给水可靠性要求较高的工矿企业必须采用环状网。设计施工中，尽量将环状网和树状网灵活地结合起来，可达到既安全又经济的效果。

二、城市管网的布置

给水管网的布置既要求安全可靠供水，又要注重经济效益；一方面考虑一次性投资，也要兼顾其运行能耗。作为城市的基础设施，管网系统的建设、规划要与城市的其他设施一并考虑，目前各大中城市都进行总体规划，并颁布了各自供水条例，以确保城市给水管道的安全、可靠运行。

（一）输水管

水厂的送水泵房至城市管网之间的主干管我们称之为管网的输水管道。由于工业及人民生活用水的需要，供水是不允许间断的，输水管应当敷设两条以上。同时两条输水管一般平行敷设，并保持一定的距离，在适当位置设置连通管道，保障其中任何一条进行检修时，其余管道保证 70% 的输水量。

（二）配水管

配水管是指输水管道送出的水，把它分配到各用水区域、各用户去的管道。配水管可分为配水干管和配水支管。配水干管是指在主要给水区域的较大口径的水管，配水支管是指口径相对较小的管道，一般是各用户、建筑物的进水管。对于大中城市一般指等于或大于 DN300 的配水管，这些管道多数是形成环状。

（三）管道的敷设

在城市里，给水管道一般是沿街道、道路敷设的，但在这些道路下面埋设的还有其他管线，例如：雨水管、污水管、煤气管、电缆沟、路灯线、通讯线等等，地面以上还有树木、广告牌、路灯等都需要占一定的位置，因此需要综合平衡和统一规划，对室内给水、消防管道也如此，具体要遵循国家（《城市工程管线综合规划规范》）及地方的相关规范。总的来说主要是以下几点：

1. 平面及立体布置

平面布置主要考虑给水管线在平面上距离其他管线及构筑物的尺寸，以保证管道的安装及维修的空间并保护周边的设施。例如由于漏水导致土层下陷而使其他管线、建筑物沉陷等情况。立体布置主要是指给水管道在立面与其他管线的间距。

2. 埋设深度

管道的埋设深度与管材、地面荷载、地质情况、土壤环境、温度（北方考虑冻土层）、其他管线埋深等都有关，由于埋设深度还涉及到管道的施工费用，因此要综合考虑。一般而言，管道埋设在 0.7m 以下，北方地区还应考虑冻土层厚度，埋深在冻土层以下。

3. 管线的优先原则

（1）压力管（自来水）避让重力管（雨、污水管），压力管上方覆土不够时，可从下方绕行。

（2）小管径避让大管径。

（3）支管避让干管。

（4）软管（电力线、通讯线）避让压力管（自来水）。

（5）管道相互交叉时，其相互之间的垂直净距离不小于 0.15m。个别管线如电力管沟与其他管线最小垂直距离为 0.5m。

4. 特殊地理条件的处理

由于城市建设的复杂性，给水管线往往还需要穿越河流、铁路、不良土壤、立交桥等特殊地理环境，对每种情况管道都有相应的处理及保护措施，规范都有总体要求。

三、管网的附属设施

管网的运行及维护管理需要设置一些附属设施，常见的有阀门、排气阀、排泥阀、止回阀、消火栓及各种管件。

1. 阀门

阀门是为了控制水的流向，调节水的流量。在管道出现故障时，关闭阀门实施管道的断流，便于进行检修。一般在支管驳接外、路口、管道长度达到一定距离等设置，设置数量不宜过多，但要考虑到实际的关阀方案。一般而言 DN400 以上可设置蝶阀，DN400 以下可设置闸阀。

2. 排气阀

水中通常溶有一定数量的气体，溶解程度随稳定和水压而变化，气体释放时由于其密度小于水，往往聚集在管内的顶部，从而压缩了过水断面，增加了水头损失，同时由于其具有流动性，往往由于水流方向的改变导致气体的迅速压缩形成局部压力过大，对管道的运行带来危害，甚至还可能形成水锤。排气阀主要起到排除管内气体作用，一般设置于一段管最高处，设置的口径一般取主管的 1/8。

3. 排泥阀

严格上讲，并不存在单独排泥阀，应该是排泥系统。其主要作用是：1）在管网进行维修抢修或停水碰口时，及时将管道内的存水或因阀门关闭不严的漏水及时排出，便于施工作业，提高维修、抢修的工作效率。2）定期对管网排放，使得管网中的砂、石、管垢等杂物顺利排出，维护管网的水质。主要由控制阀门、湿井、雨水井及连接管道组成。排泥阀的口径一般为主管的 1/4～1/3。

4. 止回阀

止回阀又称逆止阀或单向阀，是利用阀前阀后介质的压力差而自动启闭的阀门。其作用是控制介质的流向，只允许介质朝一个方向流动，反向流动时阀门自动关闭。主要安装在水泵出水管、用户水表后，阀体上标注介质的流向，不得装反。

5. 消防栓

消防栓可分为室内和室外两种。室外消防栓的布局，按照其作用半径设置，通常消防栓的半径间距按 120m 考虑，一般安装在人行道的边缘，距离道牙 0.5m 以上，以便消防车接水。室外消防栓还可分为地上及地下两种，可结合具体情况分别选用。室内消防栓的设置按照建筑设计防火规范来执行。

6. 管件

管件是指管路连接部分的成型零件，如接头、弯头、三通、法兰、异径管等。系统输配水管网由各种管道和连接件按设计要求组合安装而成，是给水系统的重要组成部分。管道和连接件在系统中用量大、规格多，所用的管道和连接件规格是否适合、质量好坏等，直接关系到工程费用的大小以及工程质量和使用寿命。一般可分为钢制管件、铸铁管件和非金属管件。从材质上、连接方式上、承受内压上及规格品种上与管材基本相同。

第三节 用水量、水压、水质

城市给水的根本目的是保证用户具有充沛的水量、充足的水压、优良的水质，管道设计的基本依据是水量、水压、水质。

一、用水量

管道设计时要首先计算该条管道输送的水量，需要对各类用水的数量按用水量标准进行计算，然后加以综合，作为设计的依据。

（一）用水标准

按照用水性质不同，其用水的标准也不同，概况起来分为生活用水、生产用水、消防用水、直接饮用水四类。

1. 生活用水量

生活用水量在各地区，甚至在同一地区的不同地点，其变化范围也较大，生活用水量的大小与人的生活水平、习惯、卫生设备条件、气候情况等因素有关。由于我国幅员辽阔，生活习俗差异大，具体每类标准的选择国家及地方有相应的标准，设计时应参照标准执行，执行的标准是地方优于国家。

2. 生产用水量

生产用水量一般是用水户根据企业的性质提出要求，计算的方法有：

（1）按照单位产品的具体需水量，如生产 1 吨化工材料需要多少水，从而计算出该厂总的生产需水量，其数值的选取主要根据工厂的生产工艺。

（2）按照各台设备用水量计算，累计计算出整个工厂的总生产需水量，但要考虑设备同时利用的系数及水的回收。

两种计算比较，前者计算较为简便，一般可进行宏观的统计分析，后者计算要求原始设备的资料齐全，但数值较为精确。

3. 消防用水量

消防用水是指发生火情时，用以扑灭火头所需的水量，主要分为室内和室外两部分。

（1）室外消防用水量

根据其对象不同，选取的数值不同，一般可分为居住区、工厂、仓库和民用建筑等构筑物类型，具体数值可参考国家标准。

（2）室内消防用水量

室内消防的供水分直接利用管网压力及消防泵增压两种情况。消防泵可固定在建筑物内，也可利用消防车上的水泵和室内消防水管的特制预留口水泵接合器连接起来增压。

4. 直接饮用水量

根据建筑和居住小区优质饮用水供水技术课题组的直饮水研究成果报告及国家关于生活饮用水设计规范要求，设计每人饮水量为 $2 \sim 4L$（人·d），日平均水量 $Q = nq$ L/天（w = 人数），最高日用水量 $Q_h = KQ = 1.5Q$ L/d。

（二）用水量的变化

无论是生活用水还是生产用水，其用水量都不是一个不变的数值，而是与季节、时段、生活习惯及生产活动都密切相关的。例如南北方由于气候差异、生活习惯差异，南方用水普遍比北方高，白天用水比晚上多等等。

1. 最高日用水量

指全年中用水量最高的一天用水量。在管网计算时一般以该数值确定用水规模的依据。

2. 日变化系数（$K_日$）

指全年中最高日用水量和全年平均日用水量的比值，用 $K_日$ 表示。根据设计的对象及范围不同，其选取的大小存在差异。例如一座城市来讲，日变化系数大致在 $1.1 \sim 1.5$ 之间。一般而言，城市越大、用户数越多，日变化系数越小。

3. 时变化系数（$K_时$）

指在用水最高日里，每小时的最高用水量和该日平均时用水量的比值，用 $K_时$ 表示。其数值对城市一般在 $1.1 \sim 3.0$ 之间。根据时变化系数及最高日用水量，可求出最高时用水量。

【例题】 南方某城市居住人口为 30 万人，用水普及率达到 95%，平均日生活用水量标准按 150L/（人·d）计算，城市公共设施用水按生活用水量的 20% 计，日变化系数为 1.25，时变化系数为 1.6，最高时城市工业生产用水占生活、公共设施用水的 80%，未预见水量按总需求水量的 10% 计，管道漏失水量按总输水量的 5% 计。

【求】 （1）管网总的最高时需输送的水量？

（2）整个城市的最高时加消防时需要输送的水量为多少？

【解】

该城市平均日的生活及公共设施用水量为：

$$300000 \times 150 \times (1 + 20\%) \times 95\% \div 1000 = 51300 \text{m}^3/\text{d}$$

该城市最高日的消费水量为：

$$51300 \times 1.25 \times (1 + 80\%) \times (1 + 10\%) = 126967.5 \text{m}^3/\text{d}$$

管网总的最高时需输送的水量为：

$$126967.5 \div 24 \div (1 - 5\%) \times 1.6 \div 3600 = 2.475 \text{m}^3/\text{s}$$

查阅给排水设计规范，该城市同一时间内的火灾次数为 2 次，一次灭火用水量为

80L/s。则该城市管网在最高时加消防时总的输送水量为：

$$2.475 + 2 \times 80 \div 1000 = 2.635 m^3/s$$

二、水质

管道输送生活饮用水的水质关系到人们的身体健康，同时根据工业生产使用的工艺要求，也关系到产品的质量及成本。因此，水质在感官方面、化学方面和细菌学方面有严格的要求。各国根据本国的情况制定各自的水质标准，现行的我国生活饮用水标准为：GB 5745—85，其中针对水厂出厂水及管网水的水质在感官指标、化学指标、毒理学指标和细菌学指标四大方面共计 35 项做了详细规定。例如：管网末梢余氯含量不小于 0.03mg/L、大肠杆菌含量不大于 3 个/L、细菌总数不大于 100 个/mL、浊度不小于 3ntu 等。另外，近年来随着经济的发展，国内部分发展相对较快的城市正积极进行城市供水实现直接饮用的总体规划，参考国外发达国家的水质标准制定出自己水质规划标准，并正进行实施。

不稳定的水质对金属管道、金属附属设施有腐蚀作用，同时由于水中碳酸盐分解及水中生物化学反应而结垢，堵塞管道和设备，从而对管道系统的输水能力、用户水量、水压等都有着一定的影响。作为给水管道安装、维修和管理人员应该了解水质的要求，更重要的是设法使水在管道内输送时，保持水质稳定，不受污染。客观的说影响水质的因素较多，且较为复杂，到底哪一类占主导地位，各个城市因其自身特点不同也不同。对水质造成影响的主要因素有如下几点：原水水质、水中微生物、pH、管材、二次供水设施、卫生器具的设计等。

三、水压

市政管网压力能够满足建筑物用水的服务水头时一般由市政管网直接供给生活用水，满足不了个别建筑物需要较高压力时，应由建筑物内部自行加压解决。对地势相对较高的区域可考虑局部区域的整体加压。对生活用水管道，各卫生设备处的剩余压力（自由水头）都有最低的要求。同时对于不同层次的构筑物，在建筑物前的最小水头（地面以上），国家都有相应的规定。例如：一层楼房的自由水头最小为 10mH_2O，二层最小为 12mH_2O，三层以上按每层增加 4mH_2O 计算。

对于消防用水，要根据低压和高压消防供水系统，分别考虑。通常在城市给水管网上只能供给消防用水的水量，不能保证消防要求的水压。但室外消防栓的水压（从地面计算）不应小于 10mH_2O，以便向消防车灌水。高压消防的供水系统，管道的压力保证当消防用水量达到最大值，水枪布置在任何建筑物的最高处时，水枪的充实水压不小于 10mH_2O。

复习思考题

1. 给水管网按目的分有哪几种？按给水的整体性可分为哪两种形式？各自的优缺点？
2. 常见的给水工艺都包括哪些？其中哪部分是投资最大的部分？
3. 给水管网的分类有哪两类？分别有什么特点？
4. 常见的管道附属设施有哪些？分别起什么作用？
5. 用水量标准定义？日变化系数及时变化系数定义及各自的变化特点？
6. 我国生活饮用水标准是什么？其中对四项指标做了哪些详细规定？
7. 影响水质的因素有哪些？

8. 从地面计算，6层楼及2层楼所需的自由水头分别是多少？

9. 我国的某省级城市居住人口为200万人，用水普及率达到95%，平均日生活用水量标准按180 L/人·d计算，城市公共设施用水按生活用水量的30%计算，日变化系数为1.2，时变化系数为1.55，工业生产用水占生活的80%，未预见水量按总需求水量的10%计，管道漏失水量按总输水量的10%计。

10. 城市居住人口为30万人，用水普及率达到95%，平均日生活用水量标准按150L/人·d计算，城市公共设施用水按生活用水量的20%计，日变化系数为1.25，最高小时城市工业生产用水占生活、公共设施用水的80%，未预见水量按总需求水量的10%计，管道漏失水量按总输水量的10%计。

求：（1）管网总的最高时需输送的水量？

（2）整个城市的最高时加消防时需要输送的水量为多少？

第二章 识图基础知识

第一节 识制图基本知识

一、给排水工程制图标准

（一）图幅

所有设计图纸的幅面，均须符合表2-1的规定。表中尺寸是裁边后的尺寸，单位均为mm。

设 计 图 纸 幅 面　　　　　　　　　表 2-1

代号　　图幅	0 号	1 号	2 号	3 号	4 号
$B \times L$	841 × 1189	594 × 841	420 × 594	297 × 420	210 × 297
C	10			5	
A	25				

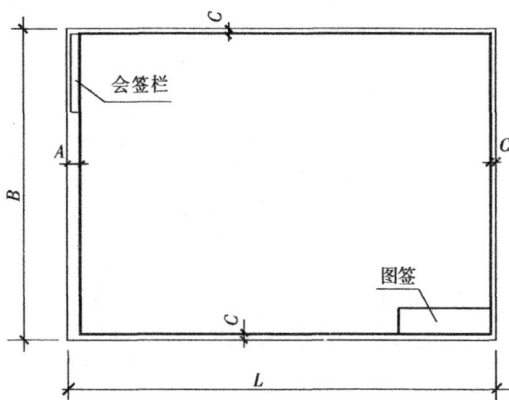

图 2-1　幅面代号的意义

可以看出，1 号图幅是 0 号图幅的对裁，2 号图幅是 1 号图幅的对裁，其余类推。表中代号的意义见图 2-1 所示。为使图纸整齐划一，在选用图幅时，应选定某一种为主，尽量避免大小图幅掺杂使用。

图纸的标题栏（简称"图标"），应放在图纸右下角，大小如图 2-2 所示。会签栏（图 2-3）应竖放在图纸左上角图框线外。

（二）图线

图线的宽度 b，应根据图纸的类别，比例和复杂程度按规定选用，线宽 b 宜为 0.7 或 1.0mm。给水排水专业制图，常用的各种线型宜符合下表 2-2 的规定。

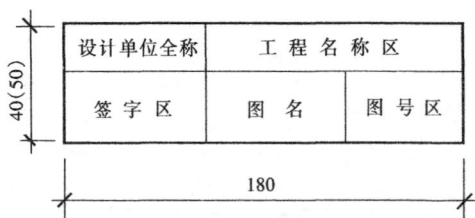

图 2-2　图标

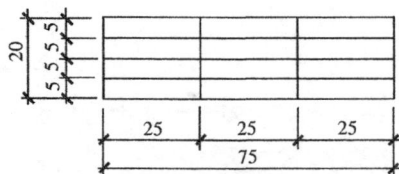

图 2-3　会签栏

线　型 表 2-2

名　称	线　型	线　宽	用　途
粗实线	——————	b	新设计的各种排水和其他重力流管线
粗虚线	— — — —	b	新设计的各种排水和其他重力流管线的不可见轮廓线
中粗实线	——————	$0.75b$	新设计的各种给水和其他压力流管线；原有的各种排水和其他重力流管线
中粗虚线	— — — —	$0.75b$	新设计的各种给水和其他压力流管线及原有的各种排水和其他重力流管线的不可见轮廓线
中实线	——————	$0.50b$	给水排水设备、零（附）件的可见轮廓线；总图中新建的建筑物和构筑物的可见轮廓线；原有的各种给水和其他压力流管线
中虚线	— — — —	$0.50b$	给水排水设备、零（附）件的不可见轮廓线；总图中新建的建筑物和构筑物的不可见轮廓线；原有的各种给水和其他压力流管线的不可见轮廓线
细实线	——————	$0.25b$	建筑的可见轮廓线；总图中原有的建筑物和构筑物的可见轮廓线；制图中的各种标注线
细虚线	- - - -	$0.25b$	建筑的不可见轮廓线；总图中原有的建筑物和构筑物的不可见轮廓线
单点长画线	—·—·—·	$0.25b$	中心线、定位轴线
折断线	——／\——	$0.25b$	断开界线
波浪线	∿∿∿∿∿	$0.25b$	平面图中水面线；局部构造层次范围线；保温范围示意线等

（三）比例

给水排水专业制图常用的比例，宜符合下表规定（表 2-3）。在管道纵断面图中，可根据需要对纵向与横向采用不同的组合比例；水处理流程图、水处理高程图和建筑给水排水系统原理图均不按比例绘制。

常　用　比　例 表 2-3

名　称	比　例	备　注
区域规划图 区域位置图	1:50000、1:25000、1:10000、1:5000、 1:2000	宜与总图专业一致
总平面图	1:1000、1:500、1:300	宜与总图专业一致
管道纵断面图	纵向：1:200、1:100、1:50 横向：1:1000、1:500、1:300	
水处理厂（站）平面图	1:500、1:200、1:100	
水处理构筑物、设备间、卫生间、泵房平、剖面图	1:100、1:50、1:40、1:30	
建筑给排水平面图	1:200、1:150、1:100	宜与建筑专业一致
建筑给排水轴测图	1:150、1:000、1:50	宜与相应图纸一致
详图	1:50、1:30、1:20、1:10、1:5、1:2、 1:1、2:1	

（四）标高

标高符号及一般标注方法应符合《房屋建筑制图统一标准》中的规定。室内工程应标注相对标高；室外工程宜标注绝对标高，当无绝对标高资料时，可标注相对标高，但应与总图专业一致。

压力管道应标注管中心标高；沟渠或重力流管道宜标注沟（管）内底标高。在给水排水工程图中，下列部位应标注标高：

1. 沟渠和重力流管道的起讫点、转角点、连接点、变坡点、变尺寸（管径）点及交叉点；

2. 压力流管道中的标高控制点；

3. 管道穿外墙、剪力墙和构筑物的壁及底板等处；

4. 不同水位线位；

5. 构筑物和土建部分的相关标高。

在给排水工程图中标高的标注方法应符合下列规定：

1. 平面图中，管道标高应按图2-4（a）的方式标注。

2. 平面图中，沟渠标高应按图2-4（b）的方式标注。

3. 剖面图中，管道及水位的标高应按图2-4（c）的方式标注。

4. 轴测图中，管道标高应按图2-4（d）的方式标注。

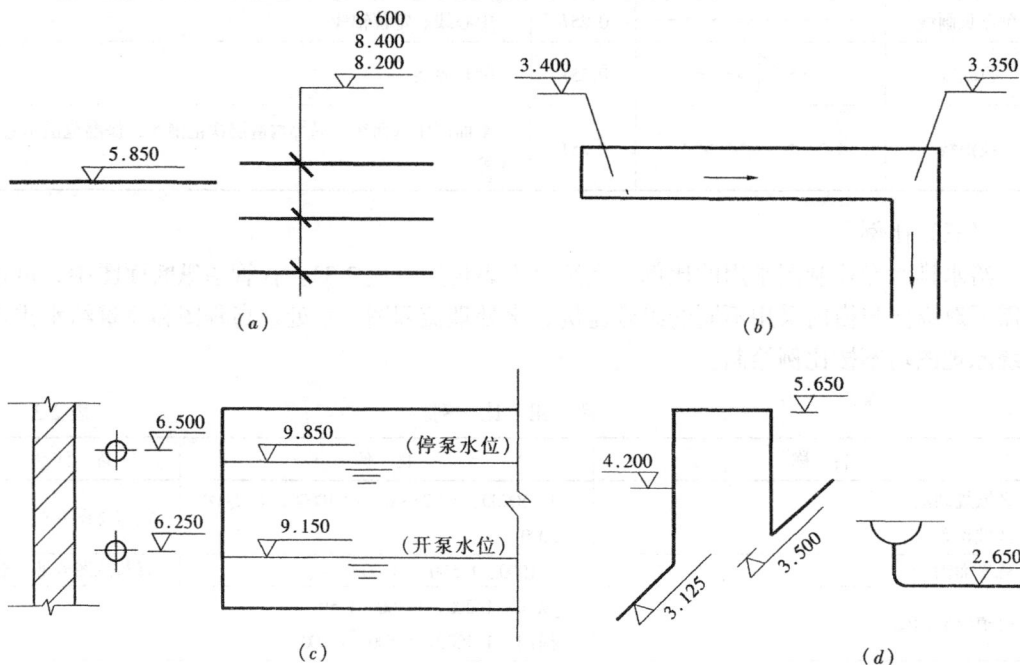

图 2-4　标高标注法

（a）平面图中管道标高标注法；（b）平面图中沟渠标高标注法；
（c）剖面图中管道及水位标高标注法；（d）轴测图中管道标高标注法

5. 在建筑工程中，管道也可注相对本层建筑地面的标高，标注方法为
$h + \times . \times \times \times$，$h$ 表示本层建筑地面标高（如 $h + 0.250$）。

（五）管径

1. 管径应以 mm 为单位；

2. 管径的表达方式应符合下列规定：

（1）水煤气输送钢管（镀锌或非镀锌）、铸铁管等管材，管径宜以公称直径 DN 表示（如 $DN15$、$DN50$）；

（2）无缝钢管、焊接钢管（直缝或螺旋缝）、铜管、不锈钢管等管材，管径宜以外径 $D \times$ 壁厚表示（如 $D108 \times 4$、$D159 \times 4.5$ 等）；

（3）钢筋混凝土（或混凝土）管、陶土管、耐酸陶瓷管、缸瓦管等管材，管径宜以内径 d 表示（如 $d230$、$d380$ 等）；

（4）塑料管材，管径宜按产品标准的方法表示；

（5）当设计均用公称直径 DN 表示管径时，应有公称直径 DN 与相应产品规格对照表。

3. 管径的标注方法应符合下列规定：

（1）单根管道时，管径应按图2-5（a）的方式标注。

（2）多根管道时，管径应按图2-5（b）的方式标注。

（六）编号

1. 当建筑物的给水引入管或排水排出管的数量超过 1 根时，宜进行编号，编号宜按图 2-6（a）的方法表示。

2. 建筑物内穿越楼层的立管，其数量超过 1 根时宜进行编号，编号宜按图 2-6（b）的方法表示。

3. 在总平面图中，当给排水附属构筑物的数量超过 1 个时，宜进行编号。

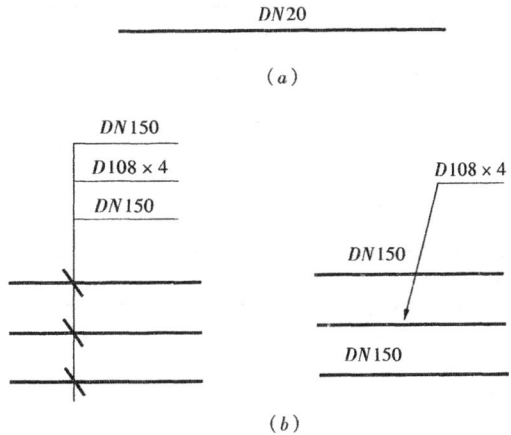

图 2-5　管径标注

（a）单管管径表示法；（b）多管管径表示法

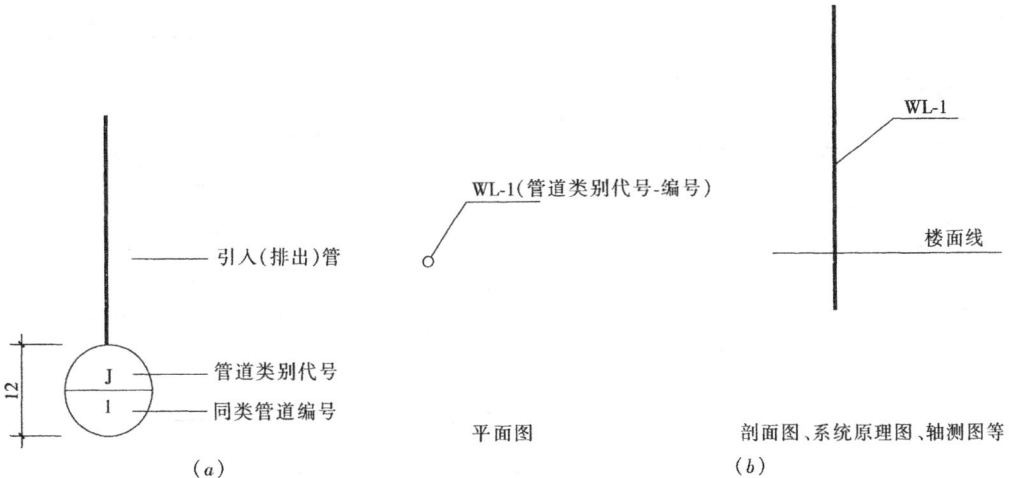

图 2-6　管道编号

（a）给水引入（排水排出）管编号表示法；（b）立管编号表示法

（1）编号方法为：构筑物代号－编号；

（2）给水构筑物的编号顺序宜为：从水源到干管，再从干管到支管，最后到用户；

（3）排水构筑物的编号顺序宜为：从上游到下游，先干管后支管。

4.当给排水机电设备的数量超过1台时，宜进行编号，并应有设备编号与设备名称对照表。

（七）符号及图例

在给水排水工程图纸中各类管道、附件均由特定的符号、图示来表示，给水排水工程图例可分为11类；要符合"给水排水制图标准"，具体分类如下，详细规定按照国家标准执行，见表2-4。

给排水工程常用图例   表2-4

序号	名 称	图 例	备 注	序号	名 称	图 例	备 注
1	生活给水管	——J——	"1"	17	刚性防水套管		"2"
2	热水给水管	——RJ——	"1"				
3	热水回水管	——RH——	"1"	18	柔性防水套管		"2"
4	中水给水管	——ZJ——	"1"				
5	循环给水管	——XJ——	"1"	19	波纹管		"2"
6	循环回水管	——XH——	"1"	20	可曲挠橡胶接头		"2"
7	蒸汽管	——Z——	"1"				
8	废水管	——F——	可与中水源水管合用"1"	21	通气帽	成品　铅丝球	"2"
9	通气管	——T——	"1"	22	减压孔板		"2"
10	污水管	——W——	"1"	23	Y形除污器		"2"
11	雨水管	——Y——	"1"				
12	保温管		"1"	24	毛发聚集器	平面　系统	"2"
13	多孔管		"1"	25	法兰连接		"3"
14	防护套管		"1"	26	承插连接		"3"
15	管道立管	XL-1　XL-1 平面　系统	X:管道类别 L:立管"1" I:编号	27	活接头		"3"
16	套管伸缩器		"2"	28	偏心异径管		"4"

14

序号	名 称	图 例	备 注	序号	名 称	图 例	备 注
29	异径管		"4"	46	化验龙头		"6"
30	转动接头		"4"	47	消火栓给水管	—— XH ——	"7"
31	喇叭口		"4"	48	自动喷水灭火给水管	—— ZP ——	"7"
32	闸阀		"5"	49	室外消火栓		"7"
33	蝶阀		"5"	50	室内消火栓（单口）	平面　系统	白色为开启面"7"
34	截止阀		"5"	51	室内消火栓（双口）	平面　系统	"7"
35	电动阀		"5"	52	水泵接合器		"7"
36	液动阀		"5"	53	自动喷洒头（开式）	平面　系统	"7"
37	气动阀		"5"	54	自动喷洒头（闭式）	平面　系统	下喷"7"
38	减压阀		左侧为高压端"5"	55	湿式报警阀	平面　系统	"7"
39	电磁阀		"5"	56	水流指示器	L	"7"
40	止回阀		"5"	57	手提式灭火器		"7"
41	球阀		"5"	58	推车式灭火器		"7"
42	自动排气阀	平面　系统	"5"	59	立式洗脸盆		"8"
43	浮球阀	平面　系统	"5"	60	浴盆		"8"
44	放水龙头		左侧为平面,右侧为系统"6"	61	污水池		"8"
45	皮带龙头		左侧为平面,左侧为系统"6"				

15

序号	名 称	图 例	备 注	序号	名 称	图 例	备 注
62	坐式大便器		"8"	73	立式热交换器		"10"
63	矩型化粪池	HC	"9" HC 为化粪池代号	74	快速管式热交换器		"10"
64	圆型化粪池	HC	"9"	75	水锤消除器		"10"
65	隔油池	YC	YC 为除油池代号 "9"	76	温度计		"11"
66	雨水口	单口 双口	单口 "9" 双口 "9"	77	压力表		"11"
67	阀门井检查井		"9"	78	自动记录压力表		"11"
68	水表井		"9"	79	压力控制器		"11"
69	水 泵	平面 系统	"10"	80	水 表		"11"
70	潜水泵		"10"	81	自动记录流量计		"11"
71	管道泵		"10"	82	转子流量计		"11"
72	卧式热交换器		"10"	83	真空表		"11"

注：备注栏内的数字表示图例类别。

1. 管道类；2. 管道附件类；3. 管道连接类；4. 管件类；5. 阀门类；6. 给水配件类；7. 消防设施类；8. 卫生设备及水池类；9. 小型给水排水构筑物类；10. 给水排水设备类；11. 给水排水专业所用仪表类

二、给排水管道工程图的分类

（一）按专业分类

管道施工图按专业可分为化工工艺管道施工图、采暖通风管道施工图、动力管道施工图、给水排水管道施工图。每一个专业里又可分为许多具体的工程施工图，如给水排水工程施工图可分为给水管道施工图、排水管道施工图；动力管道施工图又可分为氧气管道、煤气管道和热力管道等专业管道施工图。

（二）按图形和作用分类

按图形及作用管道施工图可分为基本图和详图两大部分，基本图包括图纸目标、施工图说明、设备材料表、流程图、平面图、轴测图和立（剖）面图，详图包括节点图、大样图和标准图。

1. 图纸目标

对于众多的施工图纸，设计人员把它按一定的图名和顺序归纳编排成图纸目录以便查阅。

2. 施工图说明

凡在图纸上无法表示出来而又非要施工人员知道的一些技术和质量方面的要求，一般都用文字形式加以说明，包括工程的主要技术数据、施工和验收要求以及注意事项。

3. 设备、材料表

指该项工程所需的各种设备和各类管道、管件、阀门以及防腐、保温材料的名称、规格、型号、数量的明细表。

4. 流程图

流程图是对一个生产系统或工艺变化过程的表示，如煤气调压站，热力工程的热力点，通过它可以对设备的位号、建筑物的名称以及整个系统的仪表有一全面了解。

5. 平面图

平面图是施工图中最基本的一种图样，它主要表示建筑物和设备的平面布置，管道的走向排列以及管径、分支等。

6. 轴测图

轴测图是一种立体图，它的特点是能在一个图面上反映出管线的空间走向和实际位置，是施工图中重要的图样之一。一般情况下多用于室内管道安装图，外线管道施工图很少用。

7. 立面图和剖面图

立面图和剖面图也是施工图中常见的一种图样，它主要是表达建筑物和设备的立面分布，管线垂直方向的排列和走向以及管线的标高等。

8. 节点图

节点图能清楚地表示某一部分管道的详细结构和尺寸，是对平面图及其他施工图所不能反映清楚的某点的局部放大。一般用代号表示，例如"A节点"。

9. 大样图

大样图是表示一组设备的配管或一组管配件组合安装的详细图，一般用双线图表示，作为加工用。

10. 标准图

是通用图，一般由国家或有关各部委出版，作为国家或部委标准予以颁发。

三、管道施工图的特点

管道施工图属于建筑图和化工图的范畴，它的显著特点是示意性和附属性。管道做为建筑物或化工设备的一部分，在图纸上是示意性画出来的，图纸中以不同的线型来表示不同介质或不同材质的管道，图样上管件、附件、器具设备等都用图例符号表示，这些图线和图例只能表示管线及其附件等安装位置，而不能反映安装的具体尺寸和要求，因此在学习看图之前，必须初步具备管道安装的工艺知识，了解管道安装操作的基本方法及各种管路的特点与安装要求，熟悉各类管道施工规范和质量标准，只有这样才算是具备了看图的基础。

属于建筑范畴的管道，如给水排水管道、采暖与制冷管道、动力站管道等等，大多数都布置在建筑物上。管道对建筑物的依附性很强，看这类管道施工图，必须对建筑物的构造及建筑施工图的表示方法有所了解，才能看懂图纸，搞清管道与建筑物之间的关系。

第二节　管道表示方式及特点

一、管道的单线图

（一）管段的单线图

图 2-7、图 2-8 为管子的单线图。根据投影原理，它的平面投影应积聚成一个小圆点，但为了便于识别，在小圆点外面加画一个小圆。也有的施工图中仅画了一个小圆，小圆的圆心并不加点。从国外引进的施工图中，则表示积聚的小圆为十字线一分为四，其中有两个对角处，打上细斜线阴影。

（二）弯头的单线图

图 2-9 是弯头的单线图。在平面图上看到立管的断口，后看到横管；画图时，同管子的单线图表示的方法相同（图 2-10），对于立管断口的投影不画成一个小圆点，而画成一个有圆心点的小圆，横管画到小圆边上。在侧面图（左视图）上，先看到立管，横管的断口在背面看不到，这时横管应画成小圆，立管画到小圆的圆心。在单线图里，管子画到圆心的小圆，也可以把小圆稍微断开来画。这两种单线图的画法，虽然在图形上有所不同，但意义上却相同。

（三）三通的单线图

在图 2-11 的三通单线图中，在平面图上先看到立管的断开口，可以把立管画成一个圆心带点的小圆，横管画到小圆边上。在左立面图（左视图）上先看横管的断口，所以把横管画成一个圆心带点的小圆，立管画在小圆两边。在右立面图（右视图）上先看到

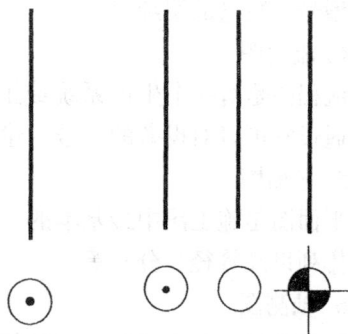

图 2-7　用单线图表示短管　　图 2-8　三种画法意义相同

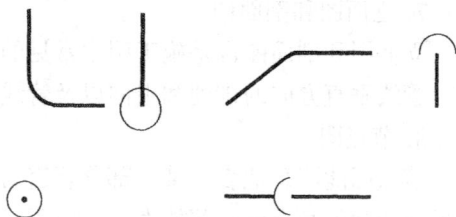

图 2-9　用单线图形式表示的弯头

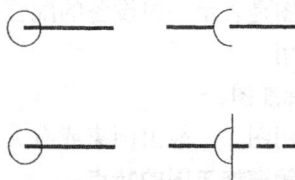

图 2-10　两种画法意义相同

立管，横管的断口在背面看不到，这时横管画成小圆，立管通过圆心。在图 2-11 中，还有一种表示的形式，即小圆同直线稍微断开，这两种画法意义相同。在单线图里，不论是同径正三通还是异径正三通，其立面图图样的表示形式相同，同径斜三通或异径斜三通在单线图里其立面图的表示形式也相同。

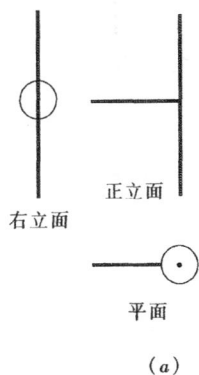

图 2-11　三通的单线图

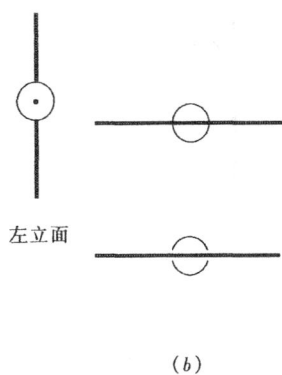

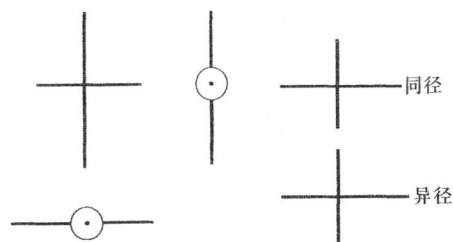

图 2-12　四通的单线图

（四）四通的单线图

四通的单线图类似于三通的单线图，如图 2-12。

（五）异径管（大小头）的单线图

同心异径管在单线图里有的画成等腰梯形，有的画成等腰三角形，如图 2-13 所示，（a）、（b），这两种表示形式意义相同。

偏心异径管单线图中，在平面上的图形与同心异径管相同，这时就需要用文字加以标注"偏心"两字（见图 2-13）。

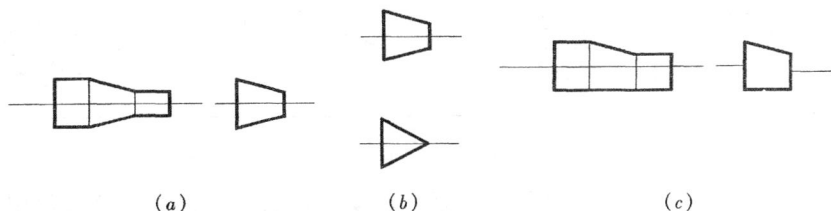

图 2-13　异径管的单线图

（a）同心大小头的单、双线；（b）两种画法意义相同；（c）偏心大小头的单、双线图

（六）阀门的单线图

在实际施工中，阀门的种类很多，用来表示阀门的特定符号也很多，因此，它的单线图和双线图的图样也很多，而且国内还没有这方面统一的国家标准。现在我们仅选一种法兰连接的截止阀以列举阀门在施工图中常见的几种表示形式，如表 2-5 所示。

二、管道的双线图

（一）管段的双线图

在图 2-14（a）中，短管主视图里的虚线表示管子的内壁；在短管俯视图里的两个同心圆中，一个小的圆表示管子的内壁，这是三面视图中常用的表示方法。在图 2-14（b）

	阀柄向前	阀柄向后	阀柄向右	阀柄向左
单线图				
双线图				

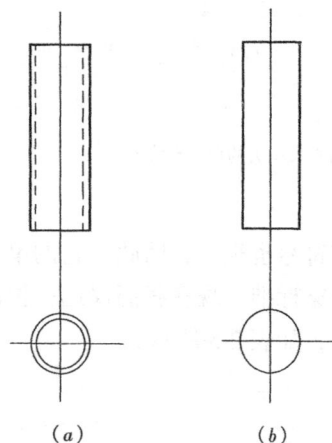

中，管子的长短和管径同图 2-14（a），但是用于表示管子壁厚的虚线和实线已省去不画了，这种仅用双线表示管子形状的，就是管子的双线图。

（二）弯头的双线图

图 2-15（a）是一个 90°煨弯弯头的三面视图，在三个视图里的所有管壁都已按规定画出。图 2-15（b）是同一弯头的双线图。在双线图里，不仅管子壁厚的虚线可以不画，而且弯头投影所产生的虚线部分也可以省略不画，如果 2-15（c）所示。这两种双线图的画法虽然在图形上有所不同，但意义却是相同的。

（三）三通的双线图

同径正三通的三视图和双线图中，两管的交接线呈 V字形直线，而异径正三通的两管交接线为弧线。画双线

（a）　　　　　（b）

图 2-14　管段双线图
（a）用三视图表示短管;（b）用双线图表示

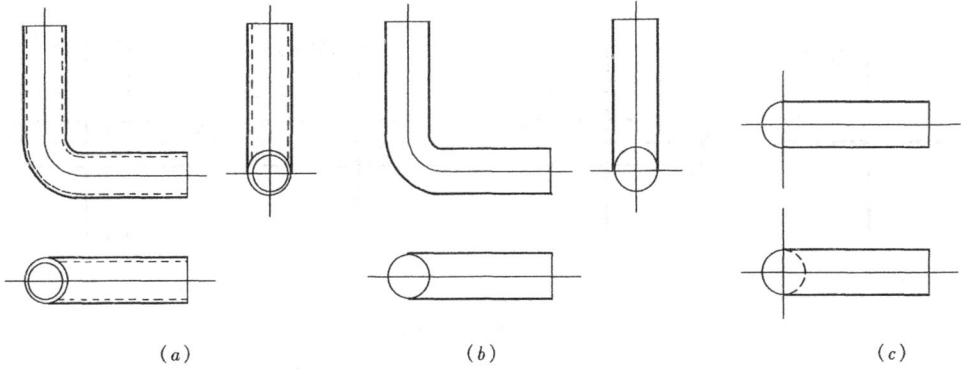

图 2-15　弯头双线图

（a）用三视图表示弯头；（b）用双线图表示的弯头；（c）两种画法意义相同弯头

图中，只要把表示壁厚的虚线和实线省去不画，仅画外形图样就可以了，如图 2-16 所示。

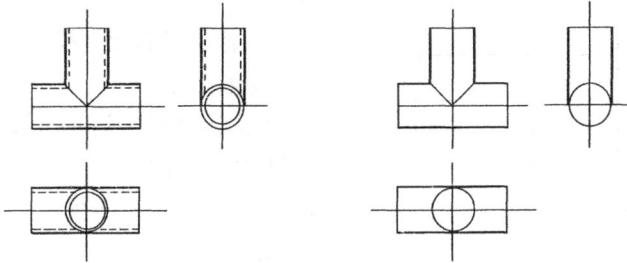

图 2-16　同径三通的三视图和双线图

（四）四通的双线图

在同径四通的双线图中，其交接线呈 X 形直线，其表示方式同三通见图 2-17。

（五）异径管（大小头）的双线图

异径管（大小头）的双线图表示方式类同其单线图，见异径管（大小头）的单线图。

（六）阀门的双线图（见表 2-5）

三、管道的交叉

（一）双路管线的交叉

在图纸中经常出现交叉管线，这是管线投影相交所致。如果两路管线投影交叉，高的管线不论是用双线，还是用单线表示，它都显示完整；低的管线在单线图中却要断开表示，在双线图中则应用虚线表示清楚，见图 2-18。

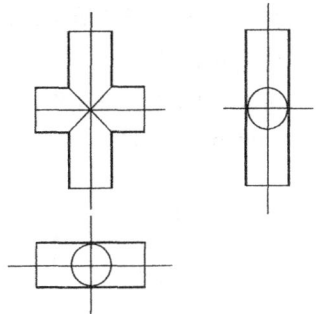

图 2-17　同径正四通的双线图

（二）多管路线的交叉

图 2-19，是由 a、b、c、d 四根管线投影相交所组成的平面图。当图中小口径管线（单线表示）与大口径管线（双线表示）的投影相交时，如果小口径管线高于大口径管线，则小口径管线显示完整并画成粗实线，可见 a 管高于 b 管；如果大口径管线高于小口径管线，那么，小口径管线被大口径管线遮挡的部分应用虚线表示，也就是 d 管高于 b 管和 c

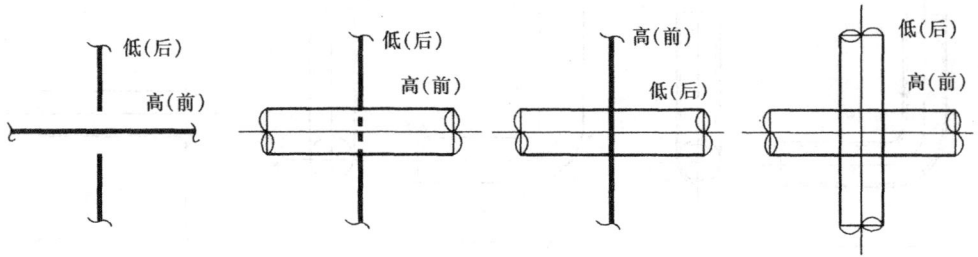

图 2-18　两路管线的交叉

管，根据这个道理，可知 c 管即低于 a 管，又低于 d 管，但高于 b 管；也就是说，a 管为最高管，d 管为次高管，c 管为次低管，b 管为最低管。

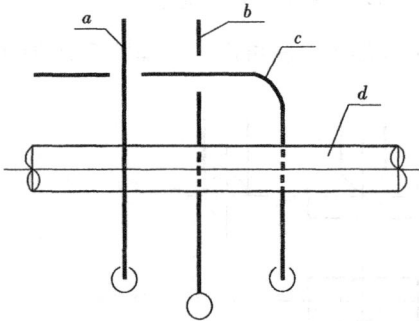

图 2-19　多根管线的交叉

如果图 2-19 是立面图，那么 a 管是最前面的管子，d 管为次前管，c 管为次后管，b 管为最后面管子。

（三）截交线和相贯线

1. 截交线

基本形体用平面截去一部分，剩下来的部分称为截断体，平面称为截切平面，截切平面与基本形体的交线称为截交线。

2. 相贯线

两个基本形体相交时，它们表面产生的交线称为相贯线。两个圆柱体相交时，相贯线是一条闭合的空间曲线。

（四）过渡线

铸造或锻造出来的零件，表面相交处通常有小圆角光滑过渡，因而没有明显的相贯线。为了看图时能分清不同的形体界限，在投影图中仍画有表面交线。这种不明显的相贯线，称为过渡线。

过渡线的画法与相贯线相同，但过渡线的两端与小圆角之间不应接触，要留一定的间隙。如图 2-20 所示。

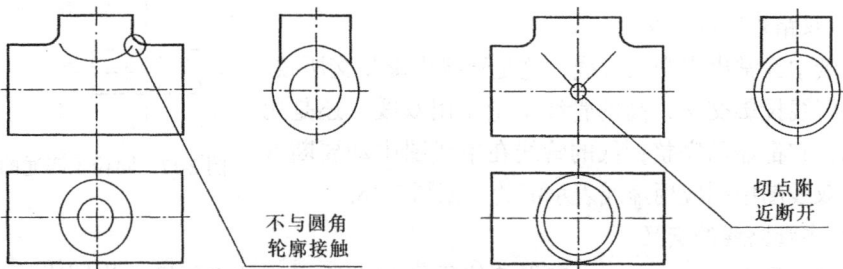

不与圆角轮廓接触

切点附近断开

图 2-20　过渡线的画法

（五）折断线

对于较长的物体，当沿长度方向的形状、结构一致或按一定规律变化时，如管子、型钢、杆件、混凝土构件等，可以假想将其折断，只画两端的形状而把中间部分省略，这种画法称为断开画法。断开处按规定画折断线，折断线用细的波浪线绘制，如图 2-21（a）。

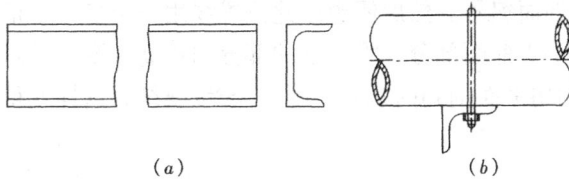

图 2-21　断开处的画法

（a）断开画法；（b）折断画法

有的时候只需要表示物体的某一部分，将其余部分从物体上折断挪开不画，只画需要的部分，在折断处也画上折断线，这种画法称为折断画法。如图 2-21（b），管道支架上的管子两端采用了折断画法。

第三节　管道剖面图

一、剖视图的概念

（一）剖视图的基本概念

为了清楚地反映管线的真实形状以及管件阀门的内部或被遮盖部分的结构形状，可以采用一个假想平面，把需要表达清楚的部位用假想平面剖切开来，并把处在看的人和剖切平面之间的部分物体移去，再把留下来的那部分物体向投影面重新进行投影，所得到的图形称为剖视图，如图 2-22 所示。

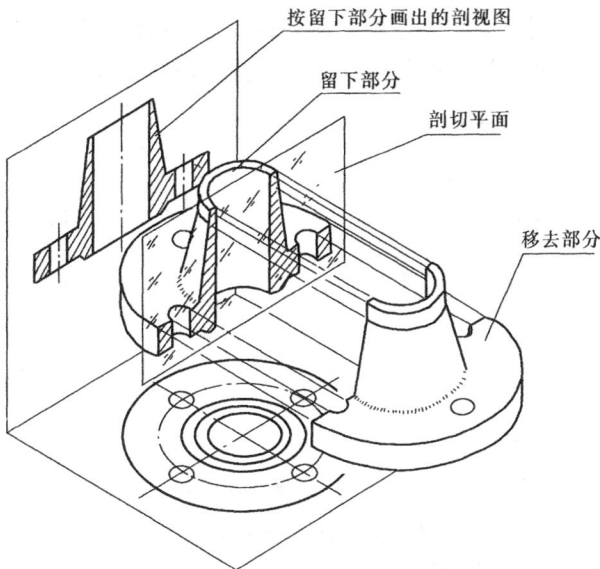

图 2-22　剖视图的基本概念

如图 2-22 中，把高颈法兰切开的假想平面称为剖切平面。剖视图中，剖切平面同物体（管子、管件或阀门）接触的部分称为剖面，剖面应画剖面符号。在图 2-22 中，剖面

23

线画成倾斜45°细实线，使剖面同未被剖切部分相区别。

在剖切高颈法兰之前，应先确定剖切位置。在平面图上，对照剖切的位置，注上位置线并标清剖切符号和剖面编号。然后假想沿此位置线用一个平行于正立投影面的剖切平面将它切开。移去剖切平面前面部分，将留下的部分向正立投影面重新进行投影（得到图形仍是立面图），并在剖切平面剖到的地方，画上45°细斜线，这样就得到了高颈法兰的剖视图，如图2-23所示。

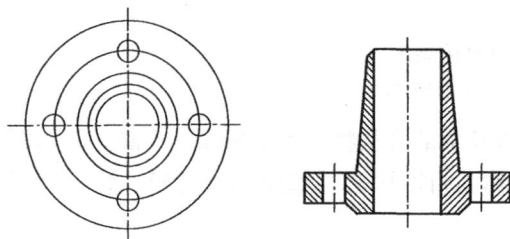

图2-23　高颈法兰的剖视图

（二）剖视图的标注

一组剖切符号一般有三方面内容：即剖切位置、剖视方向和剖面的宽度。为了达到识图时清楚、明了的目的，应在平面图中，把所要画的剖视图的剖切位置和投影方向用剖切符号表示出来，再对每一个剖视图加上编号，以免造成混淆。对剖视图的标注方法，一般有如下规定：

1. 剖切线（或称剖切位置线）是用来表示剖切平面位置的。剖切线实质上就是假想剖切平面的积聚投影，画图时规定只用两小段粗划线来表示，如图2-24所示。

2. 投影方向用垂直于剖切位置线的实线表示，在这段实线上，有的标上箭头表示投影方向，如图2-24（a）所示，有的没有标上箭头，如图2-24（b）所示。由于剖切位置线既短又粗，而垂直于剖切位置线的表示投影方向的实线相比要长些，因此，尽管无箭头，同样可以表示清楚。

3. 剖视图的编号一般采用阿拉伯数字或罗马数字，按顺序连续编排，例如1-1、2-2剖视或Ⅰ-Ⅰ、Ⅱ-Ⅱ剖视，也可用大写的汉语拼音字母或文字来表示。不论用数字还是用文字标注，一般都标在剖视图的下方（见图2-24）。在表示该剖视图剖切位置的剖切线上，应标上相同的数字（或文字），规定写在剖切线的投影方向一侧。

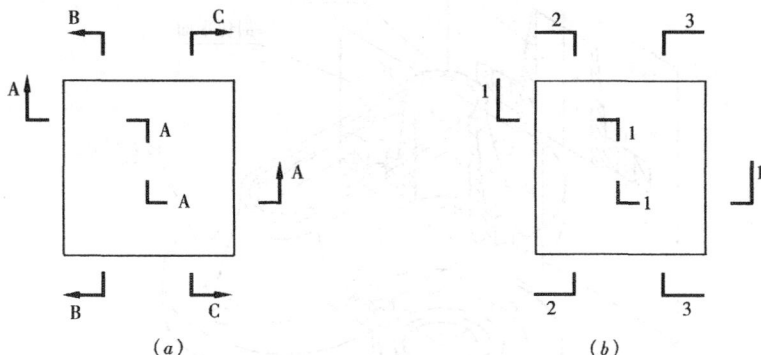

图2-24　剖视图的标注

对于剖视图的标注方法，原则上也适用于管道剖面图。

（三）全剖视、半剖视、局部剖视

1. 全剖视图

只用一个剖切平面把物体完全切开后，重新投影所画出的剖视图，称为全剖视图。图2-25为止回阀的全剖视图。

全剖视图适用于表示一般外形较简单或不对称的管件及阀件，这样能把管件或阀件的内部形状表示清楚。

2. 半剖视图

半剖视就是把具有对称平面（能将物体分成对称两半的假想平面）的物体向垂直于这一对称平面的投影面投影。并将所得到的图形，以对称中心线为界，一半画成视图，以显外形，另一半画成全剖视图，以示内形（见图 2-26）。

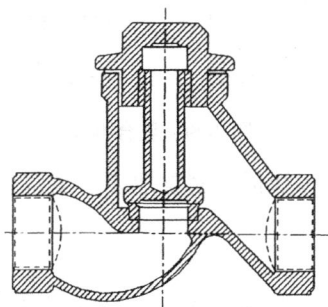

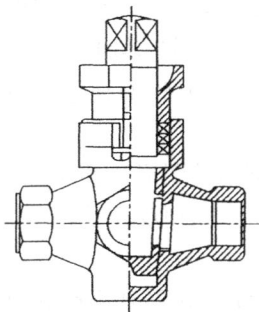

图 2-25　全剖视图　　　　图 2-26　半剖视图　　　　图 2-27　局部剖视图

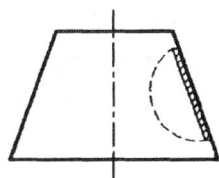

3. 局部剖视图

局部剖视就是假想用剖切平面把管件、阀件或设备的某一部分剖开后画出的图形。

局部剖视是使用最灵活的一种剖视，它的特点是剖视部分同视图以波浪线分界，波浪线表示剖切的部位和范围，一般不应同图样中的其他图线重合。如图 2－27 为同心大小头的局部剖视图。

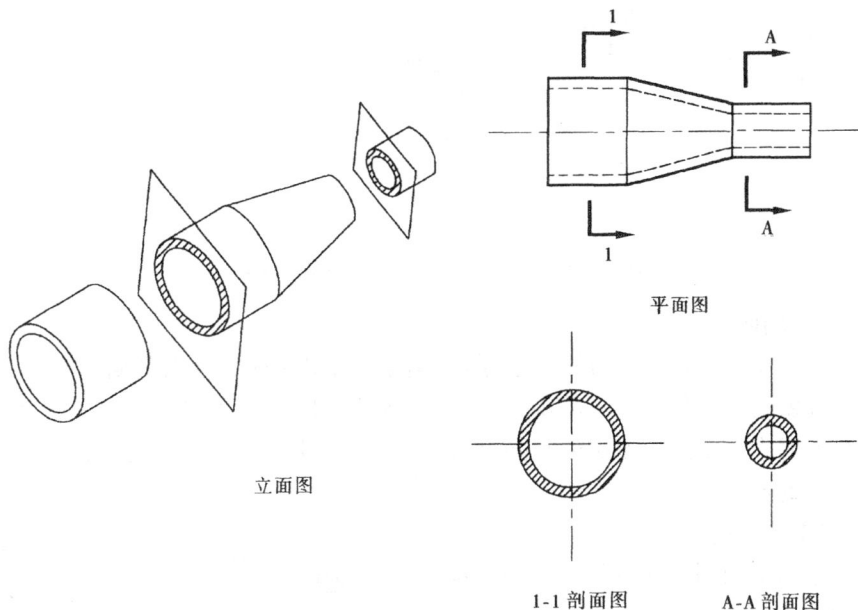

平面图

立面图

1-1 剖面图　　　　A-A 剖面图

图 2-28　管子的剖面图

25

二、剖面图的概念

(一)剖面的基本概念

假想用一个剖切平面把物体的某一部分切断，物体被切断的部分称为断面或截面。把断面形状以及物体剩余部分用正投影方法重新进行投影，并在切断面上标出剖切符号，这种图样称为剖面图（简称剖面）。它与剖视图的区别在于：只画出与剖切平面相接触的平面上的图形，而不画出剖切平面后方未被剖切部分的投影，如图 2-28 所示。

(二)重合剖面

在视图中，将剖面旋转 90°后，重合在视图轮廓以内画出的剖面，称为重合剖面。图 2-29 是用立面图和重合剖面表示角钢和工字钢形状的视图。重合剖面的轮廓线画成细实线。

图 2-29　重合剖面

当视图的轮廓线与重合剖面的图形重叠时，视图的轮廓线仍需完整地表示清楚。剖切平面应与被剖部分轮廓线垂直，以便反映受切断面的实形。

(三)移出剖面

在视图中，将剖面旋转 90°，并移到视图轮廓以外的位置画出剖面，称为移出剖面。它的轮廓线用粗实线表示。剖面内应画出剖面符号。（见图 2-30）

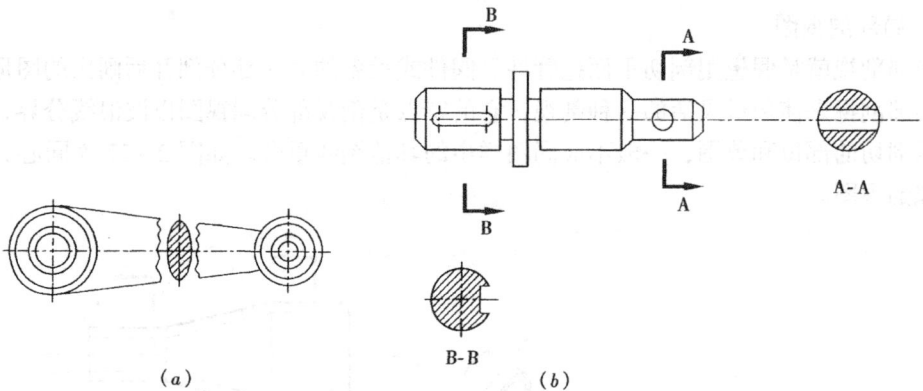

图 2-30　移出剖面图

（a）移出剖面（之一）；（b）移出剖面（之二）

(四)分层剖面

在视图中，用分层显示的方法来表示物体剖面的图形称为分层剖面图，如图 2-31 所示。在需要保温的管子外面，一般用好几种不同性质的材料紧密地分层的贴合在一起，如果仅用一个剖面来显示这保温层的不同材料，看到的就是许多大小不等的同心圆。

三、管线的剖面图

(一)单根管线的剖面图

单根管线的剖面图，并不是把管子本身沿着管子的中心线剖切开来而得到的图样。这种剖面图主要是利用剖切符号即能表示剖切位置线又能表示投影方向的特点，来表示

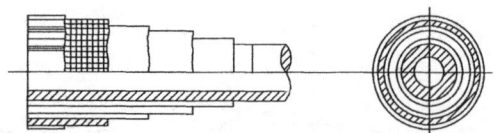

图 2-31　分层剖面图

管线的某个投影面。在图 2-32 中，A-A 剖面图反映的图样，从三视图投影角度来看就是主视图，而 B-B 剖面则是左视图。但是各剖面图的图形在排列上其关系位置显得灵活，没有三视图那么严格。

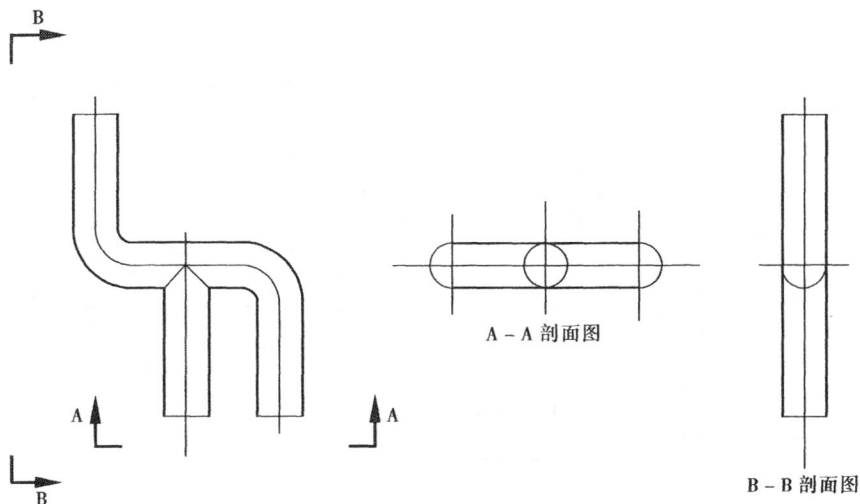

图 2-32　管线剖面图的表示

（二）管线间的剖面图

在两根或两根以上的管线之间假想用剖切平面切开，然后把剖切平面前面部分的所有管线移走，对保留下来的管线重新进行投影，这样得到的投影图称为管线间的剖面图，如图 2-33 中 A-A 剖面图所示。

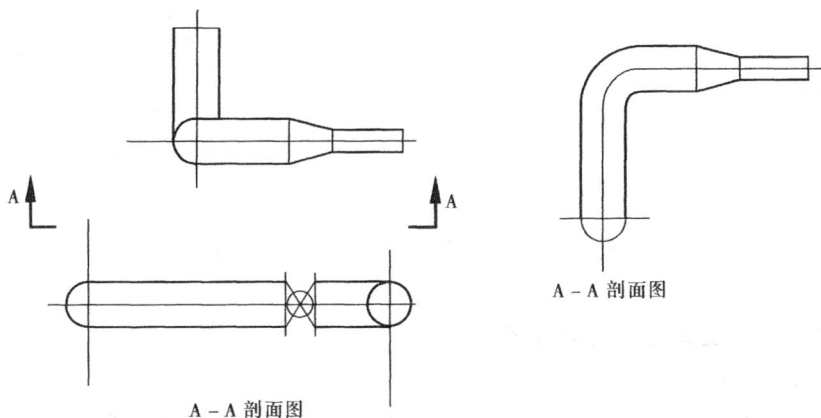

图 2-33　管线间的剖面图

（三）管线断面的剖面图

管道剖面图有的剖切管线之间，有的剖切在管线的断面上，如图 2-34、图 2-36 所示。

（四）管线间的转折剖面图

用两个相互平行的剖切平面，在管线间进行剖切，所得到的剖面图称为转折剖面图。管线间的转折剖，亦称阶梯剖又称接力剖。在管线之间所进行的剖切一般来说剖切位置线是一条直线，有时也有这样的情况，在一条剖切线上只需要剖切一部分管线，而另一部分

27

管线又非留下不可，那么就需要用转折剖切的办法来解决。按制图规定，管线间只允许转折一次，如图 2-36、图 2-37 所示。

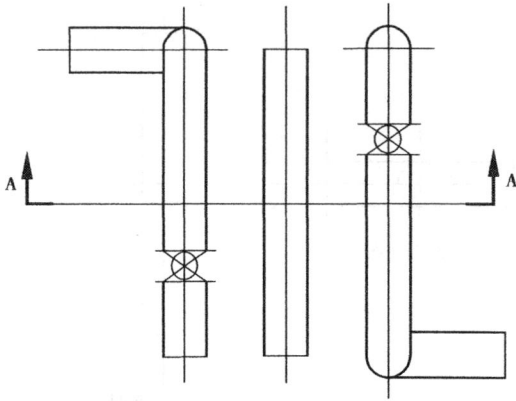

图 2-34　管线平面图（一）

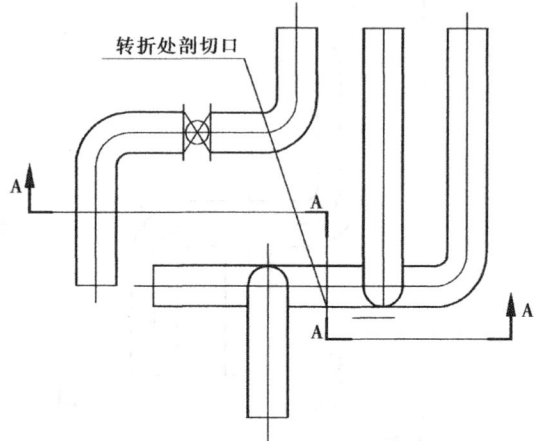

转折处剖切口

图 2-36　管线平面图（二）

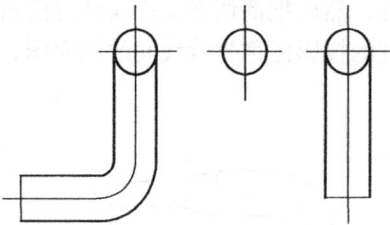

图 2-35　A-A 剖面图

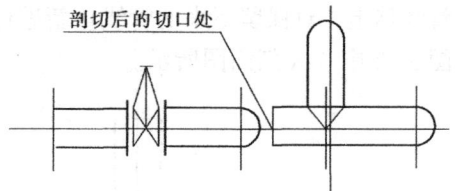

剖切后的切口处

图 2-37　A-A 剖面图

第四节　　管道工程图识读

一、管道施工图识读方法与内容

（一）识读方法

当拿到一套施工图纸后，首先看目录，然后看说明，其次根据图纸目录，依次对每张图纸进行识读，一般是先轮廓后细部，由大到小，由粗到细地认真识读。

1. 通过标题栏的阅读，可知图纸名称、比例等。

2. 通过指北针，明确管道的走向。

3. 通过管道平面图的识读，可了解管道的平面走向以及管道与平面建筑物的相对位置、管径、长度、起终点、阀门和其他附属设备的数量、位置等。

4. 通过管道立面（剖面）图的识读，可了解管道高程、地下交叉物的分布以及附属构筑物的位置等。

由于管道图的种类比较多，每张图纸之间即有联系又有区别，因此，在识读时，要相互对照看。

（二）识读内容

1. 流程图

（1）掌握设备的种类、名称、位号（编号）、型号；

（2）了解物料介质的流向以及由原料转变为半成品或成品的来龙去脉，也就是工艺流程的全过程；

（3）掌握管子、管件、阀门的规格、型号及编号；

（4）对于配有自动控制仪表装置的管路系统还要掌握控制点的分布状况。

2. 平面图

（1）了解建筑物的朝向、基本构造、轴线分布及有关尺寸；

（2）了解设备的位号（编号）、名称、平面定位尺寸、接管方向及其标高；

（3）掌握各条管线的编号、平面位置、介质名称、管子及管路附件的规格、型号、种类、数量；

（4）管道支架的设置情况，弄清支架的形式作用、数量及其构造。

3. 立（剖）面图

（1）了解建筑物竖向构造、层次分布、尺寸及标高；

（2）了解设备的立面布置情况，查明位号（编号）、型号、接管要求及标高尺寸；

（3）掌握各条管线在立面布置上的状况，特别是坡度坡向、标高尺寸等情况，以及管子、管路附件的各类参数。

4. 系统图

（1）掌握管路系统的空间立体走向，弄清楚管路标高、坡度坡向、管路出口和入口的组成；

（2）了解干管、立管及支管的连接方式，掌握管件、阀门、器具设备的规格、型号、数量；

（3）了解管路与设备的连接方式、连接方向及要求。

二、地形图

地形图是表示地物、地貌的图纸，如图 2-38 所示。地面上的固定物体简称地物，如建筑、道路、树木、电杆等。它们之间相对位置是用坐标系来控制的，地面起伏变化称为地貌，如河流、丘陵、山峰等等。地形的控制是通过地貌上各点和某一基准水平面的相对高度来实现的。我国以黄海平均海平面为基准，这一基准又称大地水准面。地貌上各点高出大地水准面高度，通称为高程或标高也叫绝对高程。高程相同的各点连接起来的曲线，称为等高线。（小型工程也有自定一基准点为零的，用此测出的高程叫相对高程）。

地表图反映地物、地貌的精确度和地形图的比例有关。地形图的比例是图上距离比实际距离。例如 1:1000 表示图上 1m 代表实际距离 1000m。用于管道平面设计方面的地形图，常用的比例有 1:500、1:1000、1:2000、1:5000、1:10000 几种。式中分母越大，比例尺越小。

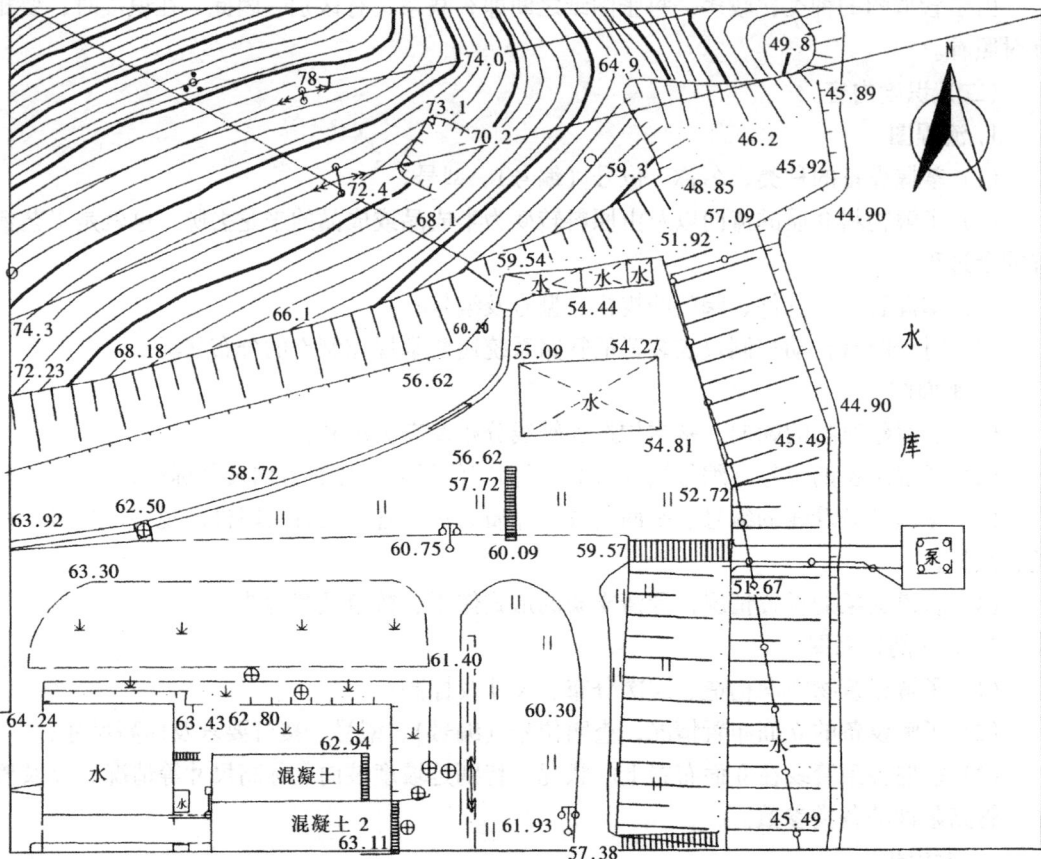

图 2-38　地形图

三、管道平面图

（一）室内给水管道平面图

1. 室内给水系统

室内给水系统根据供水对象的不同，可分为生产、生活和消防三种给水系统，由以下几个基本部分组成：

（1）引入管——穿过建筑物外墙或基础，自室外给水管将水引入室内给水管网的水平管。引用管应不小于 0.003 的坡度，坡向室外管网。

（2）水表节点——用以记录用水量。根据用水情况可在每个单元，每幢建筑物或在一个居住区内设置一个水表。

（3）配水管网——由水平干管、立管和支管所组成的管道系统。

（4）配水器具与附件——包括各种配水龙头、闸阀等。

（5）升压设备——当用水量大，室外管网压力不足时，需要设置水箱和水泵等设备。

常用的给水系统有以下几种：

（1）室内仅有给水管道系统，没有任何升压设备，直接从室外给水管道上接管引入。如图 2-39 所示。

（2）设有水箱的给水系统，如图 2-40 所示。

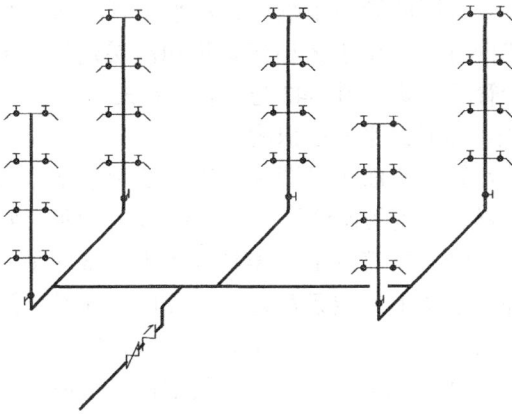

图 2-39　直接给水系统轴测图　　　　　图 2-40　设有水箱的给水系统轴测图

（3）设有水泵的给水系统，如图 2-41 所示。

（4）设有水箱和水泵的给水系统，如图 2-42 所示。

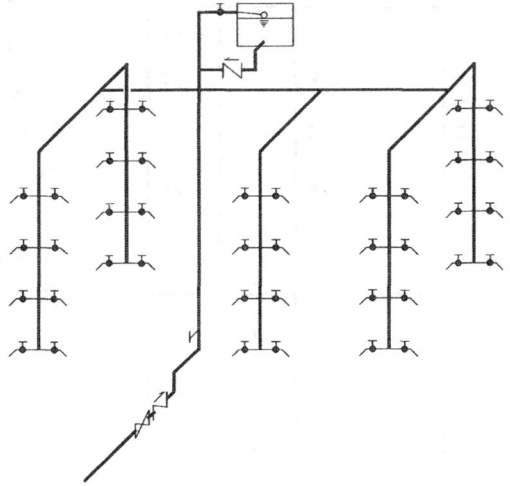

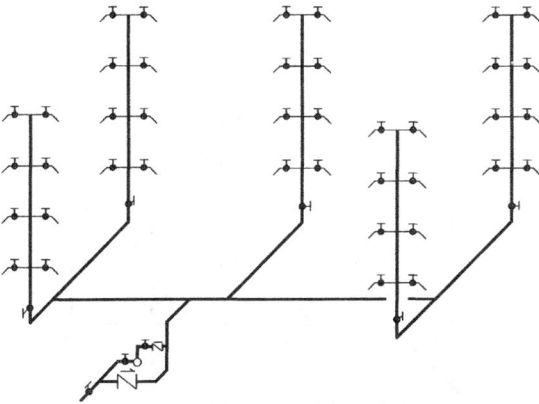

图 2-41　设有水泵的给水系统轴测图　　　图 2-42　设有水箱和水泵的给水系统轴测图

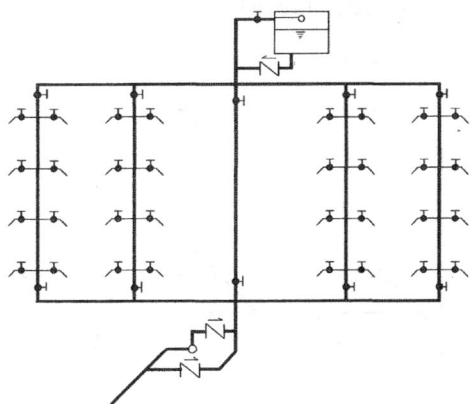

（5）分区给水系统

在高层建筑中为防止由于管内静水压力过大而损坏管道接头和配水附件，一般沿高度方向分区供水，每个分区有一套管网、水箱和水泵设备，见图 2-43。

室内给水管道的布置形式，按水平干管所设置位置不同有以下四种：

（1）下分式

又称下行上给式，水平干管埋地敷设或设在地沟内。如图 2-45 所示。

（2）上分式

又称上行下给式，水平干管敷设在建筑物顶层顶棚下或吊顶层内，管路系统自下而上供水。如图 2-40 所示。

（3）中分式

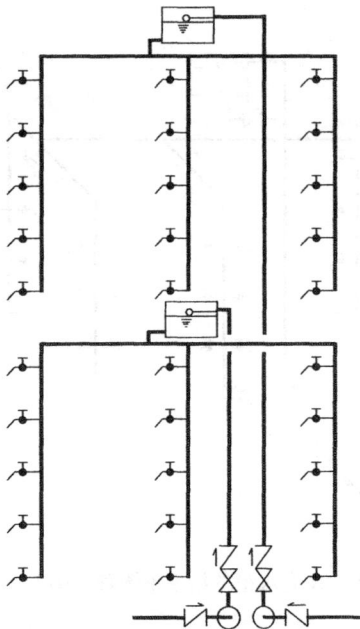

图 2-43 分区给水系统图式

水平干管敷设在底层顶棚下或中层的走廊内，管路系统向上、向下分配供水。如图2-44所示。

（4）环状式

构成环状管网的管路系统，分水平干管环状式和立管环状式两种，适用于大型建筑物和高层建筑。图2-45 水平干管环状式，图 2-42 为立管环状式。

2. 室内给水管道平面图识读

室内给水管道平面布置图是施工图纸中最基本和最重要的图样，常用的比例是 1∶100 和 1∶50 两种，它主要表明室内给水管道及卫生器具或用水设备的平面布置。这种布置图上的线条都是示意性的，同时管配件（如活接头、补心等）也不画出来，如 2-46 图，它们反映了卫生器具或水池、管道及其附件在房屋中的平面位置。图示主要内容有：

（1）房屋平面图；

（2）卫生器具和设备的类型及位置；

（3）给水管道的平面位置；

（4）图例和说明。

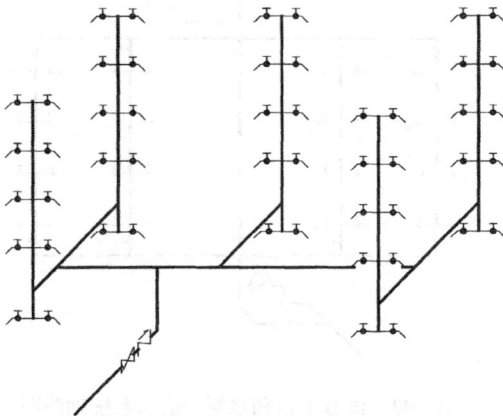

图 2-44　中分式给水系统轴测图式

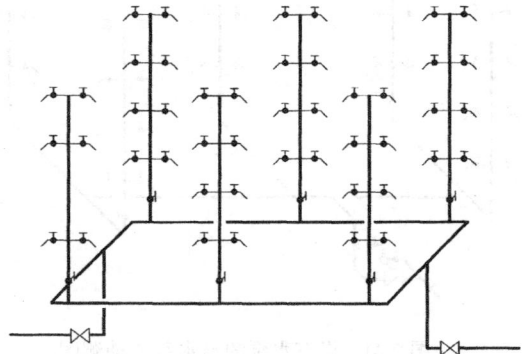

图 2-45　水平干管环状供水系统轴测图

在识读室内管道平面布置图时应掌握的主要内容和注意事项如下：

一般自底层开始逐层阅读给排水平面图。

（1）查明卫生器具、用水设备（开水炉、水加热器等）和升压设备（水泵、水箱等）的类型、数量、安装位置、定位尺寸。

（2）弄清楚给水引入管的平面位置、走向、定位尺寸、与室外给水管网的连接形式、管径等。

（3）查明给水干管、立管、支管的平面位置与走向、管径尺寸及立管编号。

（4）消防给水管道要查明消火栓的布置、口径大小及消防箱的形式与设置。

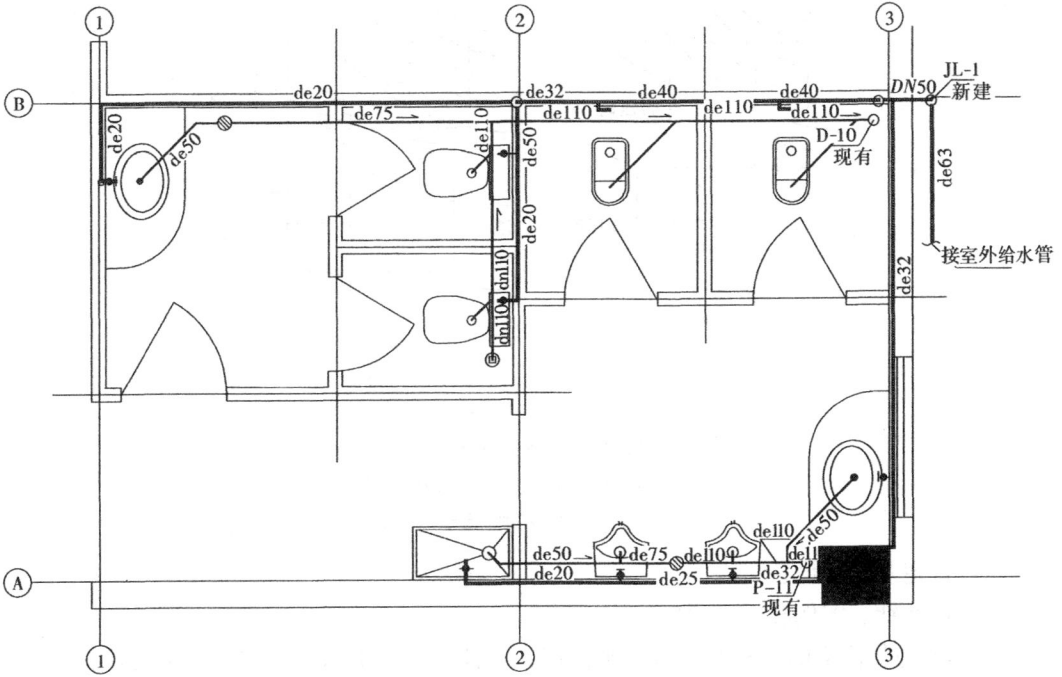

图 2-46　室内给水排水平面图

(5) 在给水管道上设置水表时，必须查明水表的型号、安装位置以及水表前后阀门设置情况。

（二）室外给水管道平面图

1. 室外给水系统

室外给水系统是指从取水，经净水、贮水最后通过输配水管网，送到用水建筑物的这样一个系统。该系统由以下几部分组成：

(1) 取水构筑物——在水源建造的取水构筑物；

(2) 一级泵站——从吸水井吸水，把水送到净水构筑物；

(3) 净水构筑物——包括反应池、沉淀池、澄清池、快滤池等对水进行净化处理；

(4) 清水池——贮存处理过的清水；

(5) 二级泵站——将清水加压送至输水管网；

(6) 输水管——由二级泵站至水塔的输水管道；

(7) 水塔——保证用户所需的水压和调节二级泵站与用户之间的水量差额；

(8) 配水管网——将水送至用户的管网，按布置形式，分为树枝式和环状式两种。

通常从取水构筑物到二级泵站都属于自来水厂的范围。

2. 室外给水管道平面图识读

室外给水工程平面图，主要表示一个厂区、地区（或街区）给水布置情况，图示的主要内容有：

(1) 比例，一般采用与建筑总平面相同的比例；

(2) 建筑物及道路围墙等设施；

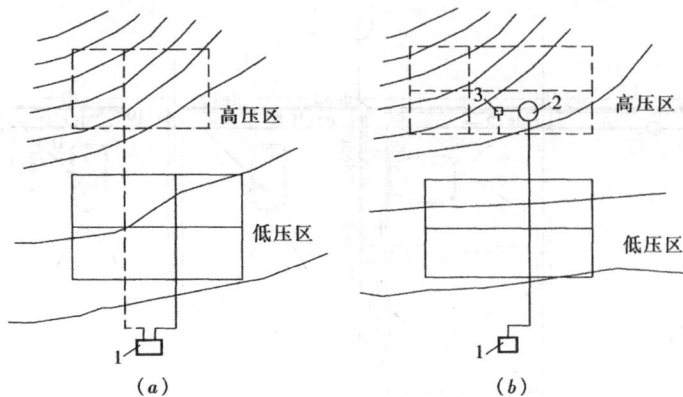

图 2-47 给水系统的组成

（a）并联分区系统；（b）串联分区系统

1—水厂；2—调节水池；3—增压泵房

（3）管道及附属设备；

（4）指北针、图例和施工说明。

图 2-48 为某住宅的室外给水管道平面图，识读时按以下内容和注意事项进行：

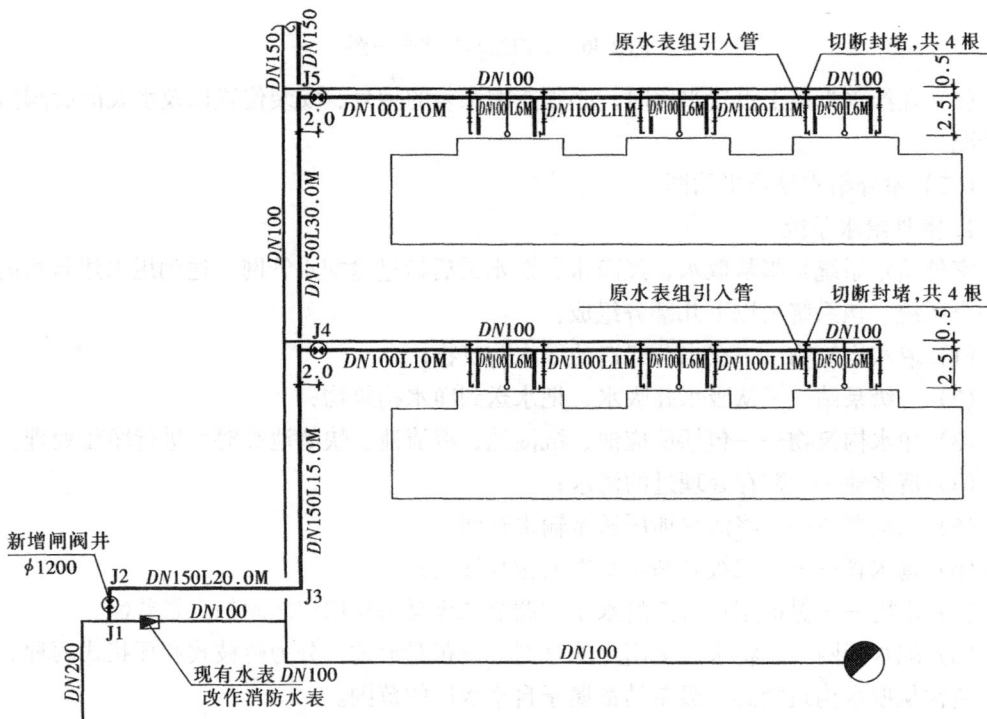

图 2-48 室外给水水平面图示例

（1）查明管路平面布置及走向；

（2）室外给水管道要查明消火栓、水表井的具体位置；

（3）了解给水管道的埋深及管径。

四、管道系统图

(一) 图示内容

应清楚地表示出管道的空间布置情况，各管段的管位、坡度、标高，以及附件在管道上的位置。

(二) 表达方法

1. 比例

绘制给水排水系统图的比例，在《给水排水制图标准》中规定，宜选用 1:200、1:100、1:50 或不按比例，通常采用与给水排水平面图相同的比例，在绘图时，按轴向量取长度较为方便。

2. 采用正面斜轴测绘制系统图

《给水排水制图标准》规定，给水排水系统图宜用正面斜轴测法绘制，我国在习惯上都采用正面斜轴测法绘制系统轴测图，其轴间角和轴向变形系数如图 2-49 所示（但也可用从轴测轴 *OZ* 到轴测轴 *OY* 为顺时针方向的 *OY* 轴）。由于通常采用与给水排水平面图相同的比例，沿坐标轴 *X*、*Y* 方向的管道，不仅与相应的轴测轴平行，而且可从给水排水平面图中量取长度，平行于坐标轴 *Z* 方向的管道，则也应与轴测轴 *OZ* 相平行，且可按实际高度以相同的比例作出。

3. 管道系统的划分

一般按给水排水平面图中进出口编号已分成的系统，分别绘制出各管道系统的系统图，这样，可避免过多的管道重叠与交叉。为了与平面图相呼应，每个管道系统图应编号，其编号应与底层给水排水平面图中管道进出口的编号相一致。

4. 图线、图例与省略画法

给水、排水、污水系统图中的管道，都用粗实线表示，不必与平面图中那样，用不同线型的粗线来表示不同类型的管道，其他的图例和线宽仍按原规定。在系统图中不必画出管件的接头形式。

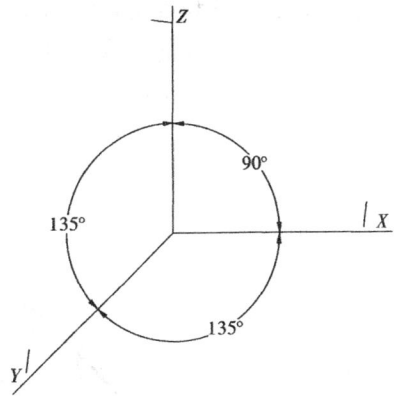

图 2-49 系统轴测图所采用的正面斜轴测

5. 房屋构件的位置

为了反映管道和房屋的联系，系统图中还要画出被管道穿越的墙、地面、楼面、屋面的位置，一般用细实线画出地面和墙面，并加轴测图中的材料图例线，用两条靠近的水平细实线画出楼面和屋面。

6. 系统图中管道交叉、重叠时的图示法

当管道在系统图中交叉时，应在鉴别其可见性后，在交叉处将可见的管道画成延续，而将不可见的管道画成断开，如图 2-50 中所示。

7. 管径及标高的标注

管道的管径一般标注在该管段旁边，标注位置不够时，可用指引线引出标注。

凡有坡度的横管（主要是排水管），都要在管道旁边或引出线上标注坡度，如 0.5%，数字下边的单面箭头表示坡向（指向下坡方向）。当排水横管采用标准坡度时，则在图中可省略不注，但要在施工设计说明中说明。

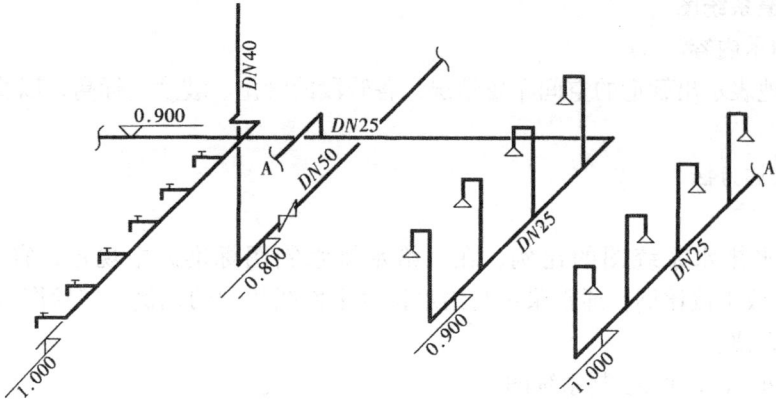

图 2-50　系统图中管道重叠处的移置画法

管道系统图中标注的标高是相对标高，即以底层室内地面为±0.000m。在给水系统图中，标高以管中心为准；在排水系统图中，横管的标高以管内底为准。

（三）给水管道系统图的识读

查明给水管道系统的具体走向，干管的敷设形式，管径尺寸及其变化情况，阀门的设置，引入管、干管和各支管的标高，如图 2-51 所示。

一般从各个系统的引入管开始，依次看水平干管、立管、支管、放水龙头和卫生器具。如有屋顶水箱分层供水时，则在立管进入水箱后，再从水箱的出水管开始，依次看水平干管、立管、支管、放水龙头和卫生器具。

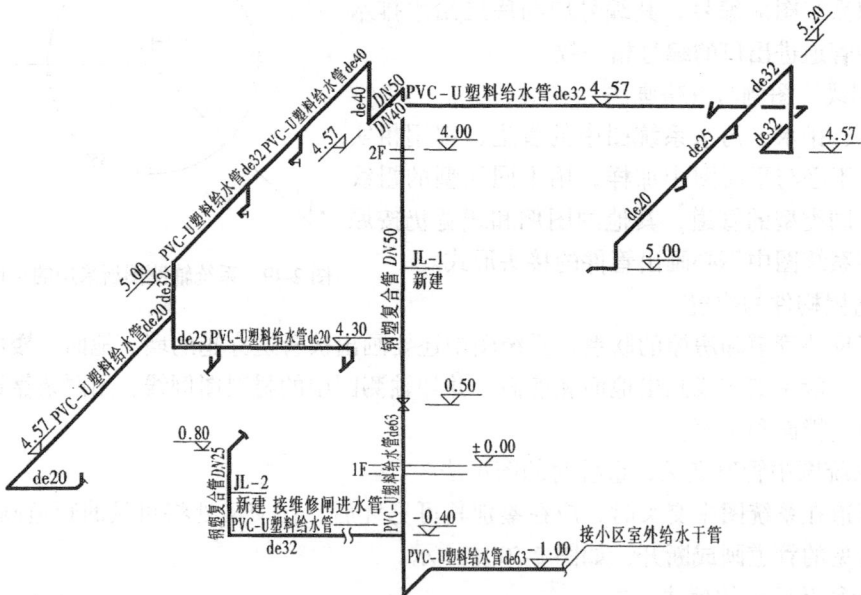

图 2-51　给水管道系统图

五、管道断面图

（一）管道横断面图

当地形变化较大，为方便在组织施工、计算沟槽土方量上提供实际数据，或在街道上

36

为了清楚表达各种管道相互的间距关系，在工程上往往都会绘制管道的横断面图，如图2-52所示。

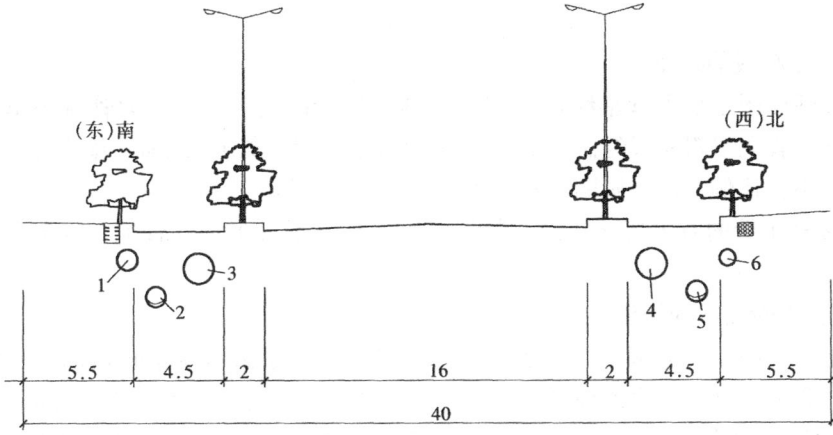

图 2-52　管道横断面图

1—电力沟；2—给水管；3—污水管；4—雨水管；5—煤气管；6—电信管

（二）管道纵断面图

在实际工程中为清楚地表达管道的埋设情况，通常均需绘制管道的纵断面图，以显示路面起伏、管道埋深和管道交接等情况，其图示（图2-53）内容和表达方法如下：

1．比例

D600 雨水管
管底标高 16.30

D800 雨水管
管底标高 17.63

DN100 市政给水管
管底标高 17.99

DN200 小区给水管
管中心标高 18.09

DN200 小区给水管
管中心标高 18.60

桩　号												
设计地面标高												
管道中心标高												
管道埋深												
水平距离	1.5	2.0	2.5	10.5		11.5		2.0	1.0 1.0 0.75	3.3	4.0	2.0
距离／坡度		0.00 3.5	0.022				29.25		7.25	0.135	0.00 2.0	
管　材				DN400 焊接钢管			焊接接口					
线路平面展开图												

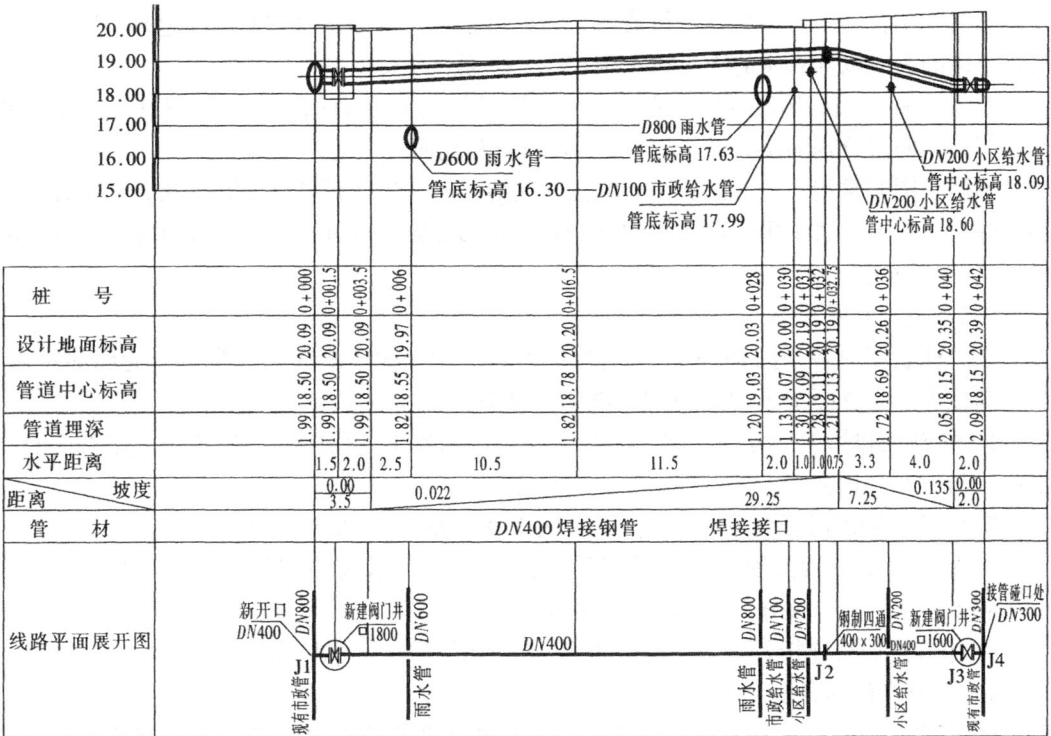

图 2-53　管道平、纵断面图示例

37

由于管道的长度方向比直径方向大得多，为了说明地面起伏情况，在纵断面中，通常采用横竖两种不同比例，例如竖向比例常用 1:200、1:100，横向比例常用 1:1000、1:500等。

2. 断面轮廓线的线型

管道纵断面图是沿干管轴线铅垂剖切后画出的断面图，一般压力管宜用单粗实线绘制，重力管道宜用双粗实线绘制（如图 2-53 中所示的污水管）；地面、检查井、其他管道的横断面（不按比例，用小圆圈表示）等，用中实线绘制。

3. 所表达干管的有关情况和设计数据，以及与该干管附近的管道、设施和建筑物的情况。

（三）管道断面图的识读

由于地下管路种类繁多，布置复杂，为了更好地表示给水排水管道的纵断面布置情况，有些工程还绘制管道纵断面图。识读时应该掌握的主要内容和注意事项如下。

1. 查明管道、检查井的纵断面情况。有关数据均列在图样下面的表格中，一般应列有检查井编号及距离、管道埋深、管底标高、地面标高、管道坡度和管道直径等。

2. 由于管道长度方向比直径方向大得多，绘制纵断面图时，纵横向采用不同的比例。横向比例，城市（或居住区）为 1:5000 或 1:10000，工矿企业为 1:1000 或 1:2000；纵向比例为 1:100 或 1:200。

六、管件展开图

（一）基本知识

在工程建设中，常会遇到一些由板材加工制成的设备和管件，在加工制作时需要画出它们的展开图，然后再下料，弯折成形，最后再用咬缝或焊接将它们连接起来，展开图就是将立体的表面以其真实的大小摊平画在一个平面上所得的图形。

如图 2-54 的圆柱体展开图，它包括这个圆柱体的圆柱面的展开图矩形（与圆管的展开图相同，两边分别为 πD 和 H）以及反映顶面和底面真形的两个圆。

画展开图时常用三种方法：平行线法、放射线法和三角形法。平行线法常用于柱面制品的展开；放射线法常用锥面制品的展开；三角形法则对柱面、锥面以及其他表面形成的板材制品都可用。

（二）短管的展开图

正圆柱表面的展开图是一个以柱高 H 为高，以 $2\pi R$（R 为圆柱半径）为底的矩形。当正圆柱被一正垂面 P 斜截，其展开图绘制如下：

1. 在 H 面投影上，分柱底圆周为若干等分（例如 12 等分），并过各分点作素线的 V 投影，与 PV 分别交于 a'、b'、c'、d' ……等点。

2. 将柱底圆周展开为一直线，其长度为 $2\pi R$，在其上截取各等分点。

3. 过各分点作截面展开线的垂直线，截取各相应素线的实长。为此可过 a'、b'、c' ……各点引水平线与展开图上相应素线相交，得 A、B、C ……等点；

4. 用圆滑曲线连接各点后，所得图形，即为所求的展开图（图 2-55）。

（三）弯管的展开图

90°弯管一般是由 4 节圆柱短管组成，用来连接两正交管道，每节的直径都相同，可以用"转身法"将节 Ⅱ、Ⅳ 两节管旋转 180°，与第 Ⅰ、Ⅲ 两节连接成一个正圆柱，如图

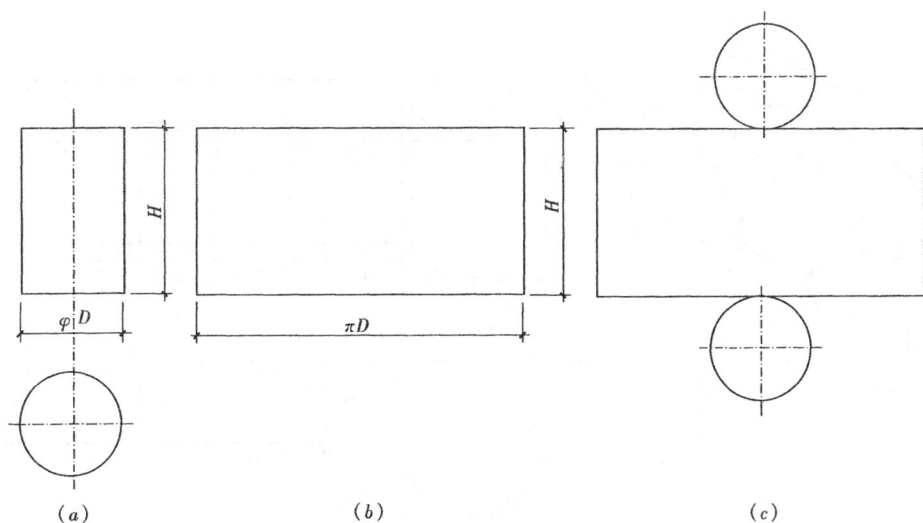

图 2-54 圆管和圆柱的展开图

（*a*）圆管或圆柱的两面投影；（*b*）圆管的展开图；（*c*）圆柱的展开图

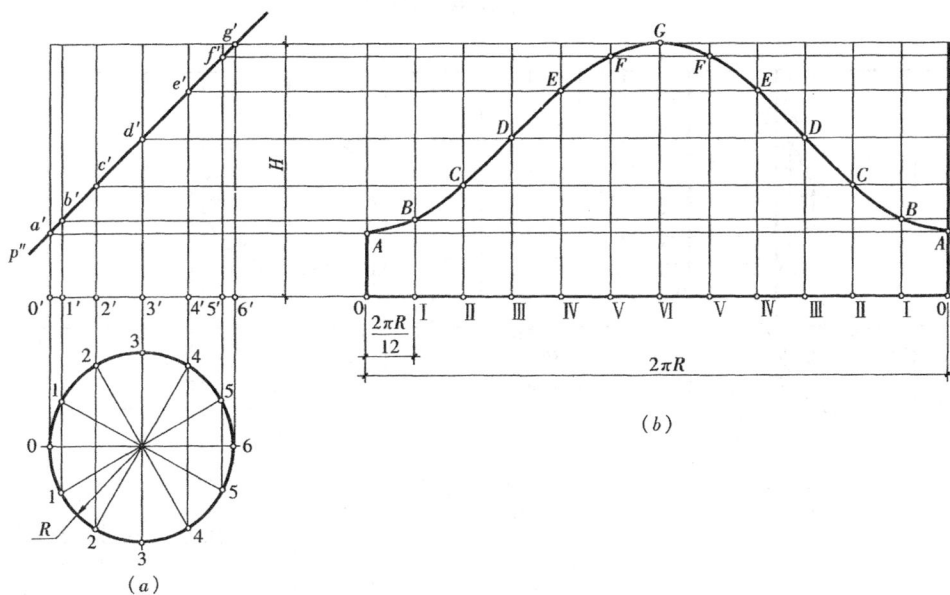

图 2-55 截头正圆柱的展开

（*a*）投影图；（*b*）展开图

2-56所示，然后按上述圆柱体表面展开方法作出连起来的各节的展开图。

（四）三通的展开图

三通管俗称马鞍三通，有正三通与斜三通之分，在此仅介绍正三通的展开图。在管道工程中，经常遇到各种各样的叉管，这类叉管的表面展开，首先要准确地作出两管的相贯线，然后分别展开各管的表面及面上的相贯线，如图 2-57 的正三通，其展开图绘制如下：

1．求出两管的相贯线。

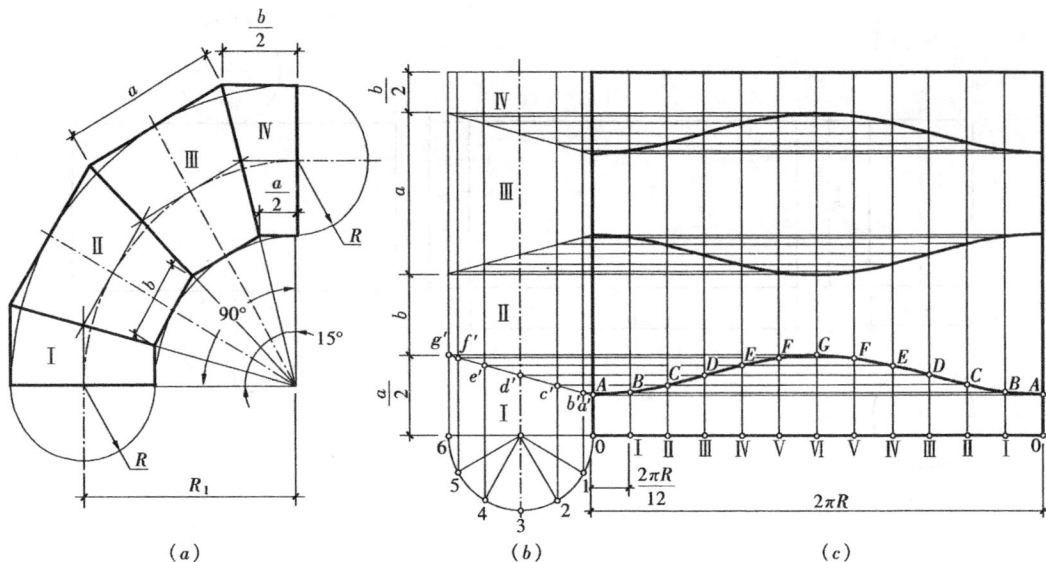

图 2-56　弯管的展开

（a）投影图；（b）用转身法接成正圆柱；（c）展开图

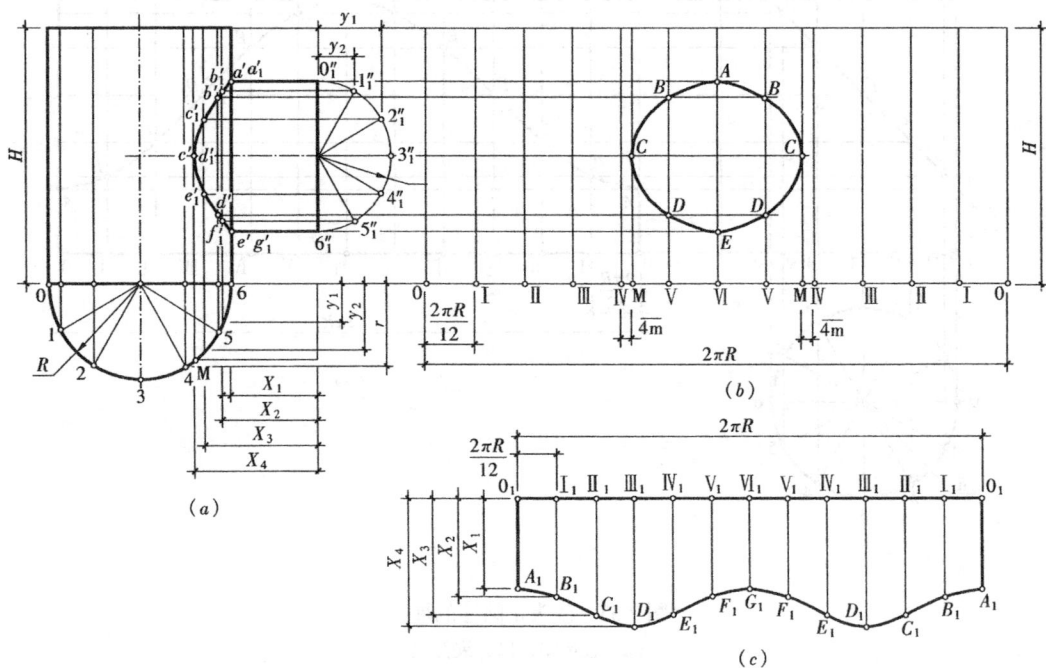

图 2-57　三通的展开

（a）投影图；（b）叉管表面的展开；（c）小管展开图

2. 分别划分两管底圆的圆周为若干等分（例如 12 等分），作为各分点的素线。在 V 投影上，大管素线与相贯线相交得 a'、b'……e' 各点；小管素线与相贯线相交得 a'_1、b'_1……g'_1 各点。

当相贯线上的特殊点不在分点素线上时，必须通过该特殊点作一辅助素线。例如图

2-57（a）中大管的 M 素线，就是通过相贯线上最左右 C 的辅助素线。

3. 展开大管。大管展开图是一中间开孔的以大管的高 H 为高，以 $2\pi R$（R 为大管半径）为长边的矩形。在展开图上画出各等分素线和辅助素线，截取相应高度，得相贯线上 A、B、C、D、E 等点的展开位置。以圆滑曲线依次连接各点，得相贯线的展开图。它所包围的部分，就是矩形展开图的中间开孔部分（图 2-57（b））。

4. 展开小管。按截头圆柱来展开。在相应素线上分别截取 x_1、x_2、x_3、x_4，得到相贯线上 A_1、B_1、C_1、D_1、E_1、F_1、G_1 各点在展开图的位置。以光滑曲线依次连接后，得小管的展开图，如图 2-57（c）所示。

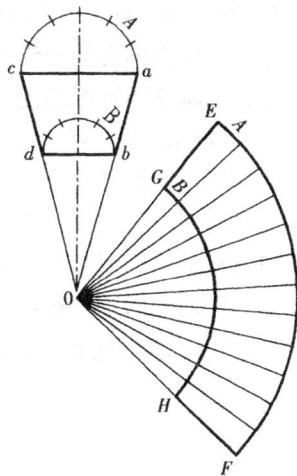

（五）异径管的展开图

1. 同心异径管的展开图

求同心异径管展开图的具体步骤如下：

（1）画出异径管的立面图，如图 2-58 所示。

（2）以 ac 为直径作大头的半圆并 6 等分，每一等分的弧长为 A。

图 2-58 同心异径管的展开图

（3）以 bd 为直径作小头的半圆并 6 等分，每一等分弧长为 B。

（4）延长斜边 ab 及 cd，相交 O 点。

（5）以 Oa 及 Ob 为半径，画圆弧 EF 及 GH，分别为大头及小头的圆周长，连接 E、F、G、H 四点，即为异径外接头的展开图，如图 2-58 所示。

在具体画大头及小头的圆周长时，可用圆规对弧长 A 和弧长 B 分别量取 12 等分，然后再连接等分线端部的四点即成展开图。

2. 偏心异径管的展开图

（1）画偏心异径管立面图成 AB17，如图 2-59 偏心异径管展开图。

（2）延长 7A 及 1B 直线相交 O 点。

（3）以直线 17 为直径，画半圆并 6 等分，其等分点 2，3，4，5，6。

（4）以 7 为圆心，以 7 到半圆各等分点的距离作半径画同心圆弧，分别与直线 17 相交，其交点为 2'，3'，4'，5'，6'。

（5）自 O 点连接 O6'，O5'，O4'，O3'，O2' 的连接交 AB 线于 6"，5"，4"，3"，2"各点。

（6）以 O 点为圆心，分别以 O7，O6'，O5'，O4'，O3'，O2'，O1 为半径作同心圆弧。

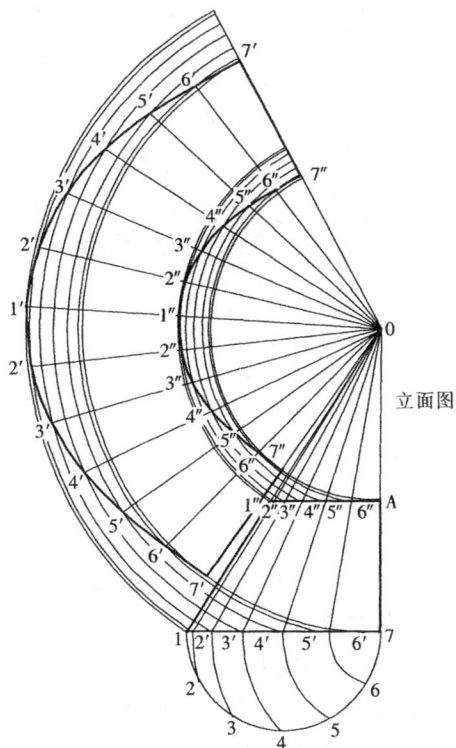

图 2-59　偏心异径管的展开图

（7）在 $O7$ 为半径的圆弧上任取一点 $7'$，以点 $7'$ 为起点，以半圆等分弧的弧长（如 67）为线段长，顺次阶梯地截得各同心圆弧交点 $6'$，$5'$，$4'$，$3'$，$2'$，$1'$。

（8）以 O 点为圆心，OA，$O6''$，$O5''$，$O4''$，$O3''$，$O2''$，OB 为半径，分别画圆弧顺次阶梯地与 $O7'$，$O6'$，$O5'$，$O4'$，$O3'$，$O2'$，$O1'$ 各条半径线相交于 $6''$，$5''$，$4''$，…各点。以光滑曲线连结所有交点即为偏心异径管的展开图。

七、工程详图及标准图

（一）给水工程详图

室内给水管网平面布置图、轴测图和室外给水管网总平面布置图等，只表示了管道的连接情况、走向和配件的位置。这些图样比例较小（1:100，1:1000，1:1500 等），配件的构造和安装情况均用图例表示。为了施工需要，需用较大比例画出配件及其安装详图。给水排水工程的配件及构筑物种类繁多，下面仅例举介绍如下：

1. 管道穿墙防漏套管安装详图（见图 2-60）

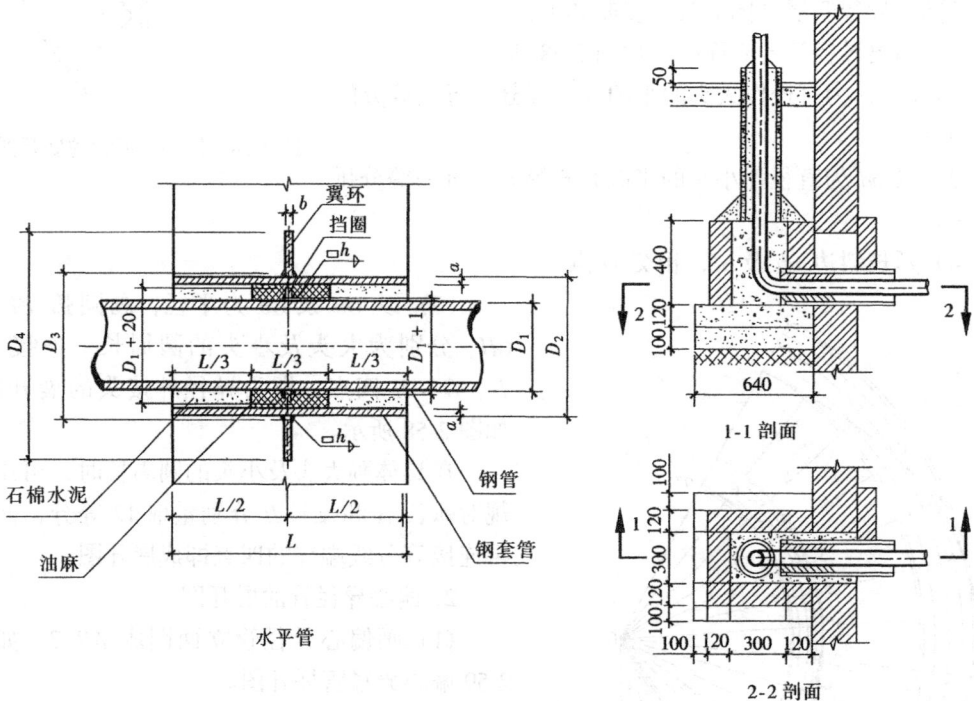

图 2-60　给水管道穿墙防漏套管安装详图

2. 给水阀门井详图（见图 2-61）

（二）给水排水工程标准图

在给水排水工程的施工图中，除给水排水平面布置图、系统图及少量的详图外，为减小图纸数量及重复劳动，国家编制出版了"给水排水标准图集"，供工程设计人员选用，这些"标准图"在工程图纸中一般不再图示，而是直接指明选用的"标准图号"。

"给水排水标准图集"共分为三册，每册又分上、下两本，每册的主要内容如下：

第一册（S1）：给水水箱、贮水罐、开水器、热交换器的选用及安装图；

　　　　　　　阀门、水表及排气、排泥阀的安装图；

平面图

1-1 剖面图

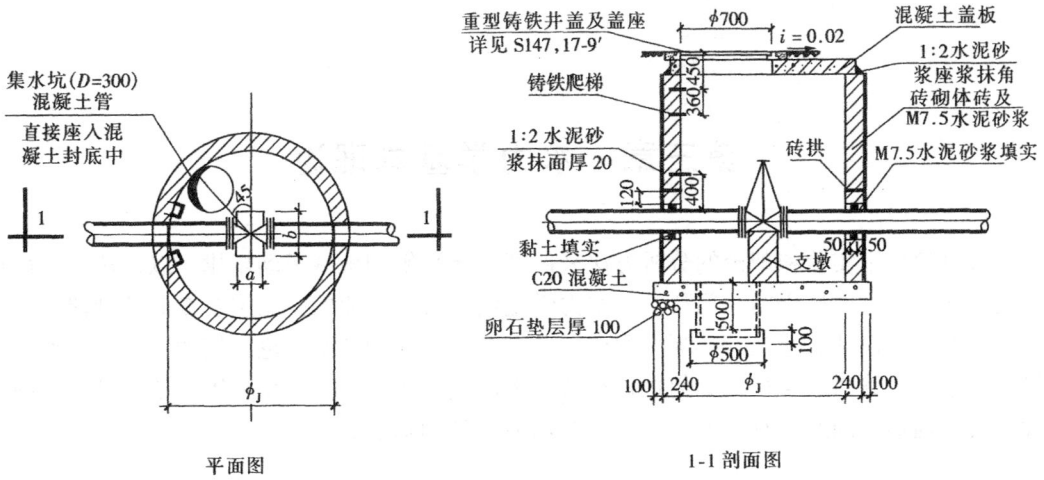

图 2-61　给水阀门井详图

　　管道保温、管道支架的选用及安装图。

第二册（S2）：化粪池、排水检查井、跌水井的构选图；

　　　　　　　小型排水构筑物、雨水口的构造详图；

　　　　　　　排水管道基础、接口及排出口构造详图。

第三册（S3）：钢制管道零件的制作大样图；

　　　　　　　水池、水塔附属设施、配件的安装详图；

　　　　　　　投药、消毒、计量设备的安装详图；

　　　　　　　室内卫生设备安装详图。

第三章　水力学基本理论

水力学是用实验和理论的分析方法来研究液体平衡和机械运动规律，以及这些规律在工程实际问题方面应用的一门科学，水力学是给水排水专业的一门主要专业基础课。在给水排水工程的设计、施工等实际工程中，常用到水力学的基本理论。例如：如何根据用水量来确定给水管道的管径，如何根据地势、水压确定水泵型号、扬程等，如何进行管网的设计及规划等。因此，有必要掌握一定的水力学基础知识。

第一节　液体的几个主要物理性质

力对液体的作用，都是通过液体自身的物理性质来表现的。因此从宏观角度来探讨液体的物理性质是研究液体运动的出发点。液体的基本特性是易于流动、不易压缩、均质等的连续介质，以水为代表的一般液体，都具有这些基本特性。

在水力学中常常出现的液体主要物理性质有重力密度和黏性，在某些情况下还要涉及液体的压缩系数、表面张力和汽化压强等。

一、密度和重力密度

液体和固体一样，同样具有质量和重量，分别用密度 ρ 和重力密度 γ 表示。

均质液体的密度 ρ 是单位体积液体的质量，即：

$$\rho = \frac{M}{V} \tag{3-1}$$

式中　ρ——液体的密度，kg/m^3；

　　M——液体的质量，kg；

　　V——液体所占体积，m^3。

均质液体的重力密度 γ 是单位体积液体的重量，即

$$\gamma = \frac{Mg}{V} = \rho \cdot g \tag{3-2}$$

式中　γ——液体的重力密度，N/m^3；

　　g——重力加速度，m/s^2。

工程计算中，通常取淡水的密度为 $\rho = 1000kg/m^3 = 1t/m^3$，$g$ 一般采用 $9.8m/s^2$，故重力密度 γ 一般取 $9.8N/m^3$。

二、流动性

在桌子上倒一些水，水会向低处流淌；在具有坡度的管道内，液体向下坡方向连续流动，这些都是其流动性的表现。液体之所以具有这种性质，是由于构成液体的物质分子间的内聚力极为微弱的缘故。

三、浮力

木头能在水中漂浮，船能够在水中不沉没，都是因为液体对物体产生的浮力。浮力的

方向垂直向上，浮力 F 的大小等于物体排开液体的重量。

$$F = \rho \cdot g \cdot V \tag{3-3}$$

式中　V——排开液体的体积，m^3；

　　　　ρ——液体的密度，kg/m^3；

　　　　g——重力加速度，m/s^2。

四、传递外力（压强）

对管道或容器中的液体施加外力，液体会迅速把外力传递给管道和容器的内壁。严格地说液体传递的相同大小的压强、压力的方向是垂直于管道和容器的内表面。或者说，处于平衡状态下不可压缩液体内任一点的压强变化等值地传递到液体的其他各点，这就是帕斯卡原理。管道工程中常用的水压机、千斤顶等都是采用这种原理进行工作的。

【例题】　水压机（图 3-1）是由两个尺寸不同而彼此连通的圆筒以及置于筒内的一对活塞所组成的，筒内充满水或油。例如：已知大小活塞的面积分别为 W_2、W_1。若忽略两活塞的重量及圆筒摩阻的影响，当小活塞增加力 P_1 时，求大活塞所产生的力 P_2。

【解】　在 P_1 作用下水活塞 W_1 上产生静水压强为 $P = \dfrac{P_1}{W_1}$，按帕斯卡定律，P 将不变地传递到 W_2 上，所以

$$P_2 = PW_2 = P_1 \frac{W_2}{W_1}$$

可见，大活塞 W_2 上所产生的力 P_2 为小活塞作用力 P_1 的 $\dfrac{W_2}{W_1}$ 倍。

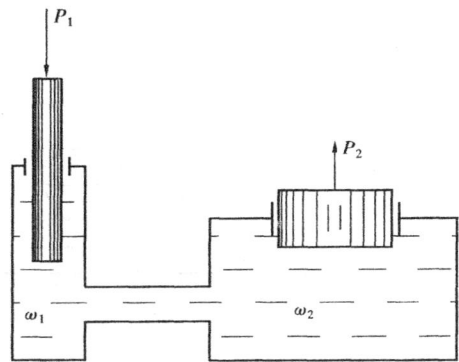

图 3-1　水压机

五、表面张力

表面张力是液体自由表面在分子作用半径一薄层内由于分子引力大于斥力在表层沿表面方向而产生的拉力。表面张力的大小可用表面张力系数 σ 来量度。σ 是自由表面上单位长度上所受的拉力，单位为牛顿/米（N/m）。σ 的值随液体种类和温度而变化，对 20℃ 的水，$\sigma = 0.074N/m$，对水银为 $0.54N/m$。

表面张力很小，在水力学中一般不考虑它的影响。但在某些情况下，它的影响也是不可忽略的，如微小液滴（如雨滴）的运动，水深很浅的明渠水流和堰流等。

在水力学实验中，经常使用盛水或水银的细玻璃管做测压管，由于表面层内液体分子与固体壁分子的相互作用而发生毛细管现象，如图 3-2 所示。

对 20℃ 的水，玻璃管中的水面高出容器水面的高度 h 约为：$h = 29.8 / d$（mm）

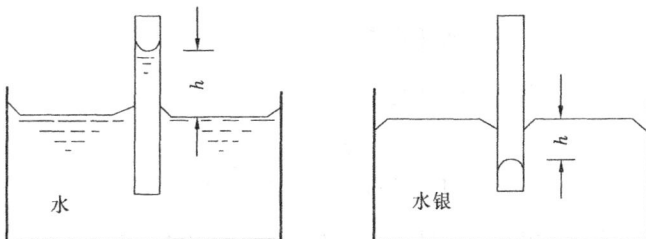

图 3-2　毛细管现象

对水银，玻璃管中汞面低于容器汞面的高度 h 约为：$h = 10.15/d$（mm）

上面两式中的 d 为玻璃管的内径，以毫米计。由于毛细管现象的影响，使测压管读数产生误差。因此，通常测压管的直径不小于1cm。

六、黏性

液体运动时若质点之间存在着相对运动，则质点间就要产生一种内摩擦力来抵抗其相对运动，这种性质即为液体的黏滞性，此为摩擦力称为黏滞力。

如图3-3所示，液体沿一固定平面壁作平行的直线运动。紧靠固体壁面的第一层极薄水层贴附于壁面上不动，第一层将通过摩擦作用影响第二层的流速，而第二层又通过摩擦（黏滞）作用影响第三层的流速，依次类推，离开壁面的距离越大，壁面对流速的影响愈小，于是靠近壁面的流速较小，远离壁面的流速较大。由于各层流速不同，它们之间就有相对运动，上面一层流动得较快，它就要拖动下面一层；而下面一层流动得较慢，它就要阻止上面一层，于是在两层液面之间就产生了内摩擦力。快层对慢层的内摩擦力是要使慢层快些；而慢层对快层的内摩擦力是要使快层慢些，即所发生的内摩擦力是抵抗其相对运动的。

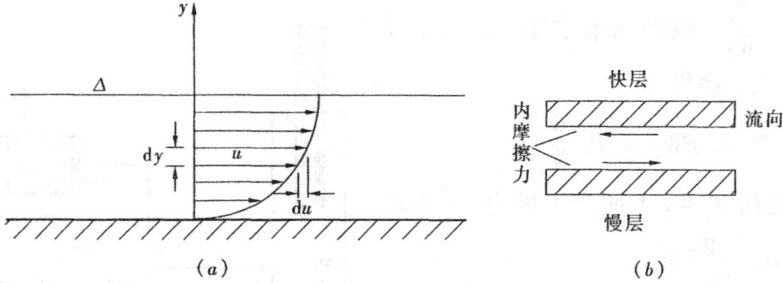

图3-3　液体的黏性

应指出，由于运动液体内部存在摩擦力，于是液体在运动过程中为克服内摩擦阻力就要不断消耗液体的能量。所以黏滞性是引起液体能量损失的根源。不同液体或液体在不同温度时的黏性是不一样的，液体的黏性可用黏性系数 μ 来量度。黏性大的液体 μ 值高，黏性小的液体 μ 值小。μ 的国际单位为牛顿·秒/米^2（N·s/m^2）或帕斯卡·秒（Pa·s），物理制单位为达因·秒/厘米^2，或称之为"泊司"，其单位换算关系为

$$1\text{"泊司"} = 0.1\text{N} \cdot \text{s/m}^2$$

液体的黏性还可以用 $\nu = \dfrac{\mu}{\rho}$ 来表示，ν 称为运动黏性系数，其国际单位是米^2/秒（m^2/s），过去习惯上把1厘米^2/秒（cm^2/s）称为1"斯托克斯"，其换算关系为

$$1\text{"斯托克斯"} = 0.0001\text{m}^2/\text{s}$$

水的运动黏性系数 ν 可用下列经验公式计算：

$$\nu = \frac{0.01775}{1 + 0.0337t + 0.000221t^2} \tag{3-4}$$

其中 t 为水温，以℃计，ν 以 cm^2/s 计。为了使用方便，在下表中列出了不同温度时水的 ν 值。

温度(℃)	0	2	4	6	8	10	12
$\nu(cm^2/s)$	0.01775	0.01674	0.01568	0.01473	0.01387	0.01310	0.01239
温度(℃)	14	16	18	20	22	24	26
$\nu(cm^2/s)$	0.01176	0.0118	0.01062	0.01010	0.00989	0.00919	0.00877
温度(℃)	28	30	35	40	45	50	60
$\nu(cm^2/s)$	0.00839	0.00803	0.00725	0.00659	0.00603	0.00556	0.00478

在水力学中，为了简化分析，对液体的黏性暂不考虑，而引出没有黏性的理想液体模型。在理想液体模型中，黏性系数 $\mu = 0$。

第二节 水 静 力 学

水静力学是研究水处于静止状态下的平衡规律及其在实际中的应用。所谓静止是一个相对的概念，它是指水的各质点之间不存在相对运动，而处于相对静止或相对平衡的状态。一般情况是指对地球不做相对运动状态。

一、静水压强的定义

常识告诉我们，在盛满水的容器侧面或底部存在缝隙，水会从缝隙中流出，这种现象说明静止的水有压力存在，这种压力叫静水压力。

作用在整个容器表面积上的静水压力，称为静水总压力，用符号表示为 P，作用在单位面积上的静水压力，称为静水压强，用符号 P 表示。两者的数学计算式如下：

$$P = \frac{p}{W} \tag{3-5}$$

式中　P——平均静水压强，N/m^2 或 Pa；

　　　p——总静水压力，N；

　　　W——受压面积，m^2。

用上式计算出的静水压强，表示某受压面单位面积上受力的平均值，是平均静水压强。它只有在均匀受力的情况下，才真实地反映了受压面各处的受压状况。通常受压面上的受力是不均匀的。所以，用上式计算出的平均静水压强，不能代表受压面上各处的受力状况，因而还必须建立点静水压强的概念。

从微观均质的静止（或相对平衡）状态流体中，任取一体积 V，如图 3-4 所示。设用任一平面 $ABCD$ 将此体积分为 I、II 两部分，假定将 I 部分移去，并以与其等效的力代替它对 II 部分的作用，余留部分仍能保持平衡状态。

从平面 $ABCD$ 上取出一小块面积 ΔA，a 点是该面的几何中心，令力 ΔP

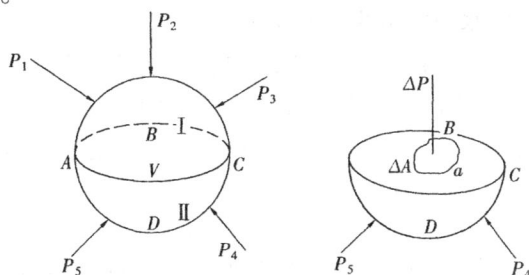

图 3-4

为从移去液体方面作用在面积 ΔA 上的总作用力。$\dfrac{\Delta P}{\Delta A}$ 为面积 ΔA 上的平均静水压强。当 ΔA 无限缩小到点 a 时，平均压强 $=\dfrac{\Delta P}{\Delta A}$ 便趋近某一极限值，此极限值定义为该点的静水压强，可写成

$$P = \lim_{\Delta A \to 0} \frac{\Delta P}{\Delta A} = \frac{\mathrm{d}P}{\mathrm{d}A} \tag{3-6}$$

二、静水压强的特性

1. 静水压强方向与作用面的法向方向重合，也即永远垂直并指向作用面。

因静止液体不能承受切应力抵抗剪切变形，如果静水压强不垂直作用面，则液体将受到剪切力作用就会产生流动。因此，处于静止状态的液体内部不可能有剪切力存在。同时，静止液体又不可能抵抗拉力，只能承受垂直并指向作用面的压力。因而，静水压强的方向永远垂直并指向作用面。

2. 静止液体中某一点静水压强的大小与作用面的方位无关，或者说作用与同一点各方向的静水压强大小相等。在静止液体内，由于没有切应力的存在，在相邻表面的力只能是垂直于表面的压力。因此，在静止液体内同一点的静水压强大小在各个方向是一样的。见图 3-5。

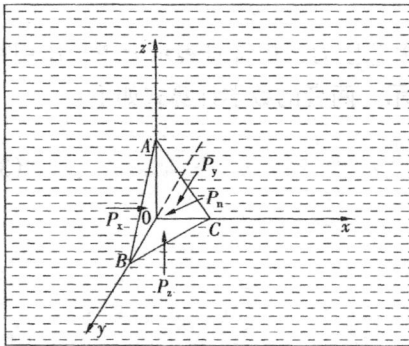

图 3-5

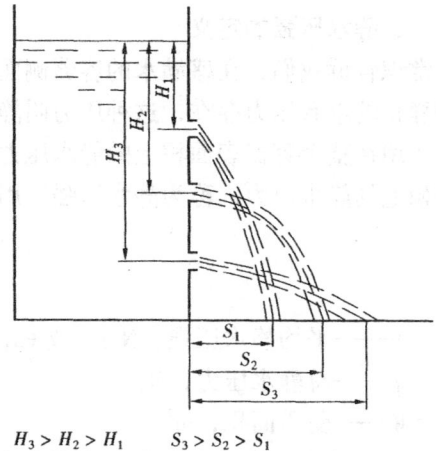

$H_3 > H_2 > H_1 \qquad S_3 > S_2 > S_1$

图 3-6

$$P_x = P_y = P_z = P_n \tag{3-7}$$

三、重力作用下静水压强的分布规律

1. 水静力学的基本方程

如图 3-6 所示，盛满水的容器上开三个不同高度的小孔，越靠近下部的水流射程越远。这说明水对于容器不同深度处的压强不一样，随深度的增加，压强也随之增大。同样可以看到，同一高度处的小孔，水流的射程相同，这表明同一深度的静水压强相等。用数学公式表示如下：

$$P = P_0 + \rho g h = P_0 + \gamma h \tag{3-8}$$

式中　P——静水中任一点的静水压强，N/m^2；

　　　P_0——液体表面的压强，N/m^2；

　　　ρ——水的密度，kg/m^3；

γ——水的重力密度，N/m^3；

h——任一点在自由表面下的深度，m。

此公式称为水静力学基本方程式。

由上式也可得到：$P_1 = P_0 + \gamma H_1 = P_0 + \gamma (H - Z_1)$　　导出：$P_0 = P_1 - \gamma H_1 = P_1 + \gamma (Z_1 - H)$

$\qquad\qquad\quad P_1 = P_0 + H_1 = P_0 + (H - Z_1)$　　导出：$P_0 = P_2 - \gamma H_2 = P_2 + \gamma (Z_2 - H)$

即：$P_1 + \gamma (Z_1 - H) = P_2 + \gamma (Z_2 - H)$　　导出：$P_1 + \gamma Z_1 = P_2 + \gamma Z_2$

即：
$$\frac{P_1}{r} + Z_1 = \frac{P_2}{r} + Z_2 \tag{3-9}$$

2. 绝对压强、相对压强、真空值

压强的大小根据起量点的不同，分绝对压强和相对压强来表示。

如果设想以绝对真空状态下的气体压强作为压强的起量点，这样计算的压强称为绝对压强。上述三者的关系如图 3-7 所示。

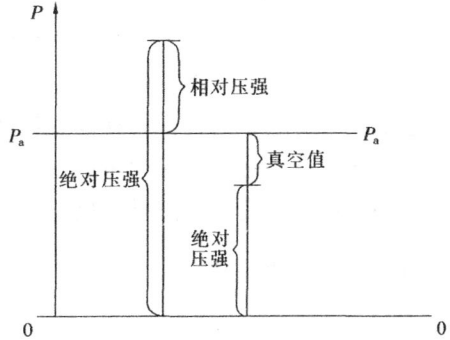

图 3-7

3. 静水压强图示

静水压强图示是根据基本方程式 3-8 绘制作用在受压面上各点的压强方向及其大小的图。如图 3-8 所示。

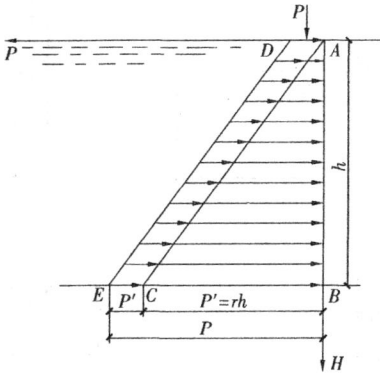
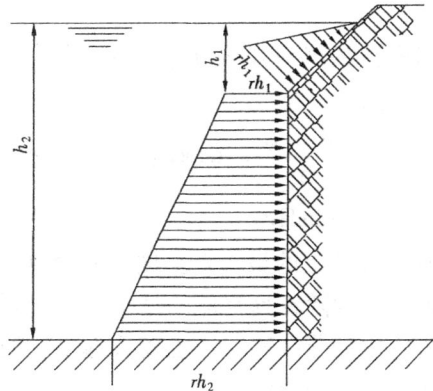

图 3-8

4. 测压管高度、测压管水头及真空度

液体中任一点压强，还可以用液柱高度表示，这种方法，在工程技术上，特别在测量压强时，显得很方便。下面说明压强与液柱高度的转换关系，并引出与此相关的几个概念。

设一封闭容器如图 3-9 所示，液面压强为 P_0。若在器壁任一点 A 处开一小孔，连上一根上端开口与大气相通的玻璃管，称为测压管。在 A 点压强 P_A 的作用下，液体将沿测压管升至 h_A 高度。从测压管方面看，A 点相对压强为 $P_A = \gamma h_A$ 即

$$h_A = \frac{P_A}{\gamma} \tag{3-10}$$

可见，液体中任一点的相对压强可以用测压管内的液柱高度（称为测压管高度）来表

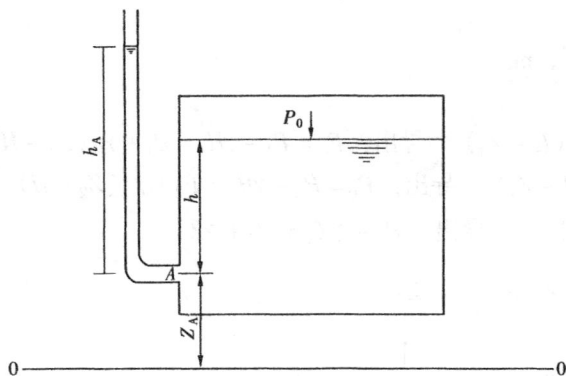

图 3-9

示。图 3-9 中的 $h_A = \dfrac{P_A}{\gamma}$ 便是相对压强 P_A 的测压管高度。

在水力学上，把任一点的相对压强高度（即测压管高度）与该点在基准面以上的位置之和称为测压管水头。如图 3-9 中 A 点的测压管水头便为 $Z_A + \dfrac{P_A}{\gamma}$。

从式（3-9）可知，在静止液体中，任一点的位置标高与该点测压管高度之和是一常数；或者说，在静止液体中，各点的测压管水头不变。

综上所述，压强的计量值可以有三种表示方法：用应力单位表示，或用工程大气压表示，或用测压管高度（即液柱高度）表示。

所示的真空值（真空压强）P_v，亦可用水柱高度 $\dfrac{P_v}{\gamma}$ 表示，此时 h_v 称为真空度，即

$$h_v = \frac{P_v}{\gamma} = \frac{P_a - P_{abs}}{\gamma} \tag{3-11}$$

图 3-10 容器 A 内的真空值 P_v，便可通过真空度 h_v 来量度。

当容器的绝对压强 $P_{abs} = 0$ 的真空称为完全真空，其真空度为

$$h_v = \frac{P_a - 0}{\gamma} = 98000(\text{N/m}^2)/9800(\text{N/m}^3)$$

$$= 10\text{mH}_2\text{O}$$

这是理论上的最大真空度。完全真空在实际上是不存在的，因为随着真空值的增加，即绝对压强 P_{abs} 的减少，液体中的蒸汽和空气也随着逸出，使真空区内保持与其温度相应的蒸汽压。

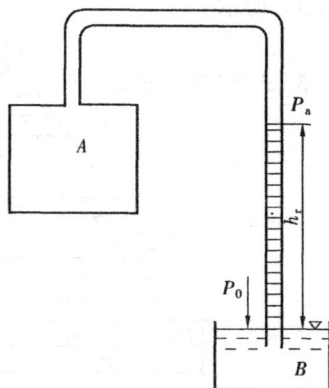

图 3-10

测量压强的仪器类型很多，主要是在压强的量程大小和计量精度上有差别。具体测压仪器有以下几种：测压管、水银测压计、水银差压计、金属测压计、真空计。

【例题 1】 求淡水自由表面下 2m 深度处的绝对压强和相对压强（认为自由表面的绝对压强为 1 工程大气压）。

【解】 绝对压强
$$P_{abs} = P_0 + \gamma h = P_a + \gamma h$$
$$= 98000\text{N/m}^2 + 9800\text{N/m}^3 \times 2\text{m}$$
$$= 98000 P_a + 19600 P_a$$
$$= 1.2\ \text{工程大气压} = 1.2\text{kgf/cm}^2$$

相对压强
$$P = P_{abs} - P_a = \gamma h = 9800\text{N/m}^3 \times 2\text{m} = 19600\text{N/m}^2$$
$$= 19.60\text{kPa} = 0.2\ \text{工程大气压} = 0.2\text{kgf/cm}^2$$

【例题 2】 若离心泵的吸水管中某点的绝对压强为 50kPa，试将其换算成相对压强和真空值。

【解】 相对压强
$$P = P_{abs} - P_a = 50kPa - 98.0kPa$$
$$= -48.0kPa$$

真空值
$$P_v = P_a - P_{abs} = 98.0kPa - 50kPa$$
$$= 48kPa$$

【例题 3】 设在图 3-10 中，$h_v = 2m$ 时，求封闭容器 A 中的真空值。

【解】 设封闭容器内的绝对压强为 P_{abs}，真空值为 P_a，则根据真空值定义
$$P_v = P_a - P_{abs} = P_a - (P_a - \gamma h_v) = \gamma h_v$$
$$= 9800N/m^3 \times 2m = 19600N/m^2$$
$$= 19600Pa = 19.60kPa$$

第三节　水　动　力　学

一、基本概念

(一) 压力流和重力流

液体流动时，液体整个周界（湿周）和所接触的固体壁面没有自由表面，并对接触壁面均具有一定的压力，这种流动称为压力流。例如：在给水管网中，管网中一般都存在一定的压力，水流充满整个管道，在管道上安装测压管时，测压管的水面就会升高。

液体流动时，液体的部分周界（湿周）和固体壁面相接触，而另一部分周界与大气相接触，并具有自由表面，这种流动称为无压流。由于无压流是借助于自身重力作用而产生的由高向低流动，所以又称为重力流。例如：作为市政的各种雨水及污水管道或管渠一般都是无压流。

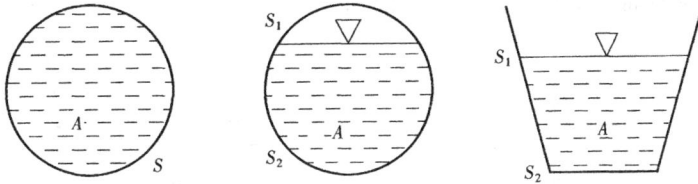

图 3-11

(二) 流线和迹线、恒定流和非恒定流

1. 水流运动可以看作由无数水质点组成的完全充满所占空间的连续介质的运动，水质点的运动轨迹，我们称为迹线，水质点在单位时间内移动的距离就是水质点的速度，称为流速。水力学中描述水流运动常用下述方法。首先引进流线的概念，流线是表示水流流动方向的线。每一条流线就是在水流中同一时刻由许多水质点组成的线，线上任一点的切线方向就是该点的流速方向。

根据流线的定义可知流线具有下列特性：

(1) 在流线上所有各质点在同一时刻的流速方向都和流线在各该点相切；

(2) 流线是一条光滑的线，在同一瞬间，一般不可能是折线，彼此也不可能相交。

根据流线就可以绘制流线图，流线图具有如下特点：

（1）流线的疏密程度反映了流速的大小，流线密的地方流速大，流线稀的地方流速小。

（2）流线的形状与固体边界的形状有关，离边界愈近，边界的影响愈大，流线的形状愈接近边界的形状。

掌握了流线的特性和流线图的特点，就不难绘出各种边界条件下的流线图形。

通过封闭曲线上各点画出的流线就形成一个管状曲面，水流质点不可能越过此曲面流进或流出，这是因为质点流速总是和此表面相切。这个管状曲面称为流管。如果考虑到封闭曲面内还有许多流线，且当封闭曲线所围面积很小时，则称为微小流束。由无限多个微小流束所组成的、具有一定边界尺寸（如管子的管壁或渠道的岸坡和槽底）的实际水流，称为总流。

由上述可知，流线和迹线是两个完全不同的概念。流线是同一瞬时描述流场中水流质点流动方向的线；而迹线则是指同一个水质点在一段时间内所流经的轨迹。

2. 恒定流和非恒定流

液体的流动可分为恒定流和非恒定流，若流场中所有空间上一切运动要素（流速、压强等）都不随着时间而改变，这种流动称为恒定流。例如，图3-11中水箱的水位若保持不变时，各小孔的出水保持流速和压强不变。反之，当液体流动时，对于任意空间的质点，在不同时刻所通过的流质点的流速、压强等运动要素是变化的，这种流动称为非恒定流。同样上述水箱液面降低时，通过各小孔的流质点的流速、压强将随时间的变化而逐渐减小。

（三）过流断面、流量、断面平均流速

1. 过流断面

与液体流动方向垂直的液体横断面，或者说与流体的流线方向垂直的断面，称为过流断面。过流断面积不一定是平面的，当流线互不平行时，过流断面为曲面，流线相互平行的均匀流时，过流断面才是平面。如图3-12所示。

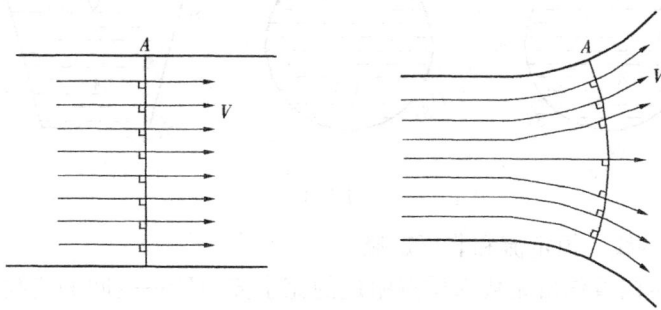

图 3-12

过流断面用符号 A 表示，单位为 m^2 或 cm^2。

2. 流量

单位时间内通过过水断面的液体的体积，称为流量，以符号 Q 表示，流量的单位为 m^3/s 或 L/s。一般情况流量指的是体积流量，但也有引用重量流量或质量流量，它们分别表示单位时间内通过过流断面的液体重量与质量。

3. 断面平均流速

水流质点在单位时间内流经的位移称为点流速，一般以符号 v 表示，单位 m/s 或 cm/s。由于液体具有黏滞性，所以在过流断面上，存在与过流断面垂直的切向力，从而导致过流断面上各水流质点的流速并不相等。一般其水流速度的大小呈现抛物线形状，如管道的四周材质均匀，沿中心线对称分布，管壁处的流速

图 3-13

为 0，在管中心处的质点流速最大。为简化问题，在实际工程当中，通常引用断面平均流速的概念。它假设各水流断面上，各水流质点以相同的某一流速 v 流动，使通过的流量与实际通过的流量相当，则流速 v 就称为此断面平均流速。如图 3-13 所示。

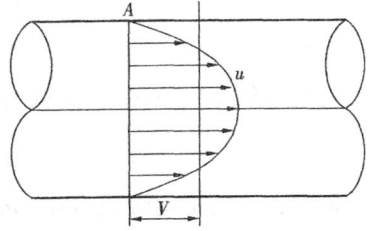

4. 三者关系

$$Q = v \times A \tag{3-12}$$

式中　Q——流量，m^3/s 或 L/s；

　　　v——断面平均流速，m/s；

　　　A——过流断面面积，m^2 或 cm^2。

图 3-14

二、基本理论

（一）连续性方程

液体的连续性方程是水力学中的一个基本方程，它是质量守恒原理在水力学中的具体体现。连续性方程是个不涉及任何作用力的运动学方程，所以，它无论对于理想液体或实际液体都适用。同时它不仅适用于恒定流条件下，而且在边界固定的管流中，即使是非恒定流，对于同一时间的两个过水断面仍然适用。如图 3-14 所示，即：

$$Q_1 = Q_2 + Q_3 \tag{3-13}$$

上式表明：对于不可压缩的液体，单位时间内单位体积空间内流出和流进的液体体积相等。

【例题 4】　有两圆管，大管直径 $d_1 = 200mm$，小管直径 $d_2 = 100mm$，管中水流恒定时测得断面 2 的平均流速为 $v_2 = 1m/s$（如图 3-15）。求断面 1 的平均流速 v_1。

【解】　此两断面的面积分别为

$$w_1 = \pi \frac{d_1^2}{4}, w_2 = \pi \frac{d_2^2}{4}$$

根据恒定总流的连续性方程可得

$$\frac{v_1}{v_2} = \frac{w_2}{w_1} = \frac{d_2^2}{d_1^2}$$

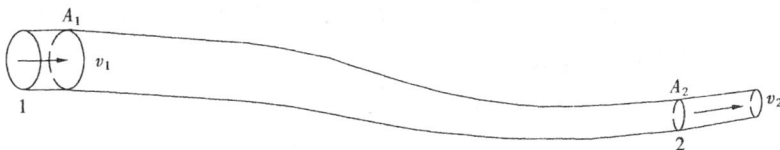

图 3-15

于是
$$v_1 = v_2 \times \frac{d_2^2}{d_1^2}$$

将已知值 $v_2 = 1\text{m/s}$，$d_1 = 0.2\text{m}$，$d_2 = 0.1\text{m}$ 代入上式得

$$v_1 = 1 \times \frac{0.1^2}{0.2^2} = 0.25\text{m/s}$$

即断面 1 的平均流速为 0.25m/s。

（二）液体的势能、动能、压强势能

与一般运动着的固体一样，流动的液体同样具有动能、势能，此外由于存在压力流还具备压强势能。

1．势能

从物理学的基本原理得知，当一个物体相对与某一平面有一定高度时，该物体具备一定的势能，同样我们将固定的势能概念引入，当液体（重量为 mg）相对某一水平面高出一定高度 Z 时，则其所具备的势能为 $mg \times Z$。单位重量的液体的势能是 $mg \times \frac{Z}{mg} = Z$，单位为 m。

2．动能

同样道理，当重量为 mg 的液体以速度 v 流动时，它所具有的动能是 $\frac{mv^2}{2}$。由此，单位重量的液体所具有的动能为：

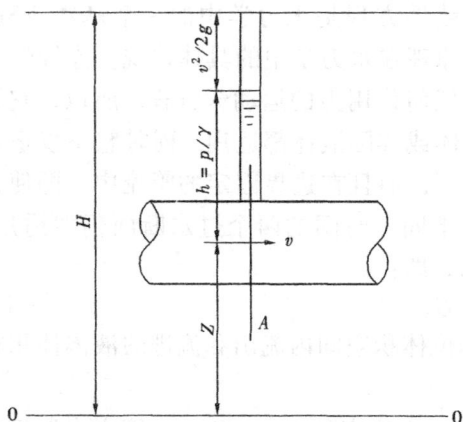

图 3-16

$$\frac{\frac{mv^2}{2}}{mg} = \frac{v^2}{2g} \qquad (3\text{-}14)$$

单位为 m。$\frac{v^2}{2g}$ 是单位重量液体的动能，又称为流速水头。

3．压强势能

压强势能是移动液体质点做功而使液体获得的一种势能。设想在给水管网中某点接出一测压管，水会沿测压管上升。若 P 是该点的相对压强，则水的上升高度为 $h = \frac{P}{\gamma}$。这说明压强具有作功的本领而使水的势能增加，所以压能是液体内部具有的一种能量形式。重量为 mg 液体质点，当它沿测压管上升后，相对压强变为零，它所作的功为 $mgh = mg\frac{P}{\gamma}$，所以单位重量液体的压能等于 $\frac{P}{\gamma}$，单位为 m。三者的图形表述如图 3-16 所示。

4．总水头

总水头在水力学中，将 $Z + \frac{P}{\gamma}$ 称为测压管水头，以符号 Hp 表示，而 Z、$\frac{P}{\gamma}$、$\frac{v^2}{2g}$ 三项之和称为总水头，以符号 H 表示，

$$H = Z + \frac{p}{\gamma} + \frac{v^2}{2g} \qquad (3\text{-}15)$$

（三）水头损失、沿程水头损失和局部水头损失

液体的流动过程也是遵从能量守恒定律的，液体自身的能量不能消灭，也不能创造，

54

只能从一种形式的能量转化成另一种形式。水头损失是指单位重量的液体从一个位置（过流断面）流到另一个位置的过程当中，由于克服各种阻力而消耗了能量，从而造成的总水头的减小。以符号 h_w 表示，单位为 m。

1. 沿程水头损失

电流通过电线时，会消耗部分电能产生热能，电压也会有所降低，同样水在管道的流动过程中，水与管道内表面间及相邻流层之间的流速大小不同，存在相对运动而产生摩擦阻力，这种摩擦阻力引起的能耗，称为沿程水头损失，以符号 h_f 表示，其大小与管道长度有关。

根据有关理论和实验分析，沿程水头损失的计算公式为：

$$h_f = \lambda \times \left(\frac{L}{d} \right) \times \left(\frac{v^2}{2g} \right) \tag{3-16}$$

式中　h_f——管段的沿程水头损失，m；

　　　L——管段长度，m；

　　　d——管段直径，m；

　　　v——断面的平均流速，m/s；

　　　λ——沿程阻力系数。

上述公式为达西（Darcy）公式，它说明沿程水头损失与流速水头 $\frac{v^2}{2g}$ 成正比，与管道的长度 L 成正比，与管径 d 成反比，沿程阻力系数 λ 为比例系数。

2. 局部水头损失

当水流流经管路系统中的阀门、弯头、渐缩管、渐扩管等管道配件时，由于边界条件突然发生变化，液体流速也相应发生突然变化，并伴随产生局部涡流及质点间的相互碰撞，从而消耗自身能量。这种类型的水头损失称为局部水头损失，以符号 h_m 表示。当流速较大时，所产生的碰撞和局部涡流也更加剧烈，局部水头损失也增大。水头损失是集中在水范围内产生的，与管道的长短无关，而与管道配件的种类和几何构造密切相关。

根据有关理论和实验分析，局部水头损失的计算公式为：

$$h_m = \zeta \times \frac{v^2}{2g} \tag{3-17}$$

式中　h_m——管道的局部水头损失，m；

　　　v——断面的平均流速，m/s；

　　　ζ——局部阻力系数。

上述公式说明局部水头损失与流速水头 $\frac{v^2}{2g}$ 成正比，与水流速度的平方成正比，局部阻力系数 ζ 为比例系数。

（四）恒定流能量方程

1. 重力作用下理想液体元流的伯诺里方程

若作用在理想液体上的质量力只有重力，当 z 轴铅垂向上时，对于同一流线的任意两点 1 与 2，有下式成立

$$Z_1 + \frac{p_1}{\gamma} + \frac{u_1^2}{2g} = Z_2 + \frac{p_2}{\gamma} + \frac{u_2^2}{2g} = 常数 \tag{3-18}$$

这就是理想液体的伯诺里方程（又称为能量方程）。由于元流的过水断面积无限小，流线是元流的极限状态，所以沿流线的伯诺里方程也就是元流的伯诺里方程。这一方程在水力学中极为重要，它反映了重力场中理想液体元流作恒定流动时，位置标高 Z，动水压强 p 与流速 u 之间的关系。

2. 理想液体元流的伯诺里方程的物理意义与几何意义

（1）物理意义：理想液体元流的伯诺里方程中的三项分别表示单位重量液体的三种不同的能量形式：

1）Z 为单位重量液体的位能（重力势能），这是因为重量为 mg，高度为 Z 的液体质点的位能是 mgz。

2）$\frac{u^2}{2g}$ 为单位重量液体的动能，这是因重量为 mg 的液体质点的动能是 $\frac{mu^2}{2}$。

3）$\frac{p}{\gamma}$ 为单位重量液体的压能（压强势能）。压能是压强场中移动液体质点时压力作功而使液体获得的一种势能。

于是，$Z + \frac{p}{\gamma}$ 是单位重量液体的势能，即重力势能与压力势能之和，而 $Z + \frac{p}{r} + \frac{u^2}{2g}$ 是单位重量液体的机械能。

理想液体元流的伯诺里方程表明：对于同一元流（或沿同一流线）的恒定流动液体，其单位重量的机械能守恒。所以，伯诺里方程体现了能量守恒原理。

（2）几何意义：理想液体元流伯诺里方程的各项表示了某种高度，具有长度的量纲。

Z 是元流过水断面上某点的位置高度（相对于某基准面），称为位置水头。

$\frac{p}{\gamma}$ 是压强水头 p 为相对压强时也即测压管高度。

$\frac{u}{2g}$ 称为流速水头，也即液体以速度 u 垂直向上喷射到空气中时所达到的高度（不计射流本身重量及空气对它的阻力）。

通常 p 为相对压强，此时 $Z + \frac{p}{\gamma}$ 称为测压管水头，以 H_p 表示，而 $Z + \frac{p}{\gamma} + \frac{u^2}{2g}$ 叫做总水头，以 H 表示。所以总水头与测压管水头之差等于流速水头。

3. 实际液体元流的伯诺里方程，总水头线，测压管水头及其坡度

由于实际液体具有黏性，在流动过程中内摩擦力作功，消耗液流的一部分机械能，使之不可逆地转变为热能等能量形式而消散掉，因而液流的机械能沿程减小，设 h'_w 为元流中单位重量液体从 1-1 过水断面流至 2-2 过水断面的机械能损失（称为元流的水头损失），根据能量守恒原理，实际液体元流的伯诺里方程应为

$$Z_1 + \frac{p_1}{\gamma} + \frac{u_1^2}{2g} = Z_2 + \frac{p_2}{\gamma} + \frac{u_2^2}{2g} + h'_w \tag{3-19}$$

实际液体元流的伯诺里方程各项及总水头、测压管水头的沿程变化可由几何曲线显示（图 3-17）。设想元流各过水断面放置测压管与测速管，各测压管的连线称为测压管水头线，而各测速管液面的连线称为总水头线。

由于实际液体在流动中机械能沿程减小，所以实际液体的总水头线总是沿程下降；而测压管水头线可能是一条下降曲线，也可能是一条水平直线，甚至是一条上升曲线，这取

决于水头损失及动能与势能间互相转化的情况。

实际液体元流之总水头线沿程下降的快慢可用总水头线的坡度（称为水力坡度）J 表示，它是单位重量液体沿元流单位长度的机械能损失，即

$$J = \frac{-\mathrm{d}H}{\mathrm{d}L} = \frac{\mathrm{d}h'_\mathrm{w}}{\mathrm{d}L} \tag{3-20}$$

式中　$\mathrm{d}L$——元流的微元长度；

　　　$\mathrm{d}H$——相应长度的单位重量液体的机械能（总水头）增量；

　　　$\mathrm{d}h'_\mathrm{w}$——相应长度单位重量液体的机械能损失（水头损失）。

上式引入负号是因总水头线沿流向总是下降的，引入负号后使 J 永为正值。测压管水头线沿程的变化可用测压管坡度 J_p 表示，它是单位重液体沿元流单位长度的势能减少量，即

$$J_\mathrm{p} = \frac{-\mathrm{d}^2 H_\mathrm{p}}{\mathrm{d}^2 L} = \frac{-\mathrm{d}^2 \left(Z + \dfrac{p}{\gamma} \right)}{\mathrm{d}^2 L} \tag{3-21}$$

式中　$\mathrm{d}H_\mathrm{p} = \mathrm{d}\left(Z + \dfrac{p}{\gamma} \right)$ 为元流微元长上单位重量液体的势能增量。按上述定义，测压管水头线下降时 J_p 为正，上升时为负。

4. 实际液体总流的伯诺里方程

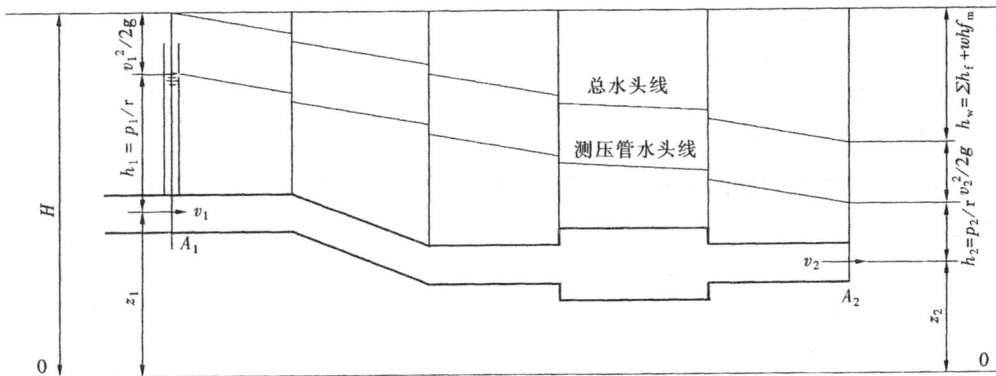

图 3-17

前面已经得到了实际液体元流的伯诺里方程，但要解决实际工程问题，还需要通过在过水断面上积分把它推广到总流上去。

$$Z_1 + \frac{p_1}{\gamma} + \frac{\alpha_1 v_1^2}{2g} = Z_2 + \frac{p_2}{\gamma} + \frac{\alpha_2 v_2^2}{2g} + h_\mathrm{w} \tag{3-22}$$

这就是实际液体总流的伯诺里方程（能量方程）。它在形式上类似于实际液体元流的伯诺里方程，但是以断面平均流速 v 代替点流速 u（相应地考虑动能修正系数 α），以平均水头损失 h_w 代替元流的水头损失 h'_w。总流的伯诺里方程的物理意义和几何意义与元流的伯诺里方程相类似。

$$Z_1 + \frac{p_1}{\gamma} + \frac{v_1^2}{2g} = Z_2 + \frac{p_2}{\gamma} + \frac{v_2^2}{2g} + h_\mathrm{w} \tag{3-23}$$

由前面基本概念可知，Z、$\dfrac{p}{\gamma}$、$\dfrac{v^2}{2g}$ 分别为质点的位置水头，压强水头和流速水头。由方程可知，单位质量的液体，从断面 A_1 流到 A_2，两断面水头差值即为断面间的水头损失。

$$h_w = Z_1 + \frac{p_1}{\gamma} + \frac{v_1^2}{2g} - Z_2 + \frac{p_2}{\gamma} + \frac{v_2^2}{2g} \tag{3-24}$$

（五）湿周、水力半径、水力坡度、谢才（Chezy）公式、曼宁（Manning）公式

1. 湿周：过流断面中管道或管渠边界与液体相接触部分的周长，一般用 X 表示。

2. 水力半径：过流断面截面面积 W 与湿周 X 之比。一般用 R 表示，计算公式如下：

$$R = \frac{W}{X} \tag{3-25}$$

式中　R——水力半径，m；

　　　W——过流断面截面面积，m^2；

　　　X——湿周，m。

3. 水力坡度：单位长度上的能量损失。一般常用的为沿程水头损失的水力坡度，计算式如下：

$$J = \frac{\Delta h}{L} \tag{3-26}$$

式中　J——水力坡度；

　　　Δh——沿程水头损失，m；

　　　L——管道的长度，m。

4. 谢才（Chezy）公式

在实际的工程上遇到的问题，有时已知水头损失或水力坡度，而求流速的大小。可采用此公式：

$$v = C \times \sqrt{RJ} \tag{3-27}$$

式中　v——流速，m/s；

　　　C——谢才系数；

　　　J——水力坡度。

5. 曼宁（Manning）公式

$$C = \frac{1}{n}R^{1/6} \tag{3-28}$$

n 为粗糙系数，它是反映壁面粗糙情况的系数，R 为水力半径，m。

【例题 5】　流量为 $7.2 m^3/h$ 相当于多少 L/s（升/秒）？

【解】　$1h = 60 \times 60 = 3600 s$；$1 m^3 = 1000 L$。

$$7.2 m^3/h = 7.2 \times \frac{1000}{3600} s = 2.0 L/s$$

一般为便于记忆，我们可记住下式：

$$1 L/s = 3.60 m^3/h$$

【例题 6】　管道试压时，表针所指位置为 1.1MPa，换算成 Pa、kgf/cm^2、mH_2O 分别是多少？

【解】 $1M = 1.0 \times 10^6$；$1Pa = 1.02 \times 10^{-5} kgf/cm^2$ $1kgf/cm^2 = 10mH_2O$

①$1.1MPa = 1.1 \times 10^6 Pa = 1.1 \times 10^3 kPa$

②$1.1MPa = 1.1 \times 10^6 Pa = 1.1 \times 10^6 \times 1.02 \times 10^{-5} kgf/cm^2 = 11.22 kgf/cm^2$

③$1.1MPa = 11.22 kgf/cm^2 = 11.22 \times 10 mH_2O = 112.2 mH_2O$

【例题7】 某处管道漏水量用称重法计量，已知 10s 接到所漏水量为 3kg，问此处漏点的漏量为多少（分别用 m³/h 及 L/s 表示）？

【解】 3千克重即相当于质量为 3kg

3kg 的水所占体积为：$v = 3kg/ (1.0 \times 10^6 kg/m^3) = 3.0 \times 10^{-3} m^3 = 3.0L$

漏量计算：$Q = v/s = 3.0L/10s = 0.3L/s$

或 $Q = v/s = 0.3L/s = 0.3 \times 3.60 m^3/h = 1.08 m^3/h$

【例题8】 当口径为 $DN200mm$，流速为 1.5m/s 时，管道流量为多少 m³/h？

【解】 管道流量 $Q = v \times A = 0.785 \times 0.2^2 \times 1.5$

$$= 0.0471 m^3/s$$

$$= 0.0471 \times 3600 m^3/h$$

$$= 169.56 m^3/h$$

复 习 思 考 题

1. 给水管网按给水目的有哪几种？按给水的整体性可分为哪两种形式？各自的优缺点？

2. 什么是静水压强？其基本特性是什么？

3. 什么是过流断面、流量、平均流速？它们之间的关系？

4. 何谓恒定流和非恒定流？

5. 水头损失有几种形式？各自的特点如何？

6. 绝对压强、相对压强、真空值之间的关系？

7. 液体的能量表现形式有哪几种？

8. 什么是恒定流能量方程式？式中各项的物理意义是什么？

9. 列举国际制单位中常用的名称、符号及换算关系？

10. 水泵出口压力表指针位置在 6.5kgf/cm²，则出水压力为多少 mH₂O？多少 Pa？多少 MPa？

11. 某处管道漏水量用称重法计量，已知 15s 接到所漏水量为 6.0kg，问此处漏点的漏量为多少（分别用 m³/h 及 L/s 表示）？

第二部分 管材和附属设施

第四章 管材和管件

第一节 管 材

在整个城市给水系统中,给水管网是其重要组成部分之一,其造价占全部城市给水系统的 $\frac{3}{5} \sim \frac{4}{5}$,而管材又是构成造价的主要因素之一。管材的正常使用寿命是 50 年,但在实际使用过程中,由于种种原因达不到 50 年,有的甚至是几年。管材质量的好坏、安全性能如何、价格是否合理、是否便于维修等,是在实际工作中选择何种管材必须考虑的问题。如何选择价廉物美的管材,是一个重要的课题,必须慎重考虑。

一、选用给水管材,应符合以下条件:

1. 能承受所需的内压;

2. 长期使用后,内壁光滑,能保持相当好的输水能力;

3. 耐腐蚀,使用年限长;

4. 与水接触不产生有毒、有害物质;

5. 具备一定的抗外荷载能力;

6. 安装方便,便于维修,便于开口接驳支管;

7. 规格齐全,配套性强;

8. 性价比合理。

二、常用管材介绍

目前,在给水管网中,采用的给水管材大体可分为金属、非金属、复合管材三大类。金属管材主要指铸铁管、钢管两种;非金属管材包括水泥压力管和塑料管两种;复合管常用的有钢塑管、铝塑管及 SPE 管等。其中,目前在城镇给水管网中最为常用的管材有钢管、球墨铸铁管、预应力钢筋混凝土管、钢筒预应力管(PCCP 管)、高密度聚乙烯管(HDPE 管)、聚氯乙烯管(PVC—U)等。钢塑管、铝塑管、不锈钢管等主要用于室内生活及消防供水系统。

(一)金属管材

1. 钢管

根据制作工艺,钢管可分为无缝钢管和有缝钢管(焊接钢管)。有缝钢管又分为直缝焊接和螺旋卷焊焊接。在给水管道上使用的一般为有缝钢管。大口径钢管制作中最主要的材料为钢板。钢管具有耐高压、韧性好、抗不均匀沉降、管壁薄、运输方便、管身长、接口少、管件制作简单、安装方便等特点,被广泛应用于城镇给水管网中。但钢管耐锈蚀性差,在酸碱环境中易腐蚀，必须在安装前做相应的内外防腐处理，以保证管材的使用寿命。

直缝焊管的工艺流程是：剪板—刨坡口—钢板翻面—压两头圆弧—卷管—焊内外直缝（自动焊）—管段对接（含点焊）—焊环形口（自动焊）。

螺旋焊管的制作过程分三个阶段：条形钢板制作、螺旋成形及内焊、螺旋管外焊及管段定长的切割。

对于制管的钢板应有以下的性能要求：

（1）良好的机械性能。机械性能主要包括：屈服强度、抗拉强度、冲击韧性、延伸率、弯曲角度和硬度等。

（2）可焊的性能。

（3）耐腐蚀的性能。

（4）不易发生脆性断裂的性能。

目前我国用于制作钢管的钢板主要有碳素钢和普通低合金结构钢。根据钢锭浇注前脱氧程度不同，碳素钢又可分为镇静钢和沸腾钢两种。镇静钢是在浇筑钢锭前先进行脱氧，因此它的机械性能、韧性、焊接性及高、低温状态下的稳定性等都比沸腾钢好，制作输水管道所采用的钢材必须是 Q235 镇静钢。

Q235 镇静钢的化学成分、机械性能见表 4-1、4-2。

Q235 镇静钢的化学成分表　　　　表 4-1

碳 C	硅 Si	锰 Mn	磷 P	硫 S
			不 小 于	
0.14 ~ 0.22	0.12 ~ 0.30	0.40 ~ 0.65	0.045	0.055

Q235 镇静钢的机械性能表　　　　表 4-2

屈服强度 σ_s（kg/mm^2）			抗拉强度 σ_b（kg/mm^2）	延伸率（%）		180°冷弯试验 $d=$ 弯心直径 $\alpha=$ 试样厚度
钢板厚度（mm）				不小于		
4 ~ 20	20 ~ 40	40 ~ 60		δ_5	δ_{10}	
24	23	22	38 ~ 40	27	23	$d = 0.5\alpha$
			41 ~ 43	26	22	
			44 ~ 47	25	21	

制作钢管的另一种钢材为普通低合金结构钢，它是在普通钢的基础上，掺入少量或微量的合金元素（一般不超过 3% ~ 5%）。普通低合金结构钢中常见的合金元素有锰、硅、钛、钼、钒、铜、铌等。常用于制作钢管的普通低合金结构钢化学成分、机械性能见表 4-3、表 4-4。

各种普低钢的化学成分表（YB13—69）　　　　表 4-3

序号	钢号		化学成分（%）								
	牌号	代号	碳 C	锰 Mn	硅 Si	钒 V	钛 Ti	铜 Cu	氮 N	硫 S	磷 P
1	16 锰	16Mn	0.12 ~ 0.20	1.20 ~ 1.60	0.20 ~ 0.60					≤0.05	≤0.05
2	16 锰铜	16MnCu	0.12 ~ 0.20	1.20 ~ 1.60	0.20 ~ 0.60			0.20 ~ 0.40		≤0.05	≤0.05
3	15 锰钒	15MnV	0.12 ~ 0.18	1.20 ~ 1.60	0.20 ~ 0.60	0.04 ~ 0.12				≤0.05	≤0.05
4	15 锰钛	15MnTi	0.12 ~ 0.18	1.20 ~ 1.60	0.20 ~ 0.60		0.12 ~ 0.20			≤0.05	≤0.05
5	15 锰钒氮	15MnVN	0.12 ~ 0.20	1.20 ~ 1.60	0.20 ~ 0.50	0.05 ~ 0.12			0.12 ~ 0.020	≤0.05	≤0.05
		15MnVNT	0.12 ~ 0.20	1.30 ~ 1.70	0.20 ~ 0.50	0.16 ~ 0.25			0.014 ~ 0.022		

各种普低钢的机械性能表（YB13—6P）　　表 4-4

序号	牌号	代号	钢板厚度（mm）	屈服强度 σ_s（kg/mm²）	抗拉强度 σ_b（kg/mm²）	延伸率 σ_s（%）	180°冷弯试验 d=弯心直径 α=试样厚度
				不 小 于			
1	16锰	16Mn	≤16	35	52	21	d=2α
			17~25	33	50	19	d=3α
	16锰铜	16MnCu	26~36	31	48	19	d=3α
			38~50	29	48	19	d=3α
2	15锰钒	15MnV	<5	42	56	19	d=2α
			5~16	40	54	18	d=3α
			17~25	38	52	17	d=3α
			26~36	36	50	17	d=3α
			38~60	34	50	17	d=3α
3	15锰钛	15MnTi	≤25	40	54	19	d=3α
			26~40	38	52	19	d=3α
4	15锰钒氮	15MnVNT	≤10	48	65	17	d=2α
			11~25	45	60	18	d=3α
			26~38	42	56	17	d=3α
			40~50	40	54	17	d=3α

制作钢管，普通钢比碳素钢具有较高的强度，制作的钢管管壁薄、重量轻、安装方便。

镀锌管亦称水煤气管，可分为热镀锌钢管和冷镀锌钢管。在 20 世纪 80 年代前人们普遍采用冷镀锌钢管作为给水管材，20 世纪 90 年代后开始采用热镀锌钢管。由于镀锌钢管在酸碱环境中容易腐蚀，现已在城市建筑室外给水中被禁止使用。

钢管的连接方式一般为焊接。镀锌管的连接方式为丝扣连接，一般情况下不允许焊接，否则焊接部分镀锌层被损坏，接头部位易腐蚀。

常见的直缝焊接钢管参考规格见表 4-5。

直线焊接钢管参考规格　　表 4-5

DN（mm）	外径（mm）	壁厚（mm） 单位重量（kg/m）							
		4.5	6	7	8	9	10	12	14
150	159	17.15	22.64						
200	219		31.51		41.63				
225	245			41.09					
250	273		39.51		52.28				
300	325		47.20		62.54				
350	377		54.89		72.80	81.6			
400	426		62.14		82.46	92.6			
450	478		69.84		92.72				
500	530		77.53			115.6			
600	630		82.33			137.8	152.9		
700	720		105.6		140.5	157.8	175.8		
800	820		120.4		160.2	180.0	199.8	239.1	
900	920		135.2		179.9	202.0	224.4	268.7	
1000	1020		150			224.4	249.1	298.3	
1100	1120				219.4		273.7		
1200	1220				239.1		298.4	357.5	
1300	1320				258.8			387.1	
1400	1420				278.6			416.7	
1500	1520				298.3			446.3	
1600						397.1			554.5
1800						446.4			632.5

2. 铸铁管

世界上使用铸铁管输水已有 300 年的历史，在我国的使用也有上百年。根据材质铸铁管可分为普通灰口铸铁管、高级铸铁管、球墨铸铁管。目前国内生产的普通铸铁管中，其化学成分见表 4-6。

普通铸铁管中所含的化学成分表　　　　　　　　　　表 4-6

碳 C	硅 Si	锰 Mn	硫 S	磷 P
3%～3.8%	1.5%～3.2%	0.5%～0.9%	≤0.10%	≤0.3%

由于灰口铸铁管抗拉强度小、脆性大、对地面的动荷载或不均匀沉降适应能力差等原因，在城市给水中现已逐渐被球墨铸铁管所代替。

球墨铸铁管是 1948 年由美国首先研发成功的一种高性能材料，是冶金行业的一次飞跃。球墨铸铁管与灰铁管的不同点是对原铁成分的严格精选，然后在溶化的铁水中加入镁、钙、铈等碱土金属或稀有金属，使铸铁中石墨组织呈球状存在，消除了由石墨产生的缺陷，因而材料本身的机械性能和抗腐蚀性能有了极大的改善。球墨铸铁管利用离心力铸造成形，管壁致密，石墨形态为球状，基体以铁素体为主，伸长率大、强度高、性能与钢管相似，具有柔韧性，适应环境能力强，且抗弯强度比钢管大，使用过程中管段不易弯曲变形。其接口为柔性接口，具有伸缩性和曲折性，适应基础不均匀沉陷。由于其优越的性能，很快被全世界推广采用。

球墨铸铁管根据其制造工艺又可以分为铸态球墨管和退火球墨铸铁管两种。退火球墨铸铁管相比铸态球墨管，在其制作工艺中增加了退火工艺，使球墨铸铁管在机械性能和适应性上都有大的提高，因此退火球墨铸铁管现已被广泛采用。

目前国外先进发达国家球墨铸铁管的化学成分控制指标见表 4-7。

　　　　　　　　　　　　　　　　　　　　　　　　　　　　　表 4-7

碳 C	硅 Si	锰 Mn	硫 S	磷 P	镁 Mg
3.2%～3.8%	1.8%～2.7%	≤0.40%	≤0.15%	≤0.1%	≥0.05%

在国内，由于球墨铸铁管生产厂家较多，产品质量参差不齐，与球墨铸铁管配套使用的球墨铸铁配件的生产厂家较少等原因，虽然许多城市也采用球墨铸铁管，但所采用的管件大多采用钢制配件。这种使用方法，时间一长对水质和维护管理还是有一定的影响。因此，在现阶段我们选择球墨铸铁管时，必须根据国家规定的相关要求，结合本企业的实际需要，选择产品质量优良、性价比合理的管材，并要求管材和管件配套使用。本书推荐在选择退火球墨铸铁管时，其力学指标和化学成分控制指标应达到如下要求：

力学性能指标：抗拉强度 ≥420MPa、布氏硬度 ≤230、屈服点强度 ≥300MPa、延伸率 ≥100%。

化学成分指标：碳 3.6%～3.75%、锰 ≤0.4%、硫 ≤0.02%、稀土元素 0.01%～0.03%、硅 1.8%～2.1%、磷 ≤0.08%、镁 0.03%～0.05%。

同时，球墨铸铁管应达到金相检验符合 GB 9441—88 的标准，要求球化等级为二级；球化率大于 80%，石墨大小为 6～7 级，石墨球数达 600～800 个/mm²，渗碳体 ≤1%；$DN \leqslant 400$ 口径管，铁素体 ≥90%；$DN \geqslant 400$ 口径管，铁素体为 85% 左右。

铸铁管规格见表 4-8、表 4-9、表 4-10。

砂型离心铸铁管规格 表 4-8

DN (mm)	壁厚 (mm)		内径 (mm)		外径 (mm)	总重量 (kg)			
						有效长度 5000mm		有效长度 6000mm	
	P 级	G 级	P 级	G 级		P 级	G 级	P 级	G 级
200	8.8	10.0	202.4	200	220.0	227.0	254.0		
250	9.5	10.8	252.6	250	271.6	303.0	340.0		
300	10.0	11.4	302.8	300	322.8	381.0	428.0	452.0	509.0
350	10.8	12.0	352.4	350	374.0			566.0	623.0
400	11.5	12.8	402.6	400	425.6			687.0	757.0
450	12.0	13.4	452.4	450	476.8			806.0	892.0
500	12.8	14.0	502.4	500	528.0			950.0	1030.0
600	14.2	15.6	602.4	599.6	630.8			1260.0	1370.0
700	15.5	17.0	702.0	698.8	732.0			1600.0	1750.0
800	16.8	18.5	802.6	799.0	838.0			1980.0	2160.0
900	18.2	20.0	902.6	899.0	939.0			2410.0	2630.0
1000	20.5	22.6	1000.0	955.8	1041.0			3020.0	3300.0

连续铸铁管规格 表 4-9

DN (mm)	外径 (mm)	壁厚 (mm)			管子总重量 (kg)								
					有效长度 4000mm			有效长度 5000mm			有效长度 6000mm		
		LA 级	A 级	B 级	LA 级	A 级	B 级	LA 级	A 级	B 级	LA 级	A 级	B 级
75	93.0	9.0	9.0	9.0	75.1	75.1	75.1	92.2	92.2	92.2			
100	118.0	9.0	9.0	9.0	97.1	97.1	97.1	119	119	119			
150	169.0	9.0	9.2	10.0	142	145	155	174	178	191	207	211	227
200	220.0	9.2	10.1	11.0	191	208	224	235	256	276	279	304	328
250	271.0	10.0	11.0	12.0	260	282	305	319	347	376	378	412	446
300	322.8	10.8	11.9	13.0	333	363	393	409	447	484	486	531	575
350	374.0	11.7	12.8	14.0	418	452	490	514	557	604	609	662	718
400	425.6	12.5	13.8	15.0	510	556	600	626	685	739	743	813	878
450	476.8	13.3	14.7	16.0	608	665	718	747	819	884	887	973	1050
500	528.0	14.2	15.6	17.0	722	785	848	887	966	1040	1050	1150	1240
600	630.0	15.8	17.4	19.0	963	1050	1140	1180	1290	1400	1400	1530	1660
700	733.0	17.5	19.3	21.0	1240	1360	1460	1530	1670	1800	1810	1980	2140
800	836.0	19.2	21.1	23.0	1560	1700	1830	1910	2080	2250	2270	2470	2680
900	939.0	20.8	22.1	25.0	1900	2070	2240	2340	2550	2760	2770	3020	3280
1000	1041.0	22.5	24.8	27.0	2290	2500	2700	2810	3070	3320	3330	3640	3940
1100	1144.0	24.2	26.6	29.0	2720	2960	3190	3330	3630	3930	3950	4300	4660
1200	1246.0	25.8	28.4	31.0	3170	3450	3730	3880	4230	4580	4590	5010	5430

球墨铸铁管规格 表 4-10

DN (mm)	壁厚 (mm)	有效管长 (mm)	制造方法	重量 (kg)	
				直部每米重	每根管总量
500	8.5			99.2	650
600	10			139	905
700	11		离心铸造	178	1160
800	12	6000		222	1440
900	13			270	1760
1000	14.5		连续铸造	344	2180
1200	17			469	3060

（二）非金属管材

常用的非金属管材我们主要介绍水泥管和塑料管两种。

1. 水泥管

水泥管又分自应力管、预应力管、石棉水泥管等。其中石棉水泥管目前在城市给水中几乎已没有使用，国内只是在 20 世纪 60 年代有部分城市曾经使用过，在本节中不予介绍。

输 水 管 型 号   表 4-11

预应力管名称	型号表示方法	DN（mm）	静水压力（MPa）
一阶段预应力混凝土输水管	YYG-600-Ⅱ YYG—表示一阶段 600-公称直径（mm） Ⅱ—压力级	400～2000	0.4～1.2
三阶段预应力混凝土输水管	SYG-600-Ⅱ SYG—表示一阶段 600-公称直径（mm） Ⅱ—压力级	400～2000	0.4～1.2

（1）自应力管

自应力管是用自应力混凝土并配置一定数量的钢筋制成，通过水的养护，由自应力混凝土的膨胀张拉钢筋而获得预应力，还有一种方式是利用自应力水泥砂浆和钢丝网骨架制成的自应力管。制管用的自应力水泥强度为 42.5 或 52.5 普通硅酸盐水泥、32.5 或 42.5 矾土水泥和二水石膏，按适当比例加工制成，所用钢筋为低碳冷拔钢丝或钢丝网。

国内生产的自应力管规格在 100 至 600mm 之间。由于工艺简单，制管成本较低。但由于容易出现二次膨胀及横向断裂，目前自应力管主要用于小城镇或农村供水系统中。

（2）预应力管

目前国内由于城市给水中的预应力管主要有一阶段预应力管、三阶段预应力管和钢筒预应力管（PCCP 管）。见表 4-11。

一阶段预应力管的制作是先把作为环向预应力钢丝的钢骨架放到装配好的管模中，布置上纵向钢筋，用电热法或机械法，使纵向钢筋获得预应力，然后浇筑混凝土，此后向特制的橡胶内模中注水升压，使胶模膨胀。混凝土、外模和钢筋一道膨胀变形，把混凝土中的水分排除。环向钢筋获得预应力，并立即进行蒸汽养护，待混凝土凝固后，将内模中的水压松掉，脱模而成。此种工艺由瑞典"逊他布"公司于 1952 年试制成功，所以在国外称"逊他布管"。

一阶段预应力管的特点是强度及抗渗性较好，管壁较薄，但外模合缝处容易漏浆，修补率高，承口要磨削加工。

三阶段预应力管是指一根管材分三个阶段制成，先做成一个带纵向预应力钢丝的混凝土管芯（第一阶段），管芯外缠环向预应力钢丝（第二阶段），然后做水泥砂浆保护层（第三阶段）。管芯成形工艺又分离心法和悬辊法两种。

预应力钢套筒钢筋混凝土管（PCCP）工艺上应属于三阶段法，只不过是在管芯内加入一个薄钢套筒，然后在环向施加一层或两层预应力钢丝。它可分为两种：内衬式和埋置式。内衬式采用的是应力钢丝直接缠绕在钢筒上，并用离心工艺制作而成。而埋置式是缠绕在钢筒外的混凝土上，采用立式振动工艺制作而成。

预应力套筒混凝土管比钢筋混凝土管道抗不均匀沉降能力大有提高，耐腐蚀性强，但不易开口。

预应力管的基本尺寸及参考重量见表 4-12。

基本尺寸及参考重

表 4-12

型　　号	DN (mm)	有效长度 (mm)	管体长 (mm)	管体芯厚（筒体壁厚）(mm)	保护厚度 (mm)	参考重 (t/根)
SYG-400（Ⅰ、Ⅱ、Ⅲ） （YYG-400）（Ⅳ、Ⅴ）	400	5000	5160	38 (50)	20 (15)	1.182 (0.997)
SYG-500（Ⅰ、Ⅱ、Ⅲ） （YYG-500）（Ⅳ、Ⅴ）	500	5000	5160	38 (50)	20 (15)	1.464 (1.218)
SYG-600（Ⅰ、Ⅱ、Ⅲ） （YYG-600）（Ⅳ、Ⅴ）	600	5000	5160	43 (50)	20 (15)	1.890 (1.587)
SYG-700（Ⅰ、Ⅱ、Ⅲ） （YYG-700）（Ⅳ、Ⅴ）	700	5000	5160	43 (50)	20 (15)	2.228 (1.836)
SYG-800（Ⅰ、Ⅱ、Ⅲ） （YYG-800）（Ⅳ、Ⅴ）	800	5000	5160	48 (50)	20 (15)	2.720 (2.286)
SYG-900（Ⅰ、Ⅱ、Ⅲ） （YYG-900）（Ⅳ、Ⅴ）	900	5000	5160	54 (50)	20 (15)	3.289 (2.787)
SYG-1000（Ⅰ、Ⅱ、Ⅲ） （YYG-1000）（Ⅳ、Ⅴ）	1000	5000	5160	59 (50)	20 (15)	3.835 (3.337)
SYG-1200（Ⅰ、Ⅱ、Ⅲ） （YYG-1200）（Ⅳ、Ⅴ）	1200	5000	5160	69 (50)	20 (15)	5.250 (4.569)

注：1. 一阶段管子筒体壁厚管包括保护层厚度和管芯厚度。

2. 公称直径（DN）包括插口端向管内 200mm 处的尺寸。

2. 塑料管

塑料管道自第二次世界大战中期开始发展，至今已成功应用在许多领域。从国外应用情况看，塑料管在整个塑料建材产量中已占有 40% 左右的比例，并已成为管道行业的重要一部分。我国自 20 世纪 50 年代开始生产塑料管，七八十年代进入广泛的工程应用，目前塑料管材的发展十分迅速，已逐步取代金属或其他管材的主导地位。

塑料管材分为两大类：即热塑性塑料管材和热固性塑料管材。热塑性塑料在温度升高时变软，温度降低时可恢复原状，并可反复进行，加工时可采用注塑或挤压成型。热固性塑料是在加热并添加固化剂后，在模压成型的过程中由于化学反应的结果，形成坚固难溶的固体，一旦固化成型后就不再具有塑性。

在城市供水管道中，常用的热塑性塑料管材主要有以下几种：

（1）硬聚氯乙烯管

硬聚氯乙烯属热塑性塑料，利用 PVC 为原料，采用挤压成型工艺。挤出机又分单螺杆、双螺杆，就挤出工艺而言，双螺杆挤出机生产出来的管材要优于单螺杆挤出机。在目前使用过程中，其连接方式为承插式橡胶圈连接和溶剂粘接两种方式，前者主要应用于口径较大的管道，后者主要应用于口径较小的管道。

公称外径 de	壁　厚　e (mm) 公　称　压　力　pN				
	0.6MPa	0.8MPa	1.0MPa	1.25MPa	1.6MPa
20					2.0
25					2.0
32				2.0	2.4
40			2.0	2.4	3.0
50		2.0	2.4	3.0	3.7
63	2.0	2.5	3.0	3.8	4.7
75	2.2	2.9	3.6	4.5	5.6
90	2.7	3.5	4.3	5.4	6.7
110	3.2	3.9	4.8	5.7	7.2
125	3.7	4.4	5.4	6.0	7.4
140	4.1	4.9	6.1	6.7	8.3
160	4.7	5.6	7.0	7.7	9.5
180	5.3	6.3	7.8	8.6	10.7
200	5.9	7.3	8.7	9.6	11.9

硬聚氯乙烯管是国内目前塑料管材的主导产品，我国于 1988 年制订了 UPVC 给水管材标准，于 1996 年进行了修订，颁布了新的国家标准"给水用硬聚氯乙烯（PVC-U）管材"（GB/T 10002.1—1996）和相应的管件标准。该标准中规定管材物理性能指标应符合：密度 1350～1460kg/m^3，维卡软化温度≥80℃。

管材的长度一般为 4m、6m、8m、12m，长度的极限偏差为长度的 ＋0.4％、－0.2％。管材长度不包括承口深度。最为常见的管道长度为每根 6m。

管材内外表面应光滑、平整，无凹陷、分解变色线和其他影响性能的表面缺陷。管材不应含有可见杂质。管材端面应切割平整并与轴线垂直。

（2）聚乙烯管

聚乙烯管是 1933 年英国 ICI 公司首先开发并生产 PE 管。它是在聚乙烯的原材料中添加炭黑等材料，经过充分混合后，通过挤出机的挤压成型，立即进行真空冷却槽的养护制作而成。

密度是聚乙烯的重要性能指标之一，有高密度聚乙烯（HDPE）、中密度聚乙烯（MDPE）、低密度聚乙烯（LDPE）之分。密度越高，相对硬度、软化温度、抗拉强度越高，但脆性增加、柔韧性下降、抗开裂性能力下降。给水管道中一般采用高密度聚乙烯，燃气管道一般采用高、中密度聚乙烯。

聚乙烯管在外形上有软硬之分，这是原料选用上的区别，软管是用高压聚乙烯原料制成的，而硬管是用低压聚乙烯制成的，应注意所谓高、低压是原料制作工艺过程的区别，不是耐水压的概念。

高密度聚乙烯密度为 950kg/m^3 以上，软化温度≥120℃。其柔韧性、抗冲击能力均优于 UPVC 管，在使用中基本上可保证连接处不泄漏（属本体连接）。此外，聚乙烯本身是一种无毒塑料，对水质基本上无影响。在欧美国家 HDPE 给水管的用量逐年增加，UPVC 管的用量逐年下降。

我国于 1992 年颁布了给水用高密度聚乙烯（HDPE）管材国家标准（GB/T 13663—

92）。目前，国内生产的常用于城市给水中的聚乙烯管管材有 PE65、PE80、PE100 等规格，其压力等级分 0.6MPa、0.8MPa、1.0MPa、1.25MPa、1.6MPa 等。对聚乙烯管材（PE100、1.0MPa）其主要性能指标的要求参见表 4-14。

主 要 性 能 指 标　　　　　　　　表 4-14

项　　　　　目		技 术 指 标
密度（kg/m³），20℃		≥0.95
维卡软化温度（℃）		≥126
纵向回缩率（110℃）		≤3%
弹性模量（MPa）		600～900
氧化诱导时间（200℃）		≥20
断裂伸长率		≤350%
液 压 试 验	80℃，165h，环向应力 5.5MPa	无渗漏、无破裂
	80℃，1000h，环向应力 5.0MPa	无渗漏、无破裂

聚乙烯管的连接方式为承插式、熔接式和电熔套筒式连接。管件采用注塑成型的方式。

（3）聚丁烯（PB）塑料管

聚丁烯也是一种热塑性塑料，由其生产出的聚丁烯管是目前世界上最先进的冷热水管材之一。聚丁烯无味、无毒、耐高温性能良好，材质柔韧，具有良好的抗拉、抗压强度，其密度为 930kg/m³。

PB 管的口径（外径）国内现有 10、15、22、28mm 四种规格。连接方式有机械夹紧式（插入式）或热熔连接。

（4）ABS 塑料管

ABS 塑料是由丙烯腈-丁二烯-苯乙烯共聚而成的，ABS 塑料的性能取决于三种聚合物的比例。以丁二烯为基础的共聚物，具有较好的韧性、低温回弹性和抗冲击性。以丙烯腈为主的共聚物，具有良好的表面硬度、耐热性、耐化学腐蚀性和较高的抗拉强度。以苯乙烯为主的共聚物，具有良好的塑性、刚性和光泽性。

在日常的应用过程中，人们通常担心塑料管的毒性和耐用性，而塑料管的毒性又主要针对聚氯乙烯管。其实聚氯乙烯本身是无毒的，所谓聚氯乙烯有毒，是指聚氯乙烯管在加工过程中所添加的稳定剂如铅、钡等有毒性，这类化合物会从管中溶解于水，达到一定浓度后对人体有害。因此我们只要控制稳定剂的含量，就可以保证聚乙烯管对水质达到安全的程度。影响塑料管的耐用性因素主要有管材的老化、管壁厚度不均匀、管接口方法不当等。只要在生产过程中添加必要的助剂或改善工艺就可以避免。如针对塑料管易老化的问题，可以在管材加工过程中添加黑色的聚乙烯、聚氯乙烯制品，就会使管材具有良好的抗老化能力。

（三）复合管

在城市给水中，常见的是金属塑料复合管有钢塑管、铜塑管、铝塑管、钢骨架塑料管等，是近几年才发展起来的。下面我们主要介绍钢塑管。

钢塑管根据其制作工艺可分为衬塑和内涂两种。衬塑复合管外层一般采用是镀锌钢管，也有用不锈钢管的。不锈钢管材质量好，但其成本较高。内层是聚氯乙烯管或聚乙烯管，中间用胶水或其他材料粘结，通过高温蒸汽室加温后制作而成。使用该管材应注意的问题是：粘结材料的质量，内外层管材的粘结力是否达到相关要求。内涂复合管外层同样采用镀锌钢管或不锈钢管，在管材的内壁涂一层 PVC 或 PE 树脂，也有涂食品级环氧树脂材料的，经过高温加热粘结而成。

衬塑钢管的表面要求：衬塑钢管内表面不允许有气泡、裂纹、脱皮，无明显痕纹、凹陷、色泽不均及分解变色线。

衬塑钢管性能指标的要求：

1. 结合强度

冷水用衬塑钢管的钢与塑之间结合强度不应小于 0.2MPa（20N/cm²），热水用衬塑钢管的钢与塑之间结合强度不应小于 1.0MPa（100N/cm²）。

2. 弯曲性能

管径小于等于 50mm 衬塑钢管经弯曲后不发生裂痕，钢与塑之间不发生离层现象。

3. 压扁性能

管径大于 50mm 衬塑钢管经压扁后不发生裂痕，钢与塑之间不发生离层现象。

内涂复合管以内涂聚乙烯粉末为例。用于涂敷的聚乙烯粉末，其力学性能应符合表 4-15 的规定。

聚乙烯粉末的力学性能指标　　　　　　　　　表 4-15

项　　目	指　　标	项　　目	指　　标
密度（g/cm³）	>0.91	断裂伸长率（%）	>100
溶体流动速率（g/10min）	<10	维卡软化点（℃）	>85
拉伸强度（MPa）	>9.80	不挥发物含量（%）	>99.5

复合管的使用，应注意内涂材料的剥离问题。钢塑管的连接方式主要是丝扣连接，原则上不允许焊接。

三、常见管材的优缺点及应用范围

我们在具体的使用过程中，要根据管材的优缺点及使用的范围，选择合适的管材，才能达到预期的目的。

目前，常见管材的优缺点及应用范围见表 4-16 所示。

表 4-16

管　材	主　要　优　缺　点	应　用　范　围
钢　管	耐高压、韧性好、抗不均匀沉降、管壁薄、管件制作简单、安装方便，但耐锈蚀性差	主要应用在大口径管道、地质条件较差及复杂地质条件的地方
铸铁管	耐锈蚀性强、抗拉强度高、延伸性和弯曲性好、安装方便，但抗不均匀沉降较差	主要应用于口径在 150～800、地质条件较好的地方
水泥管	耐锈蚀性强、输水能力不易下降、安装方便、可以节约大量钢材，但脆性强、抗不均匀沉降较差	主要应用于口径在 400～1600mm、地质条件较好、酸碱性的土壤中
塑料管	管壁光滑、水力性能好、不易腐蚀、施工运输方便，但强度低、刚性差、在阳光下易老化	主要应用于口径在 20～300mm、地质条件较好的土壤中
复合管	管壁光滑、水力性能比较好、不易腐蚀、具有一定的刚性、施工运输方便，但易剥离	主要应用于口径在 100mm 以下的管道，对地质条件要求较小

第二节 管 件

管件是指与主材连接部分的成型零件或现场的制作件，它用于管道的走向和口径的变化、开口、阀门和附属设施的连接处，如弯头、三通、异径三通、异径四通、伸缩器等，它是给水管道的重要组成部分。管件的材质、连接方式及规格与管材基本相同，其质量的好坏直接影响工程费用的大小、工程施工质量和管道的使用寿命等。

常见的管件根据其材质的不同，一般可分为钢管件、铸铁管件和非金属管件。从材质、连接方式、承受内压及产品类型等与管材基本相同，否则管件易出现质量问题。

一、铸铁管件

铸铁管件一般采用定型铸铁件。目前，国内一般采用高级铸铁或球墨铸铁铸造，但也有采用灰铸铁铸造的。

采用灰铸铁翻铸管件时，管件壁厚比同口径的管材壁厚增加 10% ~ 20%，壁厚尺寸的增加应保证管承口内径和管插口外径符合管材的标准尺寸。

管件的外侧应铸有规格、承压能力、制造日期和商标等标记。管件内壁涂衬水泥砂浆，外壁涂刷热沥青。

管件承插口及法兰盘的允许公差可参照表 4-17 所示的要求。

表 4-17

公称口径	公 差 （mm）				
（mm）	厚 度	承口内径	承口外径	盘上下错位	盘左右偏心
≤350	+ 2	+ 4	+ 2	2	2
	− 0	− 2	− 4		
400 ~ 800	+ 3	+ 5	+ 3	2.5	2.5
	− 0	− 3	− 5		
≥900	+ 4	+ 6	+ 4	3	3
	− 0	− 4	− 6		

管件要通过水压试验等方法来检验质量的优劣。检验压力为工作压力的两倍，承压 10 分钟内不渗漏为合格。

常用管件如图 4-1 所示。

二、钢制管件

一般是用优质碳素钢或不锈耐酸钢经特制模具压制成形而制作成管件。它是属于板金工的技术范畴，由于钢制配件在实际应用过程中，应用或现场加工的情况较多，我们有必要简单了解，以便现场加工。

1. 展开图及展开尺寸的计算

管件的形状是按投影图的原理画在纸上，在图上标注尺寸和相关说明，这就是现场使用的施工大样图。

把施工大样图的图形，按尺寸 1:1 的比例在样板纸或钢板上画出实际大小的图样叫做放样。主要应用在中、小口径的管件制作中。

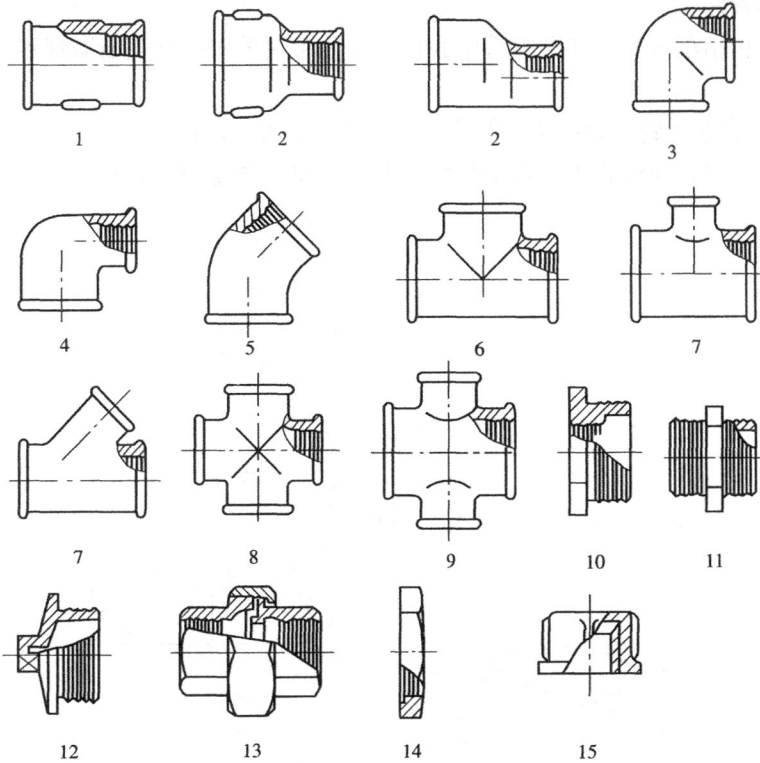

图 4-1　常用管件

1—管接头；2—异径管接头；3—弯头；4—异径弯头；5—45°弯头；6—三通；

7—异径三通；8—四通；9—异径四通；10—内外螺母；11—六角内接头；

12—外方堵头；13—活接头；14—锁紧螺母；15—管帽头

（1）焊接钢制管件

焊接钢制配件是由一节节圆管连接而成。一节圆管的展开图为矩形，其中一条边长为一节管的长度；另一条边长为圆管周长。如图 4-2 所示。

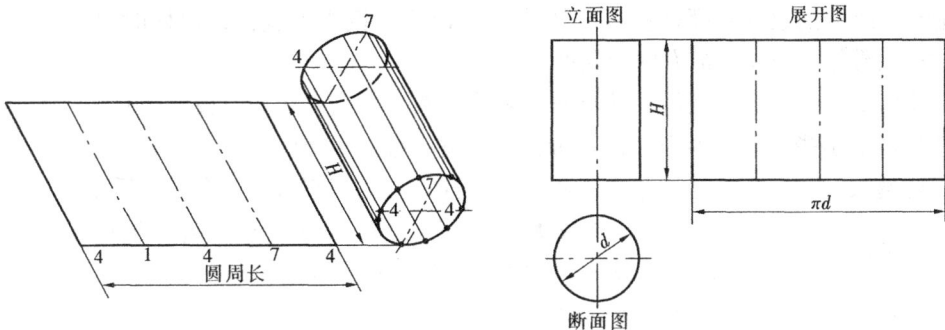

图 4-2　圆管节的展开图

展开图上的三条中心线是必要的，在钢板上实际下料时，需将中心线的两端打上三个冲眼，避免滚圆时把线碰掉。管道安装就以展开图中心线为基准线，组成若干长管道。

71

（2）锥形管件

锥形管件包括渐缩管，在渐缩管中我们只介绍常用的中心垂直渐缩管和一侧垂直渐缩管两种。

A. 中心垂直渐缩管：如图4-3所示，已知尺寸为 D、d 和 H。

采用计算法时，应计算以下六个尺寸（各尺寸符号含意如图4-3）。

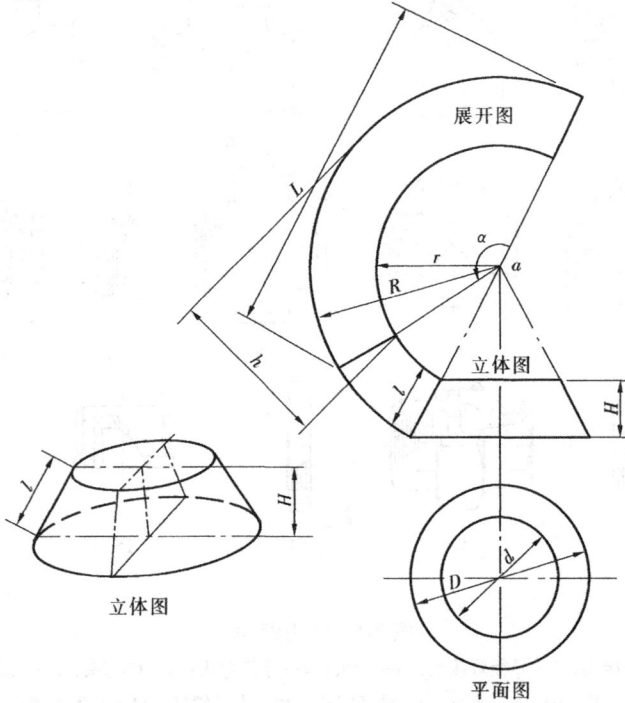

图4-3　中心垂直渐缩管

采用画展开图法时，在立面图上用延长两侧线求出展开图的半径 r 和交点 a；绘展开图是以点 a 为中心，r 及 R 为半径画图；以计算得 a 的值，在图里取出 a 角部分，即为展开图。

通常渐缩管的放样，都是板料放样或做样板后在钢板上放样，放样时可以 R、r、a 作为放样的数据，以 L、h 为校验数据。

渐缩管的展开图绘制及尺寸计算时，是将大头、小头直径均取板厚中心径，但往往将大头直径略取小些。这是因为在拼装过程中如发生接口不准确，可在两端加工一下，小头直径越切越大，大头直径越切越小，而按这样计算方法切割后，不会影响质量。

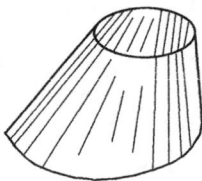

对于口径较大的渐缩管，整块钢板不能满足放样尺寸的需求时，可等分 a 角的方法分段放样，而后拼装。

B. 一侧垂直渐缩管

一侧垂直渐缩管，在水泵两侧管道组装上经常遇到，在几何形状上称为斜圆锥台。

图4-4所示的是它示意的立体图，图4-5是它投影图，已知尺寸为 D、d、H。

图4-4　一侧垂直渐缩管立体图

这种一侧垂直渐缩管的一侧和两端面相垂直，比如图 4-6
是它的展开图，从立面图可以看出，斜圆锥台是斜圆锥的一
部分。

展开图法：是按斜圆锥展开法画出展开图，先用已知尺
寸画出断面图和立面图；将断面图的一半直接画在立面图的
底边，将断面图的圆的圆周分成几等分，各等分点和 o 点连
成直线，再以 o 点为中心，o 点到圆周各等分点的距离作半
径画同心圆弧，和立面图的底边相交；将立面图两侧线的延
长线交至点 a，从点 a 至上述底边各交点的连线，即为立面
图上底边各点到 a 点连线实长 R_1。这些实长的直线和上边线
亦相交，其交点至 a 点的距离，即为立面图上边各点到期 a

图 4-5　一侧垂直渐缩管投影图

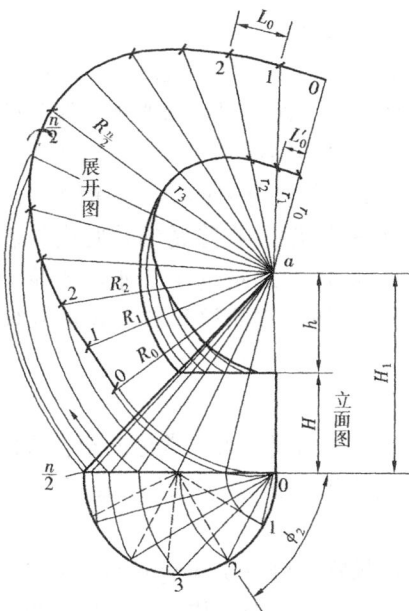

点连线实长 r_1。

以点 a 为中心，立面图的上边及底边各实长线 R_1、r_1 分别为半径，画同心圆弧；在
底边圆弧上任取一点为中心，如展开图上取 o 点为中心，以断面图等分弧长作半径，顺
次画圆弧，其交点为 1、2、3……通过各点连成的曲线，即为斜圆锥台展开图的上边线。

绘制或计算展开尺寸时，管圆周等分数的 n 值，可按管口径而定。口径大，n 值大；
口径小，n 值小。按经验，要求等分距离 $L_0 \leqslant 50 \sim 70\text{mm}$ 左右。等分距离小了，相邻两点
可以直接连成直线，不必用曲线板连成光滑曲线。对于小口径水管及展开图带有尖角的管
件（如丁字管），采用 $n \geqslant \dfrac{\pi D}{50}$ 计算，其他管件按 $n \geqslant \dfrac{\pi D}{70}$ 计算（D—管径，单位是 mm）。

计算式：

计算时各符号的含意，如图 4-6 所示。

$$n \geqslant \frac{\pi D}{70}; L_0' = \frac{\pi d}{n}; L_0 = \frac{\pi D}{n};$$

$$H_1 = \frac{HD}{D-d}; h = H_1 - H;$$

$$R_i = \left\{ H_1^2 + \left[D\sin\left(\frac{360° i}{2n}\right) \right]^2 \right\}^{\frac{1}{2}}; \left(i = 0 \sim \frac{n}{2} \right)$$

$$r_i = \left\{ h^2 + \left[d\sin\left(\frac{360° i}{2n}\right) \right]^2 \right\}^{\frac{1}{2}}; \left(i = 0 \sim \frac{n}{2} \right)$$

2. 样板制作

在钢板上直接绘制展开图或按计算的尺寸直
接在钢板、钢管上放线时，既不易准确，也不便
于检验。往往在放线、下料之前要进行样板的制
作。

制作样板可用油毛毡、马粪纸、照像黑纸、
青壳纸、500 克书套纸等。其中以 500 克书套纸
硬度相宜，价格合适。

样板制作不必反映管件的全貌，如弯管样板
长度只需圆周长度的 $\dfrac{1}{4}$；渐缩管就必须放 $\dfrac{1}{2}$，最

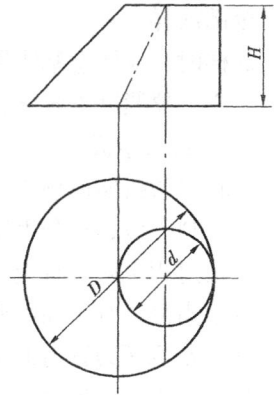

图 4-6　一侧渐缩管的展开图

好是全部放样。

放样时，应注意基线要直，垂线不可斜，否则计算再精确也无济于事。剪下样板时要细致耐心，要紧贴着画线剪，而不要刚好剪在画线上。

3. 下料与卷板

下料必须按照成型要求进行切割，下料的方法分剪切、铣切、冲切、气割等，气割是常用的下料手段，它分手工切割、自动切割两种。

卷板过程也就是将板材连续压弯的过程。它是通过旋转的滚轴，使板材滚弯。滚弯的机械以动力分，有手动和机动两种；以滚轴分，有三辊和四辊。

三、水泥压力管道的管件和橡胶圈

预应力管、自应力管和铸铁一样，都属于承插式管材，它们的管件形式相类似，惟尺寸有所不同。

水泥压力管管道上，管件组合形式有以下几种。

1. 所有管件采用铸铁管的管件，这种管件和水泥压力管间采用转换短管连接，如图4-7所示。

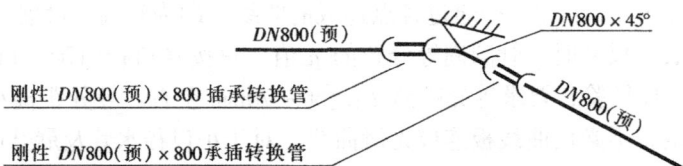

图 4-7

由于水泥压力管的管壁厚度大于铸铁管的管壁厚度，因此在两种管材之间用特制的转换管连接。这种转换接管是承插式的或双承式的，和铸铁管材、铸铁管管件相连接的接口尺寸是铸铁管的标准尺寸；和水泥压力管相连接的接口尺寸是同水泥压力管相适应的。它可以是橡胶圈密封的柔性接口，也可以是石棉水泥的刚性接口。

2. 按照水泥压力管的承插口尺寸，可以制做异形配件（丁字管、弯管等）。这些管件可以是胶圈密封的柔性接口，也可以是用填缝材料（如石棉水泥、自应力水泥砂浆）的刚性接口。这些管件可以是铸铁件及用沥青或环氧化树脂防腐的钢板制作；也可以用水泥砂浆和钢制管胚的复合管件，这种复合管件是在钢板卷制的管件胚外表面上，用钢丝焊连成网络状（对于大口径的复合管件，内表面亦用钢丝焊成网络状），在除锈的管胚内外表面喷涂或刷涂一层较薄的纯水泥浆，再喷涂或抹涂一层厚度 8~12mm 的 1:2 水泥砂浆，借助承、插口工作面成型的金属模具，使承、插口部位的水泥砂浆涂层具有一定的几何形状。

四、塑料管件

随着塑料管材的大力推广使用，塑料管件也逐步被开发利用起来。常见的塑料管件有三通、四通、弯头、异径三通、异径四通等。根据其制作工艺又分一次注塑成型、粘结、熔接、承插等形式。连接方式分螺纹连接、熔接和承插三种。

塑料管件中我们介绍聚乙烯和聚氯乙烯管件。聚乙烯管件分一次注塑成型、熔接、承插等三种形式。熔接、承插管件壁厚比同口径的管材壁厚提高一个规格，一次注塑成型的管件可以采用与管材相同的规格。聚乙烯管件与主管的连接采用熔接、承插式连接和电熔套筒连接等。部分常用管件如图4-8所示。

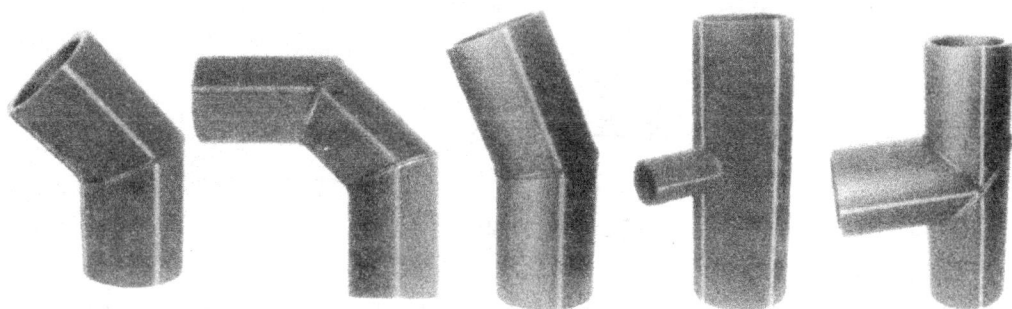

图4-8　几种常见的聚乙烯管件

聚氯乙烯管件主要有如图4-9所示的管件，采用粘结和承插式连接两种方式；小口径的管件主要采用粘结，大口径的管件主要采用承插式连接。管件壁厚比同口径的管材壁厚增加10%左右，壁厚尺寸的增加应保证管承口内径和管插口外径符合管材的标准尺寸，又能保证质量要求。

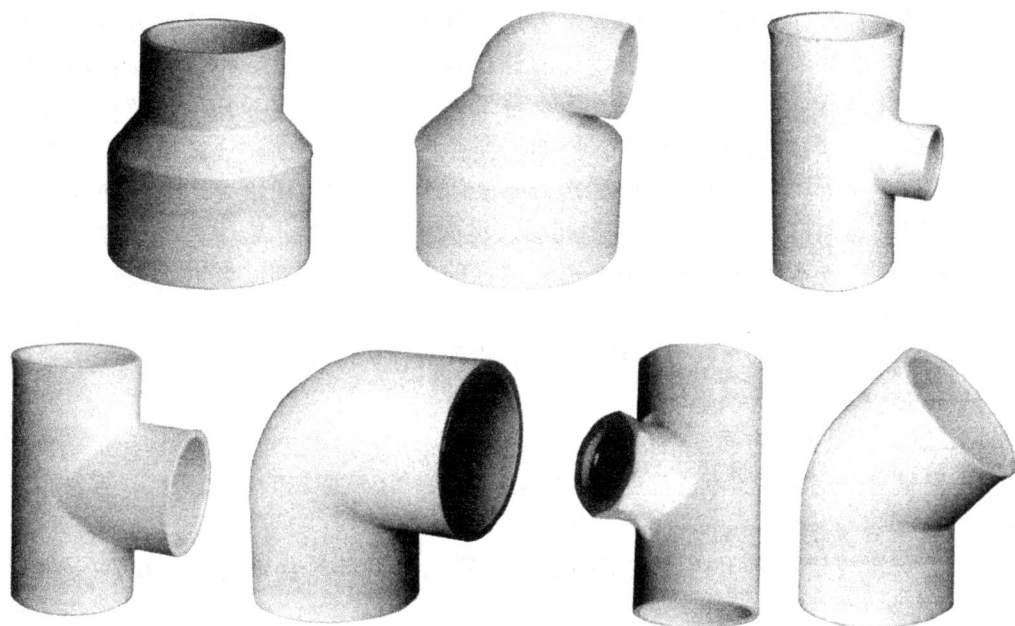

图4-9　几种常见的聚氯乙烯管管件

第五章 水　表

第一节 水　表

水表是用来计量流经自来水管的水的总量的仪表。国家标准对水表是这样定义的：采用直接机械方法，包括利用带活动壁的容积室或水速作用于可动部件（涡轮或叶轮）的旋转速度来连续测定流过的水体积的积算测量仪表。

由于自来水是取淡水资源经加工而成的产品，一方面要消耗药剂，另一方面要消耗电力能源，所以水表又属于能源计量仪表。随着现代文明社会的发展，人们对淡水和能源的需求越来越大，急剧增长的淡水和能源消耗促使人们对自来水重新认识，装用的水表数量越来越多，从而更加体现出水表既是牵涉面广的民生计量工具，也是供水企业收缴水费的计量依据。正因为水表是一种量大面广、关系到千家万户切身利益和工商企业开展节约用水提高经济效益的计量仪表，《中华人民共和国计量法》把水表作为专用计量器具实施严格管理，国家技术监督局明文规定：凡用于贸易结算的水表，实行首次强制检定，限期使用，周期更换。供水企业必须积极做好水表周期更换工作，到期必须更换。合理的周期更换，应该使绝大多数在用水表均在准确计量范围内，即在用水表抽检合格率不得低于95%。目前根据我国的水表生产情况和水表使用情况，国家质量技术监督局规定用于贸易结算的水表更换周期，根据水表口径的不同更换周期定为4~6年。

水表作为工业产品服务于我们日常生活，也作为计量仪表服务于生产，因此它应具有以下良好的技术、经济品质：

一、满足计量要求方面

（一）具有一定宽度的流量范围，例如家庭用水、工厂或车间用水，具有适宜的计量精确度；

（二）能在规定的期限内、规定的安装位置上保持计量的精确性、稳定性和可靠性；

（三）易于维修保养，并且维修后能重新恢复计量的精确度。

二、作为一般工业产品应满足

（一）结构简单，零配件制造工艺性好；

（二）整机装配与调整工艺性好；

（三）选用的材料来源广泛，价格适宜。

三、满足供水计量方面

（一）在供水管网上装拆容易；

（二）流经水表的水流能量损失（水头损失）小；

（三）不污染所计量的水。

第二节 水 表 分 类

由于水表的计量元件结构及运动原理的差异，计数器的结构各具特色，而且水表的应用环境和使用要求不同，所以水表的品种很多，其分类方法也很多。例如普通水表有旋翼式湿式冷水水表、旋翼式干式冷水水表、旋翼式立式冷水水表、旋翼式液封冷水水表、液封系列水表、干式系列水表、容积式系列水表、湿式系列水表、热计量系列水表、直饮用水水表、定量水表、特种水表、污水表、特大流量计量水表等。随着技术的进步，水表逐步电子智能化，智能水表可分为电子式高精度水表、智能 IC 卡水表、智能射频卡水表、TM 卡智能水表、远传表、数码表、代码式水表、数控定量水表、一表多卡水表等。目前世界上生产和使用的水表主要是速度式和容积式两种，现在发展迅猛的电信号智能水表也是在此基础上改进提高的。下面主要介绍水表系列产品及分类方法。

一、水表系列产品

为了更好地指导生产和消费者进行生产和购买，国家有关部门制订了一个文件，把适合我国国情的生产与使用的品种规定下来，这一指导性文件，称为水表的系列型谱。

（一）系列、品种总表（见表 5-1）

水表作为流量仪表的一类，它包括两个系列：旋翼式系列和螺翼式系列。两个系列产品的表头基本形式是积算式的，并且都可以在积算功能的基础上，随时加上具有定量控制功能的附加装置。

表 5-1

系列	表 头 种 类	
	积 算 型	附加定量控制装置
旋翼式	○	
螺翼式	○	○

（二）公称通径总表（见表 5-2）

表 5-2

系列	公 称 通 径 （mm）												
	15	20	25	(32)	40	50	80	100	150	200	250	300	400
旋翼式	○	○	○	○	○	○	○	○	○				
螺翼式					○	○	○	○	○	○	○	○	○

两个系列水表，共有 13 种口径。其中 32mm 是为特殊需要而设立的，通常尽可能不选用。旋翼式水表包括 15～150mm 共 9 个规格，螺翼式水表包括 40～400mm 共 9 个规格。从公称口径分布总表也看出，小口径水表适宜做成旋翼式，而大口径水表则适宜做成螺翼式。

（三）水表型号的含义

目前我国生产的水表，经国家定型的基本上有两种，即旋翼式和水平螺翼式水表。其他型号如垂直式水表、字轮式水表都是在这两种水表的基础上发展起来的，是这两种水表的发展和改进，生产实践中的工作人员可以参照以下型号去识别各种水表。

1. LXS 型旋翼湿式水表

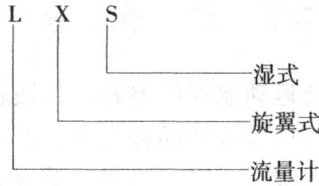

```
L X S
      └─── 湿式
    └───── 旋翼式
  └─────── 流量计
```

2. LSL 型水平螺翼式水表

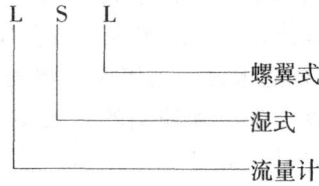

```
L S L
      └─── 螺翼式
    └───── 湿式
  └─────── 流量计
```

二、水表分类

（一）按计数器是否浸在被测水中分 $\begin{cases} 湿式 \\ 干式 \\ 液封式 \end{cases}$

湿式水表的计数器浸在被测水中，表盘是湿的，干式水表的计数器不浸在被测水中，表盘是干的，液封式水表介于干式和湿式水表之间，表盘与表玻璃之间充以特殊液体。

（二）按作用原理分 $\begin{cases} 速度式 \begin{cases} 旋翼式 \\ 螺翼式 \end{cases} \\ 容积式 \begin{cases} 旋转活塞式 \\ 圆盘式 \end{cases} \end{cases}$

容积式水表的计量原理是当活塞或圆盘等测量元件在水流的驱动下运动时，有测量元件形状所限定一定容积的水通过水表，与测量元件相连接的计数机构记下测量元件运动次数，运动次数与测量元件所限定容积的乘积就是通过水表的总水量。容积式水表的特点是：

1. 结构比较复杂，零部件精度要求高；

2. 灵敏度高；

3. 对水质要求高（如遇砂粒进入测量室就会卡死水表不能运转）；

4. 修理调试复杂；

5. 价格相对昂贵。

速度式水表的计量原理是水以某一流速驱动翼轮，使翼轮转动，翼轮的转数与水的流速成正比，通过累积翼轮的转数而得出流过水表的水量。速度式水表的特点是：

1. 结构简单；

2. 灵敏度也较高，略低于容积式水表；

3. 对水质要求较低；

4. 容易修理维护；

5. 价格相对较低。

（三）按驱动叶轮的水流束分 $\left\{\begin{array}{l}\text{单流水表}\\\text{多流水表}\end{array}\right.$

（四）按计数器指示型式分 $\left\{\begin{array}{l}\text{指针式}\\\text{字轮式}\\\text{指针、字轮式}\end{array}\right.$

（五）按被测水的温度分 $\left\{\begin{array}{l}\text{冷水水表}\\\text{热水水表}\end{array}\right.$

（六）按被测水压高低分 $\left\{\begin{array}{l}\text{普通型水表}\\\text{高压水表}\end{array}\right.$

（七）按水表抄读型式分 $\left\{\begin{array}{l}\text{就地指示型}\\\text{远传型}\\\text{定量预付费型}\end{array}\right.$

第三节　常用水表结构及性能参数

一、旋翼多流湿式水表（见图5-1）

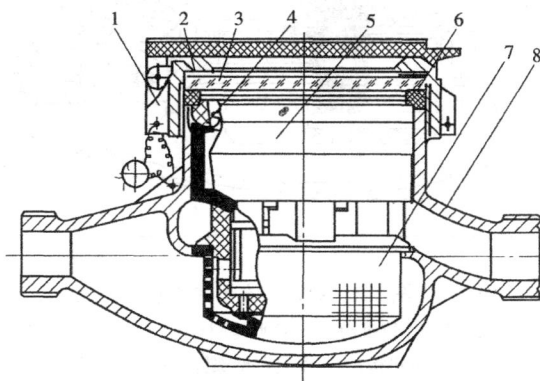

图 5-1　旋翼多流湿式水表

1—中罩；2—垫圈；3—玻璃；4—计数机构；5—计量
机构；6—密封垫圈；7—滤水网；8—表壳

（一）旋翼多流湿式水表属速度式流量表，当水流通过水表时，多束水流从叶轮盒四周流入驱动叶轮旋转，在压力 P 及水流通面积 A 恒定的情况下，叶轮的转速 N 与水流的流速 V 成正比，也与水的流量 Q 成正比；叶轮通过轴上的联动部件与计数机构相连接，由计数机构累积叶轮的转数，从而记下通过水表的水量。

$$Q = VA$$

式中　Q——水流量；

　　　V——水流速；

　　　A——流通截面积。

$$N = KV$$

式中　K——为常数；

　　　N——叶轮转速。

所以　　$N = \dfrac{KQ}{A}$　　即叶轮转速与水流量成比例

（二）计数器完全浸没在被测水中，如果水质太差或使用日久，度盘发黄、变黑，影响抄读，需人工拆洗。

（三）表玻璃碎裂，水会溢出。

（四）表内外温差大时，玻璃上易产生雾气，影响抄读。

（五）产品成熟，计量性能可靠，计量等级较高（始动流量、最小流量稍优于干式）。

（六）结构较简单，成本低。

二、旋翼式多流干式水表（见图 5-2）

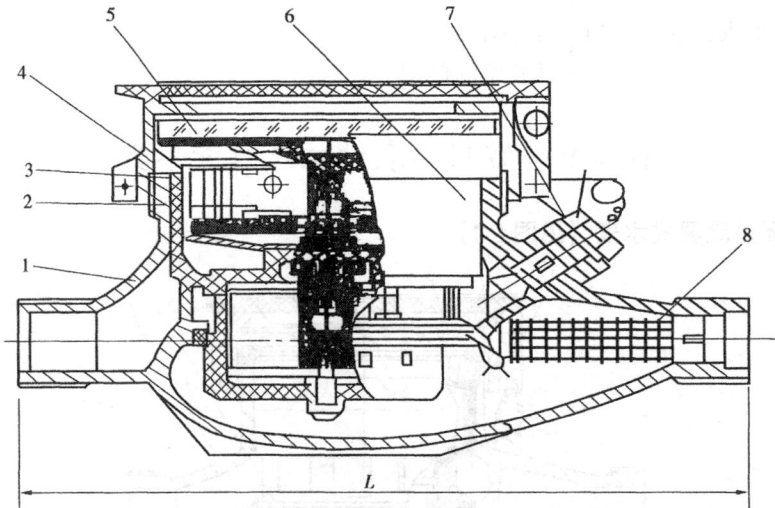

图 5-2　旋翼多流干式水表

1—表壳；2—计数机构；3—O 形垫圈；4—中罩；5—玻璃；

6—计量机构；7—误差调整螺钉；8—滤水网

（一）旋翼式多流干式水表属速度式流量表，叶轮转速与水流量成比例。

（二）表的计数器由齿轮盒或隔离板与被测水隔离，读数清晰，不受水质和表内外温差的影响。

（三）水表叶轮轴与计数器中心齿轮的连接依靠磁耦合来传动，对水的压力和水质的要求高，如水质太差，叶轮轴上的磁铁可能会吸满杂质，造成传动不力。

（四）用日久，耦合磁铁退磁造成传动力矩小，始动流量增大。

（五）动流量、最小流量略逊于湿式。

（六）构造复杂，成本略高。

三、螺翼式水表（见图 5-3）

（一）螺翼式水表属速度式水表，当水流通过水表时驱动螺翼旋转，水流速与螺翼转速成正比，因水流驱动螺翼处喷水的截面积为常数，故螺翼的转速与流量也成正比。通过叶轮轴上的联动部件与计数机构相连接，便计数机构累积螺翼的转数，从而记下通过水表的水量。

（二）螺翼式水表体积小、重量轻、压力损失小、流通能力大。

（三）灵敏度较旋翼式水表差。

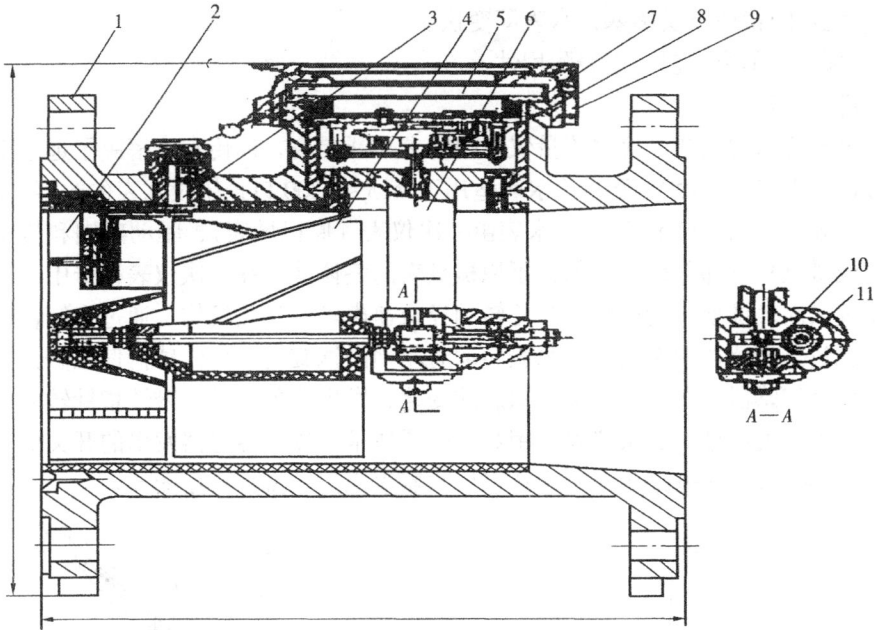

图 5-3 LXL-80～200 水平螺翼式水表

1—表壳；2—整流器；3—误差调节装置；4—螺翼；5—玻璃；6—支架；
7—密封垫圈；8—计数机构；9—中罩；10—蜗轮；11—蜗杆

（四）小流量时计量准确性较差，量程范围窄。

（五）原材料省、成本低、拆装方便。

（六）可拆螺翼式水表读数能保持永久清晰，水表不必从管道上卸下，机芯可取出修理或更换。

四、容积式水表

（一）容积式水表有旋转活塞式和圆盘式两大系列，以等容积法测量水的体积量——当水流通过水表时，水流驱动活塞（圆盘）旋转（摆动），而活塞缸（圆盘室）的体积是恒定的，所以通过计数机构测得活塞旋转（圆盘摆动）的次数，即可获得流过水表的水量。

$$Q = NV_0$$

式中 V_0——活塞缸或圆盘缸的体积。

所以

$$N = \frac{Q}{V_0}$$

（二）计量准确度与是否充满活塞缸或圆盘室的水量直接相关，受压力影响及流线变化影响较小，精度高于速度式水表，一般可达 C 级。

（三）水质要求高，遇水中杂质易卡住活塞或圆盘造成水表不转。

（四）无误差调整装置，误差调整较困难。

（五）结构复杂，制造、维修困难，成本高。

五、单流水表

（一）单流水表与多流式水表相比，水流通过水表时，由一束水流驱动叶轮旋转。

（二）结构简单、体积小、重量轻、制造成本低。

（三）滤水网稍遇杂质堵塞，水表即变快。

（四）顶尖易单边磨损，水表耐用性差。

六、远传水表

由于电子技术的发展，对水流量仪表的要求不断提高，远传水表解决了远距离传输用水量和微机集中查表。LXY₁型远传水表适用于 $\phi15 \sim \phi300$ 口径统设水表的改型产品。

远传水表的结构：LXY₁型远传水表由一次仪表（原机械表）、驱动磁钢和传感器、二次仪表（或微机）三部分组成，保留了原机械表的整体性。在一次仪表构造中，给水管道中的水流进入水表推动叶轮旋转，叶轮转动经减速齿轮，计数机构，通过指针转动记录流经水表的总量。传感器的作用是当水表转动时驱动磁钢旋转改变传感器偏磁磁钢磁场的相对极性来控制传感器的"开"、"关"状态的变化，发出开关信号。磁性指针转动一周，传感器发出一个开关信号。二次仪表利用数字电子技术，接收传感器发出的开关信号进行滤波、整形，再通过集成电路驱动六位数字计数器累积记录流量。见图5-4。

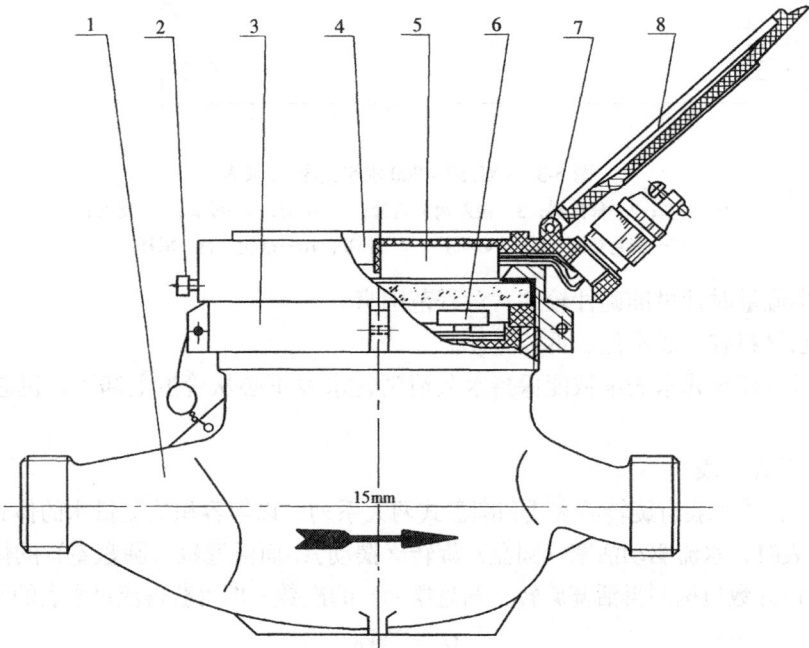

图5-4 远传水表的一次仪表

1—水表；2—螺钉；3—罩子；4—开关座；5—双稳态开关；

6—磁性指针；7—轴；8—表盖

远传水表的流量范围同原机械式水表一样。传感器采用偏磁磁钢和磁控开关组成。其技术参数如下：

（一）容量：DC，12V，0.05A；

（二）使用温度：冷水 $0 \sim 40℃$，热水 $40 \sim 100℃$。

二次仪表计数采用 CMOS 集成电路，VEP 六位数码管显示累计流量。

其参数为：

（一）电源电压：AC220V，50Hz；

（二）电耗：≤5VA；

（三）电压波动范围：±10%；

（四）响应频率：≤5Hz；

（五）传输距离：回路双线电阻<45KΩ达10km；

（六）示值误差：±0.1%。

LXY₁型远传水表设计是以机械水表为本体，充分考虑了通用性、互换性，保留了原机械表的整体性，在二次仪表或传感器发生故障时，一次机械表仍可读数。在使用过程中，一次仪表与二次仪表连接线与后板＋5V与信号两端子连接（不分极性），如输入信号为脉冲量接地线与信号两端子。当仪表在交流供电时，电池为浮充状态接近停电时，直流电源自动投入，此时数字显示为熄灭状态，但仪表仍正常工作。在仪表为直流电供电时，需查表可按下消隐按钮。仪表出厂时，为防止直流电源过放电二次仪表后板电源开关为断开位置，当仪表投入运行时投至接通位置。

第四节　常用水表性能参数

一、水表的基本参数

（一）公称口径（DN）：水表口径的公称值。

（二）示值误差：水表示值和被测的水量实际值之间的相对误差。

$$\delta = \frac{(Q - Q_0)}{Q_0} \times 100\%$$

式中　Q——水表示值；

Q_0——流量实测值。

（三）常用流量（公称流量 Q_n）：水表在正常工作条件下即水流稳定或间歇流动下最佳使用流量。

（四）最大流量（Q_{max}）：水表在短时间内无损坏情况下最大使用流量，其数值为常用流量的2倍。

（五）最小流量（Q_{min}）：水表在规定误差限内使用的下限流量。

（六）流量范围：由最小流量和最大流量所限定的范围，在此范围内水表的示值误差不得超过最大允许误差。该范围由分界流量分割成"高区"和"低区"两个区。

（七）分界流量（Q_t）：水表误差限改变时的流量。"高区"与"低区"各自由一个该区的最大允许误差来表征。

（八）始动流量（Q_s）：水表开始连续指示时的流量，此时水表不计示值误差。

（九）示值误差限：给定水表所允许的误差极限值，亦称最大允许误差。

（十）公称压力：水表的最大允许工作压力，以兆帕斯卡（MPa）表示。

（十一）压力损失：水流经水表所引起的压力降低。

其中，最大流量 Q_{max}、常用流量 Q_n、分界流量 Q_t、最小流量 Q_{min}、始动流量 Q_s、示值误差限的关系可见图5-5。

二、水表的计量特性

（一）最大允许误差：在从包括最小流量到不包括分界流量的低区中的最大允许误差

为±5%，在从包括分界流量在内到包括最大流量的高区中的最大允许误差为±2%。

（二）计量等级：水表按最小流量和分界流量分为 A、B、C、D 四个等级，其中 A 级精度最低。

我国旋翼式水表（DN15 ~ 150mm）的计量等级参照 GB 778—84 和 ISO/4064 所列，如表 5-3 所示。

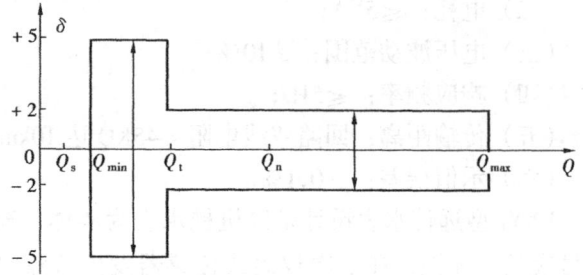

图 5-5　流量特性与误差限关系

表 5-3

公称口径 （mm）	计量等级	最大流量 Q_{max} （m³/h）	公称流量 Q_n （m³/h）	分界流量 Q_t （m³/h）	最小流量 Q_{min} （m³/h）	始 动 流 量 $Q_s \leqslant$ （m³/h）	
						湿 式	干 式
15	A	3	1.5	0.150	0.045	0.014	0.016
	B			0.120	0.030	0.010	0.012
	C			0.0225	0.015	0.004	0.004
20	A	5	2.5	0.250	0.075	0.019	0.020
	B			0.200	0.050	0.014	0.016
	C			0.0375	0.025	0.004	0.004
25	A	7	3.5	0.350	0.105	0.023	0.025
	B			0.280	0.070	0.017	0.020
	C			0.0525	0.035	0.006	0.006
40	A	20	10	1.000	0.300	0.056	0.060
	B			0.800	0.200	0.046	0.050
	C			0.240	0.100	0.020	0.020
50	A	30	15	1.500	0.450	0.090	
	B			1.200	0.300		
	C			0.225	0.150		
80	A	60	30	3.000	0.900	0.300	
	B			2.400	0.600		
	C			0.450	0.300		
100	A	100	50	5.000	1.500	0.400	
	B			4.000	1.000		
	C			0.750	0.500		
150	A	200	100	10.000	3.000	0.500	
	B			8.000	2.000		
	C			1.500	1.000		

我国水平螺翼式水表（DN50～300mm）的计量等级参照 GB 778—84 和 ISO/4064 所列，如表 5-4 所示。

表 5-4

公称口径 （mm）	计量等级	最大流量 Q_{max}（m³/h）	公称流量 Q_n（m³/h）	分界流量 Q_t（m³/h）	最小流量 Q_{min}（m³/h）
50	A	30	15	4.50	1.20
	B			3.00	0.45
	C			0.225	0.090
80	A	80	40	12.00	3.20
	B			8.00	1.20
	C			0.60	0.24
100	A	120	60	18.00	4.80
	B			12.00	1.80
	C			0.90	0.36
150	A	300	150	45.00	12.00
	B			30.00	4.50
	C			2.56	0.90
200	A	500	250	75.00	20.00
	B			50.00	7.50
	C			3.75	1.50
250	A	800	400	120.00	32.00
	B			80.00	12.00
	C			6.00	2.40
300	A	1200	600	180.00	48.00
	B			120.00	18.00
	C			9.00	3.60

第五节　水表的使用与安装

一、水表外观检查

（一）水表上应标有厂标、流量箭头、公称口径、制造年月和编号等标志，并附有产品说明书；水表分度的基本单位为 m³。

（二）水表外观不应有明显缺陷，度盘不应有擦伤、划痕、裂纹及其他影响读数的弊病，水表玻璃不得有妨碍读数的缺陷。

（三）水表的指示装置可用指针式、字轮式或者指针与字轮组合式，指针应顺时针方向转动，指针尖宽度不应大于 0.5mm，字轮式字轮数字的实际高度或可见高度应不小于 4mm，且数字应向上移动。

（四）水表最小分度值应满足检定时的准确度不低于 0.5%（每一次读数允许有不超过二分之一最小分度值的允许读数误差），以及最小流量检定所需时间不应超过 1.5h。

（五）水表应具有误差调整装置。采用外部调节的水表，表壳上调节孔旁应标有"＋"、"－"符号（容积式水表除外）。

（六）水表零件和连接件，不得采用有妨碍水质卫生的材料，并能耐水和大气的腐蚀，或具有可靠的防腐层。

（七）水表上应有有效的铅封。

（八）水表按规定进行压力强度试验时应无渗漏和损坏。

二、水表选用原则

水表的选用很有学问，直接牵涉到供水企业和用户的切身利益。因此，在选用水表时一定要本着实事求是的原则，采取科学根据计算出最佳配置的水表。

（一）水表选用原则

1．计量准确可靠；

2．适应管网水质条件，经久耐用；

3．结构简单，价格低廉；

4．流通能力大，压力损失小；

5．始动流量值、最小流量值及分界流量值均低；

6．修理方便，容易调整，维修成本低；

7．拆卸方便；

8．读数准确方便。

（二）水表口径选用原则

1．以管道设计秒流量（不包括消防）推算最高时流量，应基本接近水表的额定流量。

2．以最高时流量变化系数求出平均时流量，以此值的 6%～8%校核水表灵敏度。

3．按规范，参照用水量标准，确定最高日用水量，此值必须小于水表允许的最高日流量值。（水表允许最高日流量值，以水表特性流量的 2 倍表示）。

4．在具有最低小时用水量的确切资料时，最低小时用水量大于或等于水表最小流量值。

具体做法用（1）选择表径，（2）、（3）、（4）校核参数，且以（3）为主。在选用水表口径时，可以根据用水性质和高峰期的用水量等综合因素来避免人们常说的"大马拉小车"的现象。若只用（1）、（2）两条选用水表，当用水时变化不大，且连续用水并直接放入水池时，所选水表使用期将大大缩短。

【例题】　某医院最高日用水量为 50m³，最高时用水时为 5m³，最低时用水量为 0.7，应如何选择口径？

【解】　按上述（1）、（2）两条原则查表得：口径 40mm 旋翼式水表额定流量 6.3m³/h大于最高时用水量

该户平均时用水量的 70%

$$50 \div 24 \times 0.7 = 0.146 \text{m}^3/\text{h}$$

口径 40mm 旋翼湿式水表的灵敏度为 0.07m³/h。

因此选用口径 40mm 旋翼湿式水表。

对用水量变化大的情况下，可适当地选用复式水表，但复式水表的阀门质量一定要有

保证，否则就会出现打不开的问题；对用水均匀的场所应选用水流损失小、过水能量大的单式水平螺翼式水表；易受水淹、尘埃较大场所不宜采用干式水表。

三、水表的安装

正确地安装水表，是正确使用水表的必要保证，不得忽视。安装水表，应该把握住表位的选择、管路的设计与安装及表井设置等。

（一）表位的选择

水表无论是何种结构形式，其表位的选择都应该满足：

1. 在水源管理"户"的前部，这样做可以避免水表深入用户内部纵深处，给管理带来麻烦，水表摆放位置必须使表壳上箭头方向与管道内水流方向保持一致。

2. 水表安装处必须保证水表的前后具有足够长的直管段是水表正确计量的重要条件，对水平螺翼式水表，此条件尤为重要。直接与水表连接的直管段长度（不含阀门等零件），表前应不少于10倍水表口径，表后应不少于5倍水表口径。如果表前阀门与水表直接连接，则阀门开度对水表示值误差的影响是极为明显。实验表明阀门开度可使水平螺翼式水表示值误差增至120%，仅当阀门开度大于40%时，水表的示值误差才可能恢复到正常范围。新敷设的管道安装水表时，必须冲洗干净管道内杂物后，再安装水表。水表叶轮盒进水孔堵塞，水表可能走快，因叶轮转速与水流截面积成反比例关系 $\left(N = \dfrac{KQ}{A}\right)$。

3. 水表安装位置需保证便于读数和换表，水表度盘应向上，不得倾斜。即使水表倾斜，垂直安装时，叶轮轴和管道中心线必须保持同心，不得发生偏角。水表安装的地点应能防止太阳直接照射和冰冻，避免有害气体、液体的侵蚀。

4. 水表安装的环境要清洁，容易检查、抄读和拆换水表。

5. 水表安装的地点，不应安装在人行道上，不应在有载重车通过的道路上，或者周围存在荷载强烈振动的地方，更不允许安装在水锤波及到的地方，以免损坏水表。

（二）管路形式选择

随水表口径及管路的材质不同，管路可从以下形式中选择：

1. 水表安装在与主管路平行的弓形管路上，可以使水表免受主管路可能造成的强大拉应力的破坏，弓形管路有时采用向上凸起形式，即形成"登高"，可以使水表接近地平面，有利于抄表。

2. 有些用户入户管有两路以上，并在户内连网，为防止水在进户管上倒流，需安装止回阀。

3. 放水龙头用于施工时放尽管内余水；伸缩管的应用，能使装拆水表方便。

4. 水表安装在地下时，为了便于更换水表，在水表两端必须安设两个截止阀。

第六章 阀 门

第一节 阀 门 概 述

城市的供水管网是给水系统中的"动脉",纵横交错,相互环接形成一个不规则的管网,其中管线按口径大小分为干、支、户线。水厂净化的水通过管网输配给千家万户。在管网中设置着大大小小的很多阀门,为保证管网的正常运行起着至关重要的作用。

由此看出,阀门在管网中虽是附属设备,但它在管网管理中所起的作用是显而易见的,怎样才能管好、用好阀门确非易事!而日常的阀门管理是不能疏忽的,要想在使用时达到"打得开,关得严"的理想效果,非一日之功能够做到。

当局部管网出现漏水现象时,就要求关闭相关的阀门,使漏点管道与其他管网分开,通过维修止住漏水,确保其他管网的正常运行。

由于阀门关闭不严而造成严重的后果的事例:(1)1993 年,某水厂 DN1200 源水管爆管,由于阀门关闭不严致使其 DN100 排气阀漏水三天三夜。(2)1995 年某路段停水,阀门问题使水厂停水。 (3)2002 年某立交干管因立交桥施工断水,施工完成后,一个 DN600 阀门无法打开致使用户停水 24h。(4)2003 年 4 月,更换 DN1800 阀门停水时间长达 40h。

管网发生故障大量漏水不仅带来巨大的经济损失和资源浪费,而且会造成局部甚至全局大面积降压,给广大用户的生活和工作带来严重的影响。此时就要求阀门管理人员先行到位,他们起着"消防队"的作用,要求的口号是"去得快、找得着、关得上、打得开",准确无误地尽快把水关闭是阀门管理人员最根本的任务。

第二节 阀 门 用 途

阀门是一种管路附件。它是用来改变供水管道断面和介质流动方向,控制输送介质流动的一种设备。具体来讲有以下几种用途:

1. 接通或截断管路中的介质。如闸阀、截止阀、球阀、旋塞阀、隔膜阀、蝶阀等。
2. 调节、控制管路中介质的流量和压力。如蝶阀、调节阀、减压阀、安全阀等。
3. 改变管路中介质的流动方向。如分配阀、三通旋塞、三通或四通球阀等。
4. 阻止管路中的介质倒流。如各种不同结构的止回阀、底阀等。
5. 分离介质。如各种不同结构的蒸汽疏水阀、空气疏水阀等。
6. 指示和调节液面高度。如液面指示器、液面调节器等。
7. 其他特殊用途。如温度调节阀、过流保护紧急切断阀等。

在上述的各种通用阀门中,用于接通和截断管路中介质流动的阀门,其使用数量上约占全部阀门总数的 80%。

第三节 阀 门 分 类

埋地供水管网中的阀门大致可分为蝶阀和闸阀两大类。按其在管网中的用途又可分为控制阀、排气阀、排泥阀和止回阀等。下面就详细介绍各种阀门的结构特点及在使用中的优缺点。

一、闸阀

在各类型的阀门中，闸阀是应用最广泛的一种。闸阀是指关闭件（阀板）沿通道轴线的垂直方向移动的阀门。在管路上主要作为切断介质用，即全开或全闭使用。一般情况下，闸阀不可作为调节流量。闸阀的结构及各部件名称见图6-1，闸阀的结构相当复杂，产品有：暗杆、明杆、楔式、平行式、并有立式、卧式等形式。

（一）闸阀的传动方式

1. 在埋地供水管网中使用的闸阀，小口径为手轮传动，大口径为方头直接驱动的传动方式；

2. 此外还有正齿轮传动、伞齿轮传动、电动、气动、液动等传动方式。

（二）闸阀的连接方式

1. 在供水管网中闸阀与管道之间一般为法兰连接。

2. 其他还有螺纹、焊接、对夹等形式。

（三）闸阀的密封方式有金属硬密封和橡胶软密封。

1. 金属硬密封闸阀。其在使用过程中存在以下几方面的问题：

（1）"掉板"现象是闸阀最普遍的问题，究其原因主要有以下几方面引起：①阀杆刚度不够，丝扣生锈致使阀板脱落；②连接阀杆和阀板的铜螺母爆裂；③阀板材质较差，上耳断裂。

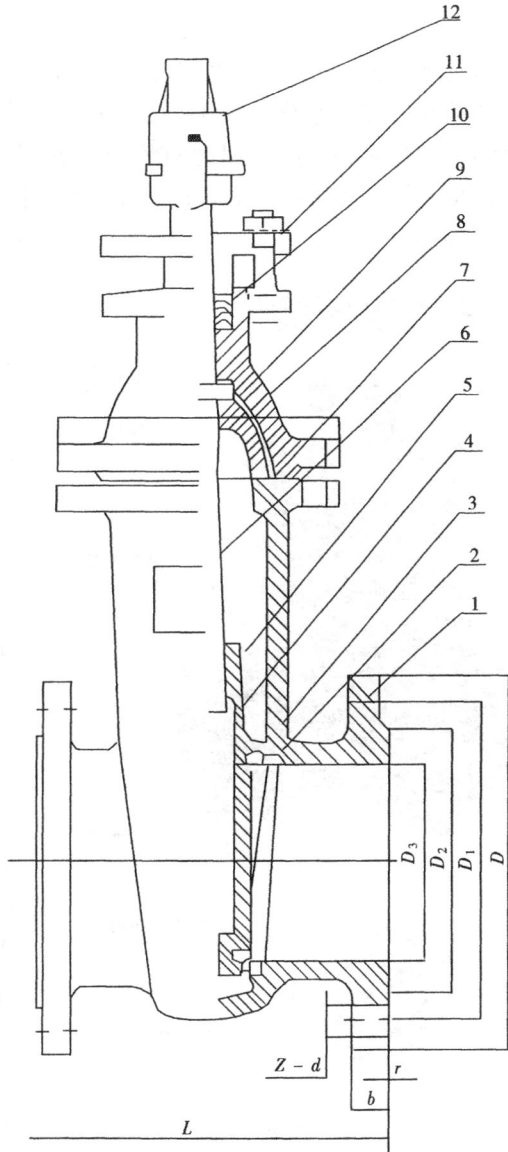

图 6-1

1—阀体；2—阀体密封圈；3—闸板密封圈；4—闸板；
5—阀杆螺母；6—阀杆；7—垫片；8—阀盖；9—马鞍；
10—密封环；11—填料压盖；12—方头

（2）阀芯漏水。主要是由于硬密封闸阀采用填料密封，易老化需经常更换，否则会出现阀心漏水的现象。

（3）阀体爆裂。因硬密封闸阀阀体材料一般为灰铸铁，当管线出现不均匀沉降时，会引起阀体爆裂。

（4）阀门无法完全关闭。主要是由于硬密封闸阀的凹槽容易沉积石块、焊条等杂物，致使闸板无法完全放下。

（5）阀体内的防腐涂料质量较差，长久脱落后阀体内腔沉积铁垢，产生铁锈水而污染管网水质。

2. 软密封闸阀：20世纪70年代欧洲开始研究出软密封闸阀，是在阀板上包上一层橡胶，使阀板通过表面橡胶与阀体接触，形成斜面密封和端面密封，取得了良好的密封效果，其结构如图6-2所示。这种闸阀的阀体通道下部圆滑、无沟槽，如同一段管道，靠阀板表面包覆的橡胶和阀体下部的圆形管道接触挤压密封。软密封闸阀与硬密封闸阀相比具有以下优势：

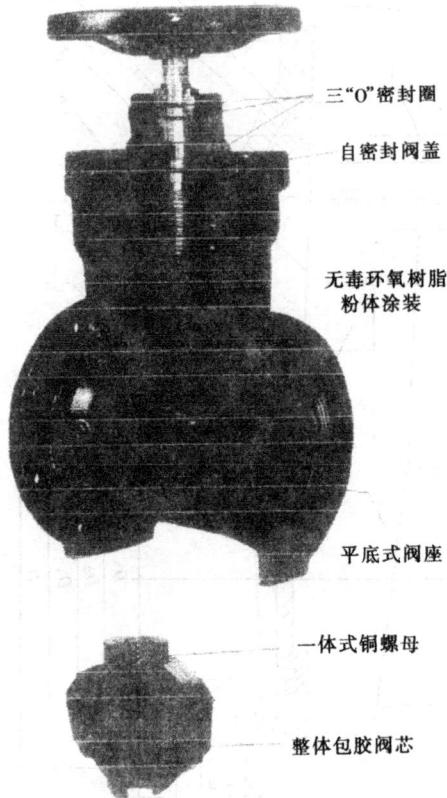

图6-2 软密封闸阀

（1）底式阀座。传统阀座通常是凹陷式阀座，增大了流体阻力且易堆积焊渣、石块、泥砂等杂物，不利于密封和流通，而软密封闸阀底部全流域直通式设计，等同于一直管道，不易堆积杂物，确保密封可靠，使流体畅通无阻。

（2）阀体内部防腐符合国家饮用水卫生标准。阀体内部喷涂无毒环氧树脂，阀板表面以橡胶完全包覆，杜绝了由于阀体内部结垢生锈污染水质的现象。

（3）特殊上密封。阀杆与阀盖间的上密封，目前国内生产的软密封闸阀都是采用的O形密封圈设计，与传统闸阀的填料密封相比，每道密封紧密，摩擦阻力大幅减少。在阀体处于任何开度、有压力且不断水的情况下，均可轻易更换O形密封圈；确保在操作和维护过程中阀杆不会被压力冲出。

（4）一体式铜螺母。铜螺母采用特种工艺使阀杆和阀板紧密连接为一体，确保在长期操作和水流冲击下也不会松脱，避免了硬密封闸阀经常"掉板"的现象。

（5）密封性能大大提高。由于软密封闸阀的密封特点，阀门关闭时可以达到"零"泄漏，给日常的管网抢修、维修减少很多麻烦。

（6）体积小、重量轻，操作方便。对于DN300以上的闸阀软密封比硬密封在开关时要省力很多。

二、蝶阀

蝶阀是用圆盘式启闭件往复回转 90°左右来开启、关闭和调节流量的一种阀门。蝶阀不仅结构简单、体积小、重量轻、材料耗用省、安装尺寸小，而且驱动力矩小，操作简便、迅速，并且还可同时具有良好的流量调节功能和关闭严密性，是近几十年发展最快的阀门之一。其结构示意图如图 6-3 所示。

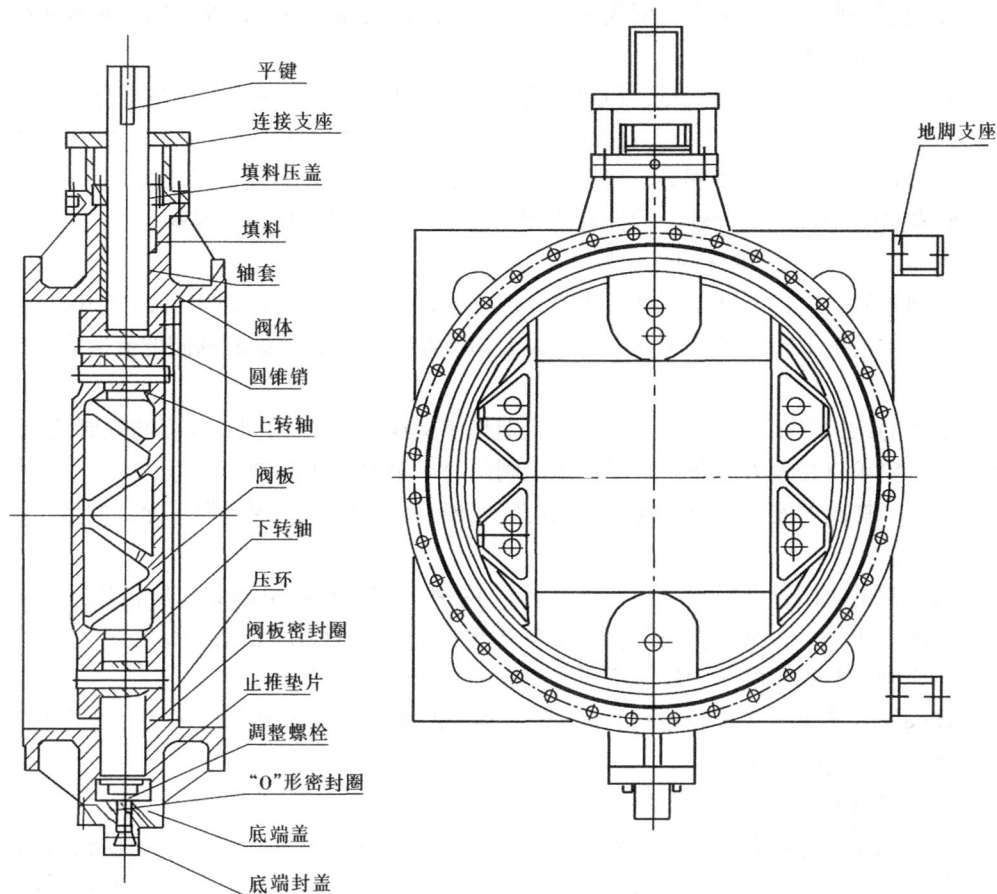

图 6-3　蝶阀

（一）蝶阀的分类

1. 按结构形式分类

（1）中心密封蝶阀；

（2）单偏心密封蝶阀；

（3）双偏心密封蝶阀；

（4）三偏心密封蝶阀。

2. 密封面材料分类

（1）软密封蝶阀密封面由金属硬质材料对非金属软质材料构成；

（2）密封面由非金属软质材料对非金属软质材料构成；

（3）金属硬密封蝶阀，密封副由金属硬质材料对金属硬质材料构成。

3．按连接形式分类

（1）对夹式蝶阀；

（2）法兰式蝶阀；

（3）焊接式蝶阀。

（二）蝶阀的选用原则

1．由于蝶阀的水头损失比闸阀大（大约是闸阀的 3 倍左右），故适用于对水头损失要求较小的管路系统中。

2．蝶阀可以用来调节流量（但启闭角≥15°），适用于进行流量调节的管路中。

3．蝶阀的尺寸较小，又可以做成大口径，对 $DN \geqslant 600mm$ 以上的管路中宜选用蝶阀。

4．蝶阀的严密性比闸阀差，对于一些管网较重要的位置不宜选用蝶阀。

5．蝶阀的启闭速度较快，因此在启闭速度要求快的场合应选用蝶阀。

（三）蝶阀和闸阀的优缺点比较

从闸阀的结构特点可以看出，在其全部开启的情况下，过流面积可达到 100%，而蝶阀在开启的情况下阀板仍在阀体中央，大大地影响过流面积，因此闸阀的流通能力比蝶阀好。

闸阀的结构复杂，高度尺寸较大，特别是 $DN400$ 以上的闸阀其高度与蝶阀相差很大，因此对于要求口径较大、埋设深度较浅的阀门时，最好选用蝶阀。

闸阀和蝶阀的安装要求不同。闸阀应竖式安装，而蝶阀在现场尺寸允许的情况下应尽量卧式安装。

从日常的阀门管理可以看出：在供水管网中，$DN400$ 以下的阀门所占比例较大，达到了 90%，其发生故障的频率较高，但蝶阀更换、维修的难度要比闸阀大。

由于闸阀和蝶阀的结构特点不同，闸阀的严密性比蝶阀好。

蝶阀结构简单，在口径相同的情况下，蝶阀的启闭力矩比闸阀小的多，操作时不仅省力，而且也省时。

三、排气阀

排气阀是管道中很重要的一种设备。管道在安装时由于地形变化而呈曲折状，高处容易积聚空气使过水面积减少，影响管网的正常运行。在管道进行维修、抢修放空管道时需要使管道进气，否则管中的水排不出来。解决这些问题的方法就是在管道上安装排气阀。对排气阀设置、安装、维护的基本要求有：

（一）排气阀应尽量设置在管线的较高处。

（二）排气阀的浮球是关键部件，球应采用不锈钢制造且保证长期使用不变形漏水。

（三）在新设计的一段供水管线上需至少设置一个排气阀，而对于起伏较大的管线应增设以保证每段管线内多余的空气能顺利排出。

（四）对于管线跨越障碍物需要上弯且高差较大时，也应加设排气阀。

（五）为方便维修，排气阀与主管连接处应加设一个闸阀，维修时才不会影响主管供水。

排气阀的常用图例：

四、排泥阀

排泥阀是供水管网中很重要的一种设施，它的作用主要表现在以下两方面；1. 定期对其排放，使管网中的沙、石等杂物顺利排出以免影响水质。2. 在管网进行维修、抢修时，可以通过排泥阀快速放空管中的水，缩短了停水时间，提高了维修、抢修工作的效率。排泥阀的示意图如图6-4所示。

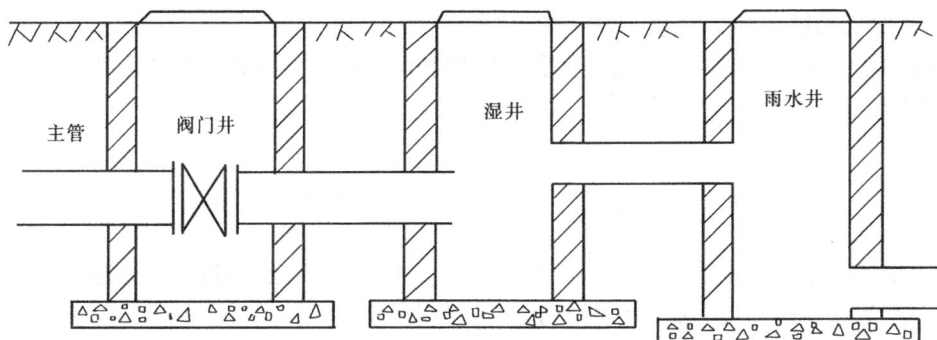

图6-4　排泥阀井安装示意图

排泥阀的设置、安装及维护注意事项：

1. 在管线长度1000m范围内，应至少设置一个排泥阀，如果管线起伏较大，还可以增设。

2. 排泥阀必须从主管的底部接出，否则管中以下的水无法通过排泥阀排出。

3. 排泥阀的口径不得小于主管口径的1/3～1/4，排泥阀的口径太小会大大延长排水的时间。

4. 当供水管线附近没有雨水井时，可用水泵将水从湿井中抽出，严禁排泥阀与污水井连接。

5. 应定期对排泥阀进行排放和检查，以免排泥阀漏水长期未发现而给供水企业带来损失。

6. 排泥阀的控制阀门应选用闸阀，因为闸阀的严密性比蝶阀好，而且发生故障维修简单。

第四节　阀门公称通径、公称压力和试验压力

一、阀门的公称通径

阀门的公称通径是管路系统中所有管路附件用数字表示的尺寸。公称通径是供参考用的一个方便的整数，与加工尺寸仅呈不严格的关系。公称通径用字母"DN"后面紧跟一个数字标志，如公称通径200mm应标志为$DN200$。阀门的公称通径常用的有$DN400$、$DN600$、$DN800$、$DN1000$等。

二、阀门的公称压力

阀门的公称压力PN是一个用数字表示的与压力有关的标示代号，是仅供参考的一个方便的整数。同一公称压力（PN）值所标示的同一公称通径（DN）的所有管路附件具有与端部连接形式相适应的同一连接尺寸。PN的单位以MPa表示。在供水管网中常用的阀

门公称压力有 1.0MPa 和 1.6MPa 两种规格。

（一）阀门的壳体试验压力

阀门的壳体试验压力是指对阀门的阀体和阀盖等连接而成的整个阀门外壳进行试验的压力。其目的是检验阀体和阀盖的密封性及阀体和阀盖连接处在内的整个阀体的耐压能力。阀门的壳体试验压力用 PS 表示，单位用 MPa。

（二）阀门的密封和上密封试验压力

阀门的密封和上密封试验压力是检验启闭件和阀体密封副密封性能和阀杆与阀盖密封副密封性能的试验压力。

第五节　阀门型号编制方法和阀门标志

阀门型号通常应表示出阀门类型、驱动方式、连接形式、结构特点、公称压力、密封面材料、阀体材料等要求。阀门材料的标准化对阀门的设计、选用、经销，提供了方便。

一、阀门型号的编制方法

根据国家 JB308—61 标准，阀门产品型号编制方法如下：

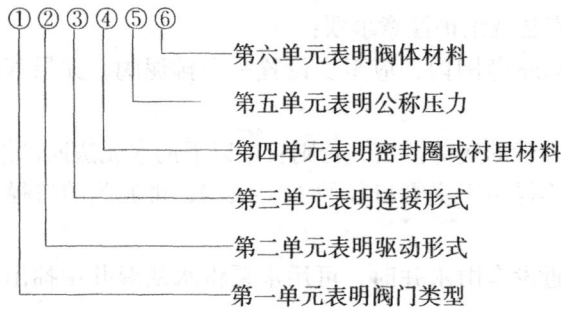

①②③④⑤⑥
　　　　　　第六单元表明阀体材料
　　　　　第五单元表明公称压力
　　　　第四单元表明密封圈或衬里材料
　　　第三单元表明连接形式
　　第二单元表明驱动形式
　第一单元表明阀门类型

二、各单元的代号

1. 第一单元按表 6-1 规定：
2. 第二单元按表 6-2 规定：

表 6-1

阀门类别	代号	阀门类别	代号
闸　阀	Z	旋塞阀	X
截止阀	J	止回阀	H
柱塞阀	U	蝶　阀	D
球　阀	O	节流阀	L

表 6-2

驱动种类	代号	驱动种类	代号
蜗轮传动的机械驱动	3	液动驱动	7
正齿轮传动的机械驱动	4	电磁驱动	8
伞齿轮传动的机械驱动	5	电动机驱动	9
气动驱动	6		

3. 第三单元按表 6-3 规定：
4. 第四单元按表 6-4 规定：

表 6-3

连接形式	代号	连接形式	代号
内螺纹	1	焊　接	6
外螺纹	2	对　夹	7
法　兰	4		

表 6-4

结构形式	代号	结构形式	代号
明杆楔式单闸板	1	暗杆楔式单闸板	5
明杆楔式双闸板	2	暗杆楔式双闸板	6
明杆楔式弹性闸板	3	暗杆平行式双闸板	7
明杆平行式双闸板	4		

表 6-5 表示蝶阀的结构形式。

表 6-5

结构形式	代　号	结构形式	代　号
旋转偏心轴密封式	1	杠杆式	3
往复偏心轴密封式	2		

5. 第四单元表示密封圈和衬里材料，见表 6-6。

6. 五单元用公称压力的数字直接表示，并用"—"与第四单元隔开。

7. 第六单元按表 6-7，用汉语拼音字母表示阀体材料，对于 $P_g \leq 16kg/cm^2$ 的灰铸铁阀门或 $P_g \geq 25kg/cm^2$ 的碳钢阀门则省略本单元。

密封圈或衬里材料的代号			表 6-6
密封圈或衬里材料	代号	密封圈或衬里材料	代号
铜（青铜或黄铜）	T	硬橡胶	J
耐酸铜或不锈钢铜	H	聚四氟乙烯	SA
渗　氮　铜	D	聚氯乙烯	SC
硬质合金	Y	衬　胶	CJ
橡　　胶	X	衬烯铅	Ca
皮　革	P	衬型料	O

阀门材料的代号	表 6-7
阀门材料	代　号
灰铸铁	Z
可锻铸铁	K
球墨铸铁	Q
铸　钢	T
灰　钢	C

三、型号、编制举例：

（一）Z45—T10

其中　S——表明竖式；

　　　　Z——表示闸阀；

　　　　4——表示法兰连接；

　　　　5——表示暗杆楔式单闸板、铜密封；

　　　　10——公称压力为 10kg/cm²；

　　　　T——阀体为灰铸铁。

（二）D341X—10

其中　S——表示地下竖式；

　　　　D——表示蝶阀；

　　　　3——表示蜗杆；

　　　　4——表示法兰连接；

　　　　1——表示旋转偏心轴密封式；

　　　　X——表示橡胶密封；

　　　　10——公称压力为 10kg/cm²。

阀体为灰铸铁省略。

第六节　阀门井室设计、施工和维护管理

埋地管网中设置的阀门都必须要砌筑井室，这样才能对阀门进行日常的维护管理。阀门井室的形状一般为圆形，当 $DN \geq 1400mm$ 时井室为方形。砌筑井室的材料大都是砖砌

体，通常采用 UM7.5 砖及 M5 水泥砂浆可以满足强度的需要，为了达到防水的目的，井室内外壁抹 1:2 水泥砂浆。对于一些地下水位很高或要求绝对防水的井室也可以用混凝土浇筑。井底还必须做封底，以达到井室底部的防水。阀门井的大样图见图 6-5 所示。

一、常用阀门井主要尺寸一览表（见表 6-8）

表 6-8

阀门口径 （mm）	井　径 （m）	井深最小高度 （m）	阀门口径 （mm）	井　径 （m）	井深最小高度 （m）
DN75	1.0	1.38	DN500	2.0	2.98
DN100	1.2	1.44	DN600	2.2	3.10
DN150	1.2	1.63	DN800	2.4	3.10
DN200	1.4	1.80	DN1000	2.8	3.10
DN300	1.6	2.13	DN1200	3.2	3.50
DN400	1.8	2.54			

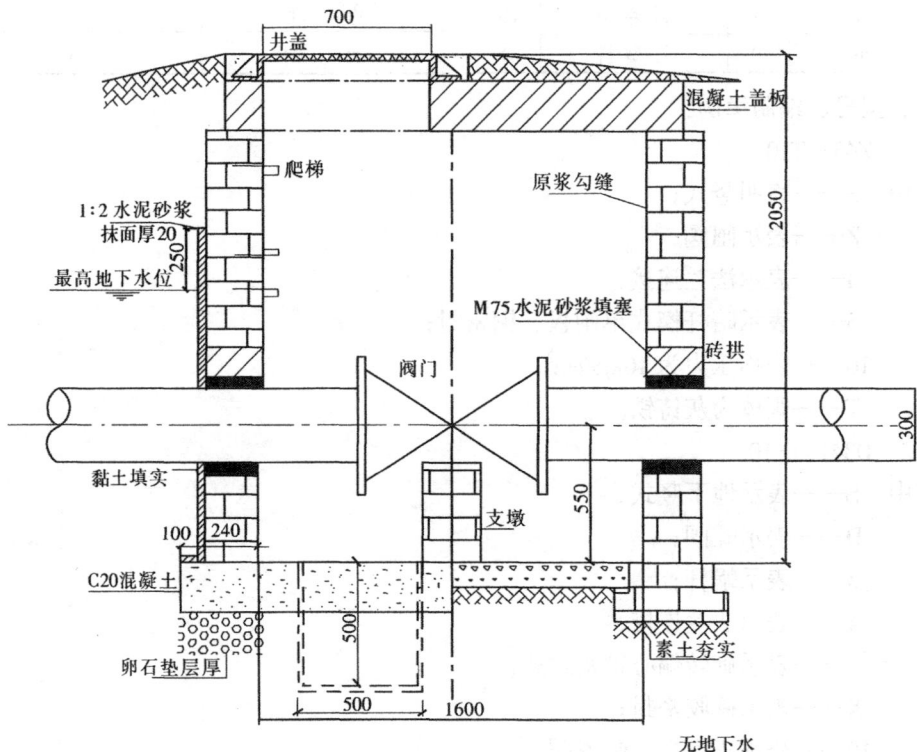

图 6-5　DN300 阀门井示意图

二、井室砌筑应注意的几个问题：

1. 阀门井的井径应严格按照上表所对应的尺寸，否则会严重影响日常的阀门操作。

2. 阀门井应尽量设置在人行道或绿化带上，方便平常的维护管理。

3. 井盖的要求

（1）井盖的尺寸要统一，按国家规范要求为 69cm，井盖偏大或偏小，都会诱发安全事故，这是阀门管理者应注意的一个问题。

（2）在机动车道上井盖采用重型或超重型，其高度应与路面平齐。在绿化带上井盖采用轻型，高度可比地面高出 10~20cm。

4．当 $DN \geqslant 200$mm 时，阀门井应砌筑成直筒盖板式，不得收口。

5．井盖应有防盗链与井圈相连，防盗链直径不得小于 8mm，以防井盖丢失。

6．阀门井内净空尺寸的确定，要利于阀门检修人员对阀杆密封填料的更换，应考虑在不损坏井壁结构的情况下（有时要揭开盖板），拆开阀上座、更换阀杆及阀杆螺母的作业。也应考虑对阀门螺栓的更换。但是井内净空尺寸不必考虑照顾整个阀门拆换的需要。

7．阀底与井底间应留有一定的间距，如表 6-9 所示。

表 6-9

控制尺寸的部位	阀门口径（mm）	控制的尺寸（mm）
法兰边距井壁	≤300	400
	350~1000	600
法兰边距井底	≤300	300
	350~1000	400~500
阀杆端头至井盖底面距离		≥450
法兰边距井盖板底面距离	700~1200	1200

第七节 阀门常见故障及维修、防治

阀门在管网运行一段时间的使用过程中，会出现各式各样的故障。一般来说，一是与组成阀门的零件多少有关，零件多则常见故障多。二是与阀门设计、制造、安装、工况、操作、维修优劣有密切关系。

通常在给水工艺及市政供水管网上使用的阀门，从驱动方式上可分为自动阀，如减压阀、止回阀等；动力驱动阀，如电动阀、液动阀、气动阀等；非动力驱动阀，通常也称为手动阀，如日常所使用的手动闸阀和手动蝶阀等。从传动连接方式上又可分为齿轮传动和蜗轮传动。所以，我们在诊断阀门故障的时候，一定要充分利用我们所掌握的阀门结构知识，结合阀门各生产厂家产品特点进行分析。对于动力驱动阀门而言，除了驱动装置，如驱动电机、液压缸及液压管道密封故障外，一般非动力驱动阀所发生的故障都有可能会出现。因此，我们重点介绍非动力驱动阀的故障分析。

管道阀门常见故障大体上可分为四类：

1．阀体（阀件）受损破裂；

2．传动装置故障；

3．阀门启闭不良；

4．阀门漏水。

下面将上述各类故障分别结合常用不同类型阀门进行具体分析、比较见表 6-10 和表 6-11。

一、闸阀（见表 6-10）

表 6-10

常见故障	表现现象	原因分析	维修措施
阀体（阀件）破裂	阀体裂纹、法兰盘断裂、阀杆断裂、压盖爆裂	1. 阀门材质锈蚀性下降； 2. 管道地基沉降； 3. 管网压力变化大； 4. 温差变化大； 5. 水锤； 6. 填料装配不当； 7. 操作时力矩过大	1. 更换同型号阀件； 2. 更换阀门； 3. 加装伸缩器
传动故障	阀杆卡阻、操作不灵活 阀门无法正常操作	1. 阀门长期处于关闭状态后锈死； 2. 安装、操作不当，损坏阀门阀杆螺纹或阀杆螺母； 3. 闸板被异物卡死在阀体内； 4. 闸板经常处于半开半闭状态，受水力或其他冲击力导致阀杆螺丝与阀杆螺母丝纹错位、松脱、咬死现象； 5. 填料压得过紧，抱死阀杆； 6. 阀杆被顶死，或被关闭件卡死	1. 润滑传动部位，借助扳手，并轻轻敲打，可消除卡死、顶死现象； 2. 停水维修或更换阀门
阀门启闭不良	阀门开不启、或关不死、阀门无法正常操作	1. 阀杆锈蚀； 2. 开启时超过上限位，T 形槽断裂； 3. 闸板卡死； 4. 闸板长期处于关闭状态下锈死； 5. 闸板脱落； 6. 铁镏、异物卡在密封面或密封槽； 7. 传动部位磨损、卡阻； 8. 阀杆顶心磨灭或悬空，该闸板密封时好时坏	1. 注入煤油、并配合手轮操作，润滑传动部位； 2. 反复开闭阀门和用水力冲击异物； 3. 停水维修，更换阀件； 4. 更换阀门
漏水	1. 阀杆芯漏水； 2. 压盖漏水； 3. 阀兰胶垫漏水	1 阀杆腐蚀剥落、密封面出现凹坑、脱落现象； 2. 安装操作不当，阀杆弯曲或受损； 3. 填料老化、不足、无预紧间隙，预紧力减小； 4. 螺纹抗进、乱扣、锈蚀杂质浸入，使螺纹拧紧受阻，表现压紧填料、实未压紧； 5. 压盖螺栓松动； 6. 法兰连接螺栓松动	1. 轻微可将阀杆密封面抛光除锈； 2. 关闭阀门、启用上密封、更换填料； 3. 更换新螺栓、重新调整紧固螺栓位置

二、蝶阀（见表 6-11）

表 6-11

常见故障	表现现象	原因分析	维修措施
阀体、阀件、爆裂	阀体裂纹、传动箱体爆裂	1. 管道地基沉降； 2. 管网压力或温差变化大； 3. 水锤； 4. 关闭阀门时，超过关闭极限位	1. 调节限位螺钉； 2. 更换传动箱体（同型号）； 3. 更换阀门
传动故障	1. 手轮空转； 2. 传动卡阻	1. 齿轮、蜗杆滑扣、阀轴变形； 2. 轴与轴套间隙小、润滑差被磨损或咬死； 3. 齿转、蜗轮和蜗杆不清洁，被异物卡阻，有断齿现象； 4. 定位螺钉、紧圈松脱，键销损坏； 5. 闸板密封圈或闸板轴部位被异物、铁镏卡死	1. 打开传动箱体，对传动件进行清洁、更换定位润滑养护； 2. 调节定位螺钉； 3. 更换同型号传动箱体； 4. 更换阀门

常见故障	表现现象	原因分析	维修措施
阀门启闭不良	1.手轮能操作，阀板打不开或关不了； 2.手轮无法操作； 3.阀门启闭指示到位后仍有水声，阀板未处于全开或全关闭状态	1.传动故障； 2.阀门安装前未调整限位螺钉，当传动部位处于极限顶死位置时阀板却未到达全启或关闭状态； 3.阀门长期未操作、阀板及密封圈位置生成铁锈镏； 4.管道运行前，管网杂物未清除，阀轴被异物卡死； 5.操作不当，关闭过程中力握过大，使密封圈压缩破裂、变形或脱落； 6.阀杆与阀板松脱	1.参照"传动故障"部分，对传动件进行更换、维修、清洁； 2.调节限位螺钉、使齿轮、蜗轮、蜗杆传动与阀板同步； 3.停水状态下维修； 4.更换阀门
漏水	1.传动箱体漏水； 2.阀轴漏水； 3.法兰连接胶垫漏水	1.阀轴磨损、键销损坏； 2.密封老化、泄漏； 3.管道基础下沉或其他因素引起阀体错位	1.更换部分传动件； 2.增加更换密封介质； 3.更换连接螺栓调整阀门位置、加装伸缩器

三、阀门管理

阀门在管道运行一定时间后出现故障是必然的，特别是目前国内生产厂家的生产的技术和工艺远达不到实际应用的需要。因此，故障预防势在必行。

1．加强前期管理，建立完整的阀门设计、选材、安装、保养、维修、更换档案。

2．入网前严格检测。阀门进入管网前，对阀门打压进行强度及密闭性试验，减少不合格阀门进入管网的可能性。橡胶密封圈材料对阀门的使用寿命有很大的影响。要求密封圈全部采用丁腈橡胶或三元乙丙橡胶，坚决杜绝再生橡胶。

3．按规定贮存运输。橡胶对日光暴晒非常敏感，运输时应尽量采用木箱包装，存放时应放在室内晒不到的地方。即使条件所限必须放在室外，必须用篷布遮盖，并使蝶板张开 $4° \sim 6°$，让橡胶处于自然状态，避免提前老化失去弹性。

4．严格安装规程和接收程序。安装时与管道连接的法兰，必须采用阀门专用法兰，特别是对夹式蝶阀，以保证阀体上橡胶圈受压均匀，与蝶板摩擦时不会干涉或鼓起。调试时，应先清除施工残渣，现场可临时用水作润滑剂，再作启闭操作。正式通水前，应清除管内各种杂物，防止管内杂物在水力作用下冲击阀门，从而导致故障产生。

5．合理使用伸缩器。选择承插式伸缩器，允许管道轴心轻微倾斜，既方便安装拆卸，又可缓冲地基沉降对阀体的影响，减少温差、地基沉降造成的阀体构件裂开或拉断等。伸缩器在安装中，应避免处于极限位置，以便于以后的拆卸。

6．开关操作要控制力矩。利用扭矩扳手操作，定量控制力矩。防止因操作不当而人为损坏阀门。

7．提高材质、防腐要求。阀门阀体最好采用球墨铸铁，以增强阀门主体抗爆抗腐性能。阀门流道防腐必须采用附着性较好、抗腐蚀性强符合饮用水卫生标准的环氧树脂涂料。

8．与橡胶圈接触的密封面，应采用不锈钢密封面，防止铁镏的出现损坏橡胶密封。

9．保证闸阀主轴的强度。

10．改进安装方式。蝶阀要求尽可能卧式安装，减少泥砂等固体杂质在阀板轴端堆积，对密封圈也有一定的保护作用。对于闸阀安装，可采用阀前设置沉积槽，对大口径阀门还可以设置检查人孔，定期进行保养、清理。

第八节 阀门安装、操作、维护和保养

一、阀门的安装

阀门的安装是阀门配套于管道和装置的重要一步，其安装质量的好坏，直接影响以后的使用和维修，甚至影响到以后的阀门的更换工作。

1. 阀门安装的要求

我们所说的安装要求是指一般阀门的安装，对特殊阀门的安装应按有关说明进行。无论哪类阀门，其安装应确保安全，有利于操作、维修、拆装和更换。

首先，维修工和管道工，应学会识别管线安装图及各类阀门表示符号，以便于按图施工。

安装阀门时，阀门的操作机构离操作地面适合在 1.2m 左右。当阀门的中心和手轮离操作地面超过 1.8m 时，应对操作频繁的阀门设置操作平台。阀门较多的管道，阀门尽量集中安装在平台上，以便于操作。

水平管道上的阀门，其阀杆最好垂直向上，不得将阀杆朝下安装。

并排安装在管道上的阀门，应留有操作、维修、拆装的空间位置，其手轮之间的净距不得小于 100mm；如间距较窄，应将阀门交错排列。

2. 阀门的安装尺寸

阀门的安装尺寸固然重要，阀门的结合长度、法兰的尺寸在有关手册上和阀门产品样本上都可以查得到。它们都是一定的标准尺寸，在此不再阐述。

我们应该着重地注意一下，阀门的保护器（伸缩器）的安装尺寸。伸缩器的安装最佳尺寸应当是伸缩器的最大尺寸（L 大）和伸缩器的最小尺寸（L 小）的平均值。用公式表示为

$$L = \frac{L_{大} + L_{小}}{2}$$

3. 阀门的安装形式

阀门的安装与其他机械设备安装一样，有一个安装方式问题。阀门安装正确的方式应是内部结构形式符合介质的流向，安装方式符合阀门结构形式的特点要求和操作要求。另外，正确的方式应是整齐划一，美观大方。

（1）阀门的安装方向

很多阀门对介质的流向都有具体规定，安装时应使介质的流向与阀体上箭头的指向一致。阀门上没有注明箭头时，应按阀门的结构原理正确识别，切勿装反，否则，将会影响使用效果，甚至引起故障，造成事故。

闸阀一般没有规定介质流向。但用于深冷介质的闸阀，为了防止关闭后阀腔内介质因深冷而膨胀，造成危险，在介质进口侧有一个卸压孔。

截止阀，除特殊截止阀外，介质的流向一般从阀瓣下方流经密封面。安装时，应按阀体箭头指向识别方向。如果介质流向从密封面流经阀座下面，截止阀关闭后，填料应受

压，不利于填料更换；开启时费力，开启后阻力增大，密封面会受到冲蚀。因此，截止阀的方向不能装反。

止回阀的介质流向是从阀瓣下面冲开阀瓣。如果装反容易造成事故。

蝶阀一般是有方向性的，安装时介质流向与阀体所示箭头方向一致，即介质应从阀的旋转轴向密封面流过。中心垂直板式蝶阀的安装无方向性。

节流阀的介质流向也有方向性，阀体上有箭头指示，装反了会影响阀门的使用效果和寿命。

安全阀的介质流向的要求就更加严格，如果反方向安装，将会酿成重大事故。

还有减压阀、疏水阀等的介质流向都有一定的要求。

（2）阀门的安装位置要求

闸阀是双闸板结构的，要直立安装，即阀杆处于铅垂位置，手轮在上面。对单闸板结构的，可在任意角度上安装。

截止阀、节流阀可安装在设备和管道上的任意位置。

球阀、蝶阀和隔膜阀也可安装在任意位置。

安全阀不管哪种结构形式，都要直立安装。阀杆与水平面应保持良好的垂直度。阀的出口不允许有背压，出口排泄管不小于安全阀的出口通径。

4．阀门的安装作业

阀门的安装，应按照阀门使用说明书和有关规定执行。

安装前，应对试压过的阀门，检查对规格型号是否相符，核实无误后，作好阀门内外的清洁，检查阀门各个部件，开启阀门检查阀门转动是否灵活，密封面有无碰伤。确认无误后方可着手安装。

安装阀门的管道和设备，应进行吹扫和冲洗，清除管道和设备中油污、焊渣和其他杂物，以防擦伤阀门密封面，堵塞阀门。

超过 DN200 的阀门，应有起吊工具和设备。起吊的绳索应系在阀门的法兰处或支架上，轻吊轻放。不允许把绳索系在阀杆和手轮上，以免损坏阀件。

安装法兰连接的阀门时，阀门法兰应与管道法兰平行，法兰间隙适当，不要出现错口、翻口或张口等缺陷。法兰间的垫片应放置正中，不能偏斜。螺栓要对称匀紧，不可过紧或过松。螺栓拧好后，检查法兰间各方位的预留间隙，间隙应合适一致。

安装螺纹阀门时，最好在阀门两端设置活接头。螺纹密封材料，视情况用铅油麻纤维、聚四氟乙烯生胶带或密封胶。注意不要把密封材料弄到内腔里。对铸铁和非金属阀门，螺纹不要拧得过紧，以免阀门爆裂。

安装焊接连接阀门时，阀门与管道接口要对准，管道应能够微量移动，避免阀门受到管道的制约，可防止阀体发生变形。阀门与管道对准后点焊好，然后全开启闭件，按照焊接规范进行施焊，整体焊牢，不能有气孔、夹渣、裂纹等缺陷。

二、阀门的操作

阀门安装好后，操作人员应能够熟悉和掌握阀门传动装置的结构和性能，正确识别阀门方向，开度指示，批示信号。还能熟练准确地调节和操作阀门，及时果断处理各种应急故障。阀门操作正确与否，直接影响使用寿命，关系到设备和装置平稳生产，甚至整个系统的安全。

1. 手动阀门的操作

手动阀门，是通过手柄、手轮操作的阀门，是设备管道上用的最普通的阀门。它的手柄、手轮的旋转方向顺时针为关，逆时针为开。但也有个别的阀门，方向相反。因此操作前要注意检查启用标志。

阀门上的手轮、手柄是按正常人力设计的，因此。在阀门使用上规定，不允许操作者借助杠杆和长柄手开、关阀门。手轮、手柄的直径小于 320mm 的，只允许一个人操作。直径大于 320mm 的手轮，允许两个人共同操作，或者一人借助适当的杠杆（一般不超过0.5m）操作阀门关闭时不要过猛。

闸阀和截止阀之类的阀门，关闭或开启到头（即下死点或上死点）要回转 1/4 ~ 1/2圈，使螺纹更好密合，有利操作时检查，以免拧得过紧，损坏阀件。

有的操作人员习惯使用杠杆和长扳手操作，认为关闭力越大越好。其实不然，这样会造成阀门过早损坏，甚至酿成事故。除撞击式手轮外，实践证明，过大过猛地操作阀门，容易损坏手柄、手轮，擦伤阀杆和密封面，甚至压坏密封面。手轮、手柄损坏或丢失后，不允许用活扳手代用，应及时配制相关配件。

较大口径的蝶阀、闸阀和截止阀，有的设有旁通阀，它的作用是平衡进出口压差，减少开启力。开启时，应先打开旁通阀，待阀门两边压差减小后，再开启大阀门。关闭阀门时，首先关闭旁通阀，然后再关闭大阀门。

开启蒸汽介质的阀门时，必须先将管道预热，排除凝结水，开启时，要缓慢进行，以免产生水锤现象，损坏阀门和设备。

开启球阀、蝶阀、旋塞阀时，当阀杆顶面的沟槽与通道平行，表明阀门在全开启位置；当阀杆向左或向右旋转 90°时，沟槽与通道垂直，表明阀门在全关闭位置。有的球阀、蝶阀、旋塞阀以扳手与通道平行为开启，垂直为关闭。三通、四通阀门的操作应按开启、关闭、换向的标记进行。操作完毕后，应取下活动手柄。

对有标尺闸阀和节流阀，应检查调试好全开或全闭的指示位置。明杆闸阀、截止阀也应记住它们全开和全关位置，这样可以避免全开时顶撞死点。阀门全关时，可借助标尺和记号，发现关闭件是否脱落或卡住异物，以便排除故障。

操作阀门时，不能把闸阀、截止阀等阀门作节流阀用，这样容易冲蚀密封面，使阀门过早损坏。

新安装的管道、设备、阀门，里面脏物、焊渣等杂物较多，常开阀门密封面上也容易粘有脏物，应采用微开方法。让高速介质冲走这些异物，再轻轻关闭，经过几次这样微开微闭就可以冲刷干净。

有的阀门关闭后，温度下降，阀件收缩，使密封面产生细小缝隙，出现泄漏。这时应在关闭后，在适当时间再关一次阀门。

2. 带驱动装置阀门的操作

带驱动装置阀门不靠手动来开启、关闭阀门，而是靠电动、电磁动、液动、气动等能源来启闭阀门的。操作者应对带驱动装置阀门的结构原理、操作规程有全面的了解，并具有独立操作和处理事故的能力。

（1）电动装置驱动的阀门的操作

电动装置在启动时，应按电气盘上的启动按钮，电动机随即开动，阀门开启，到一定时间，电动机自动停止运转，在电气盘上的"已开启"信号灯应明亮；如果阀门关闭时，应按电气盘上的关闭按钮，阀门向关闭方向运转，到一定时间，阀门全关，这时"已关闭"信号灯已亮。阀门运转中，正处于开启或关闭的中间状态的信号灯应相应指示。阀门指示信号与实际动作相符，并能关得严、打得开，说明电动装置正常。

如果运转中，以及阀门已全开或全关时，信号灯不亮，而事故信号灯打开，说明传动装置不正常。需要检查原因，进行修理，重新调试。重新调试可参照阀门电动装置使用说明书。

电动装置因故障或关闭不严，需及时处理时，应将动作把柄拨至手动位置，顺时针方向转动手轮为关闭阀门，逆时针方向为开启阀门。

电动装置在运转中不能按反方向按钮，由于错误动作需要纠正时，应先按停止按钮，然后再启动。

（2）电磁动阀门的操作

按动启动电钮，阀门在电磁力的驱动下，随即开启。切断电源，电磁力消失，阀瓣借助液体自身压力或加上弹簧压力，把阀门关闭。

（3）气动、液动阀门的操作

气动或液动阀门，在气缸体上方和下方各有一个气管或液管，与动力源联通（气力或液力）。关闭阀门时，打开上方管道的控制阀，让压缩空气或带压液体进入缸体上部，使活塞向下驱动阀杆关闭阀门。反之，关闭缸上部管道的进气（液）阀，打开其回路阀，使介质回流，同时打开气缸下部管道控制阀，使压缩空气或带压液体进入缸体下部，使活塞向上驱动阀杆打开阀门。

气动阀门还有常开式和常闭式两种形式。常开式只是活塞上部有气管，下部是弹簧，需要关闭时，打开气管控制阀，使压缩空气进入气缸上部，压缩弹簧，关闭阀门。当要开启阀门时，打开回路阀，气体排出，弹簧复位，使阀门开启。常闭式气动阀门正好与常开式气动阀门相反，弹簧在活塞上部，气管在气缸下部打开控制阀后，压缩空气进入气缸，阀门开启。

气动、液动装置驱动的阀运转是否正常，可以从阀杆上下位置，反馈在控制盘上的信号等方面反映出来。如果阀门关闭不严，可调整气缸底部的调节螺母，使调螺母调下一点，即可消除。

如果气动、液动装置出现故障，而需要及时开启或关闭时，应采用手动操作。有一种气动装置，在气缸上部有一个圆环与阀杆连接，阀门气动不能动作时，需要用一杠杆套在圆环中，抬起圆环为开启，压紧圆环为关闭。这种手动机构很吃力，只能解决暂时困难。现有一种气动带手动闸阀，阀门在正常情况下，手动机构上手柄处于气动位置。当气源发生故障或者气流中断后，首先切断气源通路。并打开气缸回路上回路阀，并将手动机构上手柄从气动位置扳到手动位置。这时开合螺母与传动丝杆啮合，转动手轮即开启或关闭阀门。

（4）自动阀门的操作

自动阀门的操作不多，主要是操作人员在启用时调整和运行中的检查。

1）安全阀

安全阀在安装前就经过了试压、定压，为了安全起见，有的安全阀需要现场校验。如电站上蒸汽安全阀，需要现场校验，人们叫这种校验为"热校验"。在进行校验时，应有组织、有准备地进行，并应分工明确。热校验应用标准表，定压值不准的，应按规定调整。弹簧选用的压力段与使用压力相适应，垂锤应左右调整至定压值，固定下来。

安全阀运行时间较长时，操作人员应注意检查安全阀，检查时，人避开安全阀出口处，检查安全阀的铅封，用手扳起有扳手的安全阀，间隔一段时间开启一次，泄除脏物，校验安全阀的灵活性。

2）疏水阀

疏水阀是容易被水中杂物堵塞的阀门。启用时，首先打开冲洗阀，冲洗管道，有旁通管的，可打开旁通阀作短暂冲洗。没有冲洗管和旁通管的疏水阀，可拆下疏水阀，打开切断阀冲洗后，再关好切断阀，装上疏水阀，然后再打开切断阀，启用疏水阀。并联疏水阀，如果排放凝结水不影响的话，可采用轮流冲洗。轮流使用的方法：操作时，先关上疏水阀前后的切断阀，然后，再打开另一疏水阀前后的切断阀。也可打开检查阀，检查疏水阀工作情况，如果蒸汽冲出较多，说明该阀工作不正常，如果只排水，说明工作正常。回过头来，再打开刚才关闭的疏水阀的检查阀，排出存下的凝结水，如果凝结水不断的流出，表明检查管前后的阀门泄漏，需找出是哪一个阀门泄漏。不回收凝结水的疏水阀，打开阀前的切断阀便可使疏水阀工作，工作正常与否，可从疏水阀出口处检查得到。

3）减压阀

减压阀启用前，应打开旁通阀或冲洗阀，清扫管道脏物，管道冲洗干净后，关闭旁通阀和冲洗阀，然后启用减压阀。有的蒸汽减压阀前有疏水阀，需要先开启，再微开减压阀后的切断阀，最后把减压阀前的切断阀打开，观看减压阀前后的压力表，调整减压阀调节螺钉，使阀后压力达到预定值。随即慢慢地开启减压阀后切断阀，校正阀后压力，直到满意为止。固定好调节螺钉，盖好防护帽。

如果减压阀出现故障或要修理时，应先慢慢地打开旁通阀，同时关闭阀前切断阀，手工大致调节旁通阀，使减压阀后压力基本稳定在预定值上下，再关闭减压阀后的切断阀，更换或修理减压阀。待减压阀更换或修理好后，再恢复正常。

4）止回阀

止回阀的操作应避免因阀门关闭而造成的过高冲击力，还应避免阀门关闭件的快速振动动作。

为了避免因关闭阀门而形成的过高冲击压力，阀门必须关闭迅速，从而防止形成极大的倒流速度，该倒流速度在阀门突然关闭时就是形成冲击压力。因此，阀门的关闭速度应与顺流介质衰减速度正确匹配。

阀门的活动件若磨损过快，则会导致阀门过早失灵。为了防止这种情况发生，必须避免关闭件产生快速振荡动作。这种关闭件的快速振荡动作，可以通过对一迫使关闭件稳定地对付介质停止流动的介质流动速度选定阀门来予以避免。这种理想的情况不是经常可以获得的，例如，假使顺流介质的速度变化范围很大，则最小的流速就不足以迫使关闭件稳定地停止。在这种情况下，关闭件的运动或在其动作行程的一定范围内用阻尼器来加以抑制。如果介质为脉动流，则止回阀应尽可能远离脉动源的地方。关闭件快速振荡也是由极度的介质扰动所引起，凡是存在这种情况下，止回阀应该安置在介质扰动最小的地方。

三、阀门操作中注意事项

阀门操作的过程，同时也是检查和处理阀门的过程。需要注意事项如下：

1. 高温阀门，当温度升高到200℃以上时，螺栓受热伸长，容易使阀门密封不严，这时需要对螺栓进行"热紧"，在热紧时，不宜在阀门全关位置上进行。以免阀顶死，以后开启困难。

2. 气温在0℃以下的季节，对停汽和停水的阀门，要注意打开底螺丝堵头，排除凝结水和积水，以免冻裂阀门。对不能排除积水的阀门和间断工作的阀门应注意保温。

3. 填料压盖不宜压得过紧，应以阀杆操作灵活为准，那种认为压盖压得越紧越好是错误的。因为它会加快阀杆的磨损，增加操作扭力。在没有保护措施条件下，不要随便带压更换或添加盘根填料。

4. 在操作中通过听、闻、看、摸所发现的异常现象，操作人员要认真分析原因，属于自己解决的，应及时消除。需要修理工解决的，自己不要勉强凑合，以免延误修理时机。

5. 操作人员应有专门日志或记录本，注意记载各类阀门运行情况，特别是一些重要的阀门、高温高压阀门和特殊阀门，包括阀门的传动装置在内，记明阀门发生的故障及其原因、处理方法、更换的零件等，这些资料无疑对操作人员本身、修理人员以及制造厂来说，都是很重要的。建立专门日志，责任明确，有利加强管理。

四、阀门的维护与管理

阀门的维护与管理包括提货搬运、库存保管和安装使用的全过程，它是阀门正常运转的一项重要的保证措施。

1. 阀门运输途中的维护

阀门的手轮破损、阀杆弯曲、支架断裂、法兰密封面的磕碰损坏，特别是灰铸铁阀门的损坏，相当一部分出现在阀门运输过程中。造成上述损坏的原因，主要是运输人员对阀门的基本常识不甚了解和野蛮装卸作业造成的。

运输阀门之前，应准备好绳索、起吊设备和运输工具等。检查阀门包装，包装损坏的应修好，不能怕麻烦，不能存有侥幸心理；包装要符合标准要求，不允许随便旋转已包装封存阀门的手轮；阀门应处于全闭状态，对已误开启的阀门，应将密封面擦干净后再关闭紧，封闭进出口通道。传动装置应与阀门分别包装运输。

阀门装运起吊时，绳索应系在法兰处或支架上，切忌系在手轮或阀杆上。阀门吊装要轻起轻放，不要撞击他物，放置要平稳。放置时应直立或斜立，阀杆向上。对放置不稳妥的阀门，应用绳索捆牢，或用垫块固定牢，以免在运输中互相碰撞。

手工装卸阀门时，不允许把阀门从车上往下扔，也不允许从地上向上抛；搬动过程中应有条不紊，顺次排列，严禁堆放。

阀门运输中，要爱护油漆、铭牌和法兰密封面；不允许在地面上拖拉阀门，更不允许将阀门进出口密封面落地移动。

在施工现场暂不安装的阀门，不要拆开包装，应放置在安全的地方，并作好防雨、防尘工作。

2. 阀门保管中的维护

阀门运输进入仓库后，保管员应及时输入库手续，这样有利于阀门的检查和保管。保管员应认真核对阀门的型号规格，检查阀门外观质量，并协助检验人员对阀门进行入库前的强度试验和密封性试验。符合验收标准的阀门，可办理入库手续；对不合格的也应妥善保管，待有关部门处理。

对入库的阀门，要认真擦拭、清洗阀门在运输过程中的积水和灰尘脏物；对容易生锈的加工面、阀杆、密封面应涂上一层防锈剂或贴上一层防锈纸加以保护；对阀门进出口通道要用塑料盖或蜡纸加以封闭，以免脏物进入。

库存的阀门应做到账物相符，分门别类，摆放整齐，标签清楚，醒目易认。小阀门应按型号规格和大小顺序，排放在货架上；大阀门可排放在仓库地面上，按型号规格分块摆放。阀门应直立或斜立放置，不可将法兰密封面接触地面，更不允许堆垛一起。对于大阀门和暂不能入库的阀门，也应按类别和大小直立在室外干燥、通风的地方；阀门密封面应涂油保护，通道应封口；对填料函无填料的，为了防止雨水进入阀内，应涂黄油等油脂封闭填料函口，并用油毛毡或雨布等物品盖好，最好搭建临时库棚加以保护。

为了使保管中的阀门处于完好状态，除需要有干燥通风、清洁无尘的仓库外，还应有一套先进、科学的管理制度；对所有保管的阀门，应定期维护检查，一般从出厂之日起，18 个月后应重新进行试压检查。

对于长期不用的阀门，如果使用的是石棉盘根填料，应将石棉盘根从填料函中取出，以免产生电化学腐蚀，损坏阀杆。对未装填料的阀门，制造厂一般配有备用填料，保管员应妥善加以保管。

对在搬运过程中损坏、丢失的阀门零件，如手轮、手柄、标尺等，应及时配齐，不能缺少。

超过规定使用期的防锈剂、润滑剂，应按规定定期更换或添加。

3. 阀门运转中的维护

阀门运转中维护的目的，是要保证使阀门处于常年整洁、润滑良好、阀件齐全、正常运转的状态。

（1）阀门的清扫

阀门的表面、阀杆和阀杆螺母上的梯形螺纹、阀杆螺母与支架滑动部位以及齿轮、蜗轮蜗杆等部件，容易沾积许多灰尘、油污以及介质残渍等脏物，对阀门会产生磨损和腐蚀。因此经常保持阀门外部和活动部位的清洁；保护阀门油漆的完整，显然是十分重要的。阀门上的灰尘适用于毛刷拂扫和压缩空气吹扫；梯形螺纹和齿间的脏物适于抹布擦洗；阀门上的油污和介质残渍适于蒸汽吹扫，甚至用铜丝刷刷洗，直至加工面、配合面显出金属光泽，油漆面显出油漆本色为止。疏水阀应有专人负责，每班至少检查一次，定期打开冲洗阀和疏水阀底的堵头进行冲洗，或定期拆卸冲洗，以免脏物堵塞阀门。

（2）阀门的润滑

阀门梯形螺纹、阀杆螺母与支架滑动部位，轴承部位、齿轮和蜗轮、蜗杆的啮合部位以及其他配合活动部位，都需要良好的润滑条件，减少相互间的摩擦，避免相互磨损。有的部位专门设有油杯或油嘴，若在运行中损坏或丢失，应修复配齐，油路要疏通。

润滑部位应按具体情况定期加油。经常开启的、温度高的阀门适于间隔一周或一个月加油一次；不经常开启、温度不高的阀门加油周期可长一些。润滑剂有机油、黄油、二硫化钼和石墨等。高温阀门不适于用机油、黄油，它们会因高温熔化而流失，而适于注入二硫化钼和抹石墨粉剂。裸露在外的需要润滑的部位，如梯形螺纹、齿轮等部位，若采用黄油等油脂，容易沾染灰尘，而采用二硫化钼和石墨粉润滑，则不容易沾染灰尘，润滑效果比黄油好。石墨粉不容易直接涂抹，可用少许机油或水调合成膏使用。

注油密封的旋塞阀应按照规定时间注油，否则容易磨损和泄漏。

（3）阀门的维护

运行中的阀门，各种阀件应齐全、完好。法兰和支架上的螺栓不可缺少，螺纹应完好无损，不允许有松动现象。手轮上的紧固螺母，如发现松动应及时拧紧，以免磨损连接处或丢失手轮和铭牌。手轮如有丢失，不允许用活扳手代替，应及时配齐。填料压盖不允许歪斜或无预紧间隙。对容易受到雨雪、灰尘、风沙等污染的环境中的阀门，其阀杆要安装保护罩。阀门上的标尺应保持完整、准确、清晰。阀门的铅封、盖帽、气动附件等应齐全完好。保温夹套应无凹陷、裂纹。

不允许在运行中的阀门上敲打、站人或支承重物；特别是非金属阀门和铸铁阀门，更要禁止。

4. 闲置阀门的维护

闲置阀门的维护应与设备、管道一起进行，应作如下工作：

（1）清理阀门

阀门内腔应吹扫清理干净，无残存物及水溶液，阀门外部应抹洗干净，无脏物、油垢、灰尘。

（2）配齐阀件

阀门缺件后，不能拆东补西，应配齐阀件，为下步使用创造良好条件，保证阀门处于完好状态。

（3）防腐蚀处理

掏出填料函中的盘根、防止阀杆电化腐蚀；阀门密封面、阀杆、阀杆螺母、机加工表面等部位，视具体情况涂防锈剂、润滑脂；涂漆部位应涂刷防锈漆。

（4）防护保护

防止硬物撞击，人为搬弄和拆卸，必要时，应对阀门活动部位进行固定，对阀门进行包装保护。

（5）定期保养

闲置时间较长的阀门，应定期检查，定期保养，防止阀门锈蚀和损坏。对于闲置时间过长的阀门，应与设备、装置、管道一起进行试压合格后，方可使用。

5. 电动装置的维护

电动装置的日常维护工作，一般情况下每月不少于一次。维护的内容有：外表清洁，无粉尘沾积；装置不受汽、水、油的沾染。电动装置密封良好，各密封面、点应完整牢固、严密、无泄漏。电动装置应润滑良好，按时按规定加油，阀杆螺母应加润滑脂。电气部分应完好，切忌潮湿与灰尘的侵蚀；如果受潮，需用500V兆欧表测量所有载流部分和壳间的绝缘电阻，其值不低于0.38MΩ，否则应对有关部件作干燥处理。自动开关和热继电器不应脱扣，指示灯显示正确，无缺相、短路、断路故障。电动装置的工作状态正常，开、关灵活。

6. 气动装置的维护

气动装置的日常维护工作，一般情况下每月不少于一次。维护的主要内容有：外表清洁，无粉尘粘积；装置应不受水蒸气、水、油污的沾染。气动装置的密封应良好，各密封面、点应完整牢固，严密无损。手动操作机构应润滑良好，启闭灵活。气缸进出口气接头不允许有凹陷，信号器应处于完好状态，信号器的指示灯应完好，不论是气动信号器还是电动信号器的连接螺纹应完好无损，不得有泄漏。气动装置上的阀门应完好、无泄漏，开启灵活，气流畅通。整个气动装置应处于正常工作状态，开、关灵活。

第三部分　管　道　施　工

第七章　沟槽开挖与回填

在给水管道施工中，沟槽开挖与回填的工程量是相当大的。合理地组织土方施工，是确保敷管安全，提高施工质量，加快施工进度，节约施工费用的一项主要内容。

第一节　土　壤　分　类

一、土的分类

土的分类方法很多，在土方施工中通常把土分为五类：

（一）岩石

指颗粒间牢固联接，是整块的岩体。

岩石按坚固性分为硬质岩石和软质岩石。硬质岩石有花岗岩、闪长岩、玄武岩、石灰岩、石英砂岩、石英岩和硅质砾岩等。

软质岩石有页岩、黏土岩、绿泥石片岩、云母片岩等。

岩石按风化程度分为微风化、中等风化和强风化。微风化的特征是岩质新鲜，表面稍有风化迹象。中等风化的特征是：结构和构造层理清晰；岩体被分割成块状（20～50cm），裂隙中填充少量风化物，锤击声脆，且不易击碎；用镐难挖掘，岩心钻方可钻进。强风化的特征是：结构和构造层理不甚清晰，矿物成分已显著变化；岩体被分割成碎石状（2～20cm），碎石用手可以折断；用镐可以挖掘，而用手摇钻不易钻进。

（二）碎石

碎石是指粒径大于2mm的颗粒含量超过全重50%的土。按颗粒级配及形状分为漂石、块石、卵石、碎石、圆砾和角砾；按密实度分为密实、中密和稍密。

（三）砂土

粒径大于2mm的颗粒含量不超过全重的50%的土称为砂土。按不同颗粒所占的比例不同又分为：

1. 砾砂：粒径大于2mm的颗粒占全重的25%～50%；

2. 粗砂：粒径大于0.5mm的颗粒超过全重的50%，而未达到砾砂标准；

3. 中砂：粒径大于0.25mm的颗粒超过全重的50%，而未达到粗砂标准；

4. 细砂：粒径大于0.1mm的颗粒超过全重的75%，而未达到中砂标准；

5. 粉砂：粒径大于0.1mm的颗粒不超过全重的75%。

砂土密实度按天然孔隙比分为密实、中密、稍密和松散。

（四）黏性土

黏性土具有黏性和可塑性，按工程地质特征分为老黏性土、一般黏性土、淤泥和淤泥质土、红黏土。

黏性土按黏土粒占全重的比例不同分为：

1. 黏土：指黏土粒占全重的30%以上。

2. 亚黏土（砂质黏土）：指黏土粒占全重10%～30%。

3. 轻亚黏土：指黏土粒占全重3%～10%。

黏性土的状态按液性指数分为：坚硬、硬塑、可塑、软塑和流塑。

（五）特种土

特种土分为人工填杂土、耕土、壤土、湿陷性黄土、膨胀土、混合土、有机土。

1. 人工填杂土

人工填杂土是指人工搬运又重新回填过的土，按照其来源不同又分为：

（1）素填土：以天然土为主要成分，由碎石、砂土、黏性土等组成的填土，其颜色和原土相近。

（2）杂填土：以砖、瓦块为主，并掺有建筑垃圾、工业废粒等杂物的填土。

（3）冲填土：由水力冲填泥砂形成的沉积土等。

（4）炉灰：指煤和煤土混合物，经燃烧而成的无机矿物质。

2. 耕土

指已扰动的种植农作物的表层土。

3. 壤土

指原地受扰动、植物的生长活动遭受破坏的原生结构，以及经日晒雨淋、风化作用而生成的土层。

4. 湿陷性黄土

这类土的颜色呈浅黄色，结构疏松多孔，通常含有大量盐类，土的成分均匀，当被水浸湿后在土自重压力下会发生湿陷。

5. 膨胀土

这类土是具有特殊变形性质的黏性土，它的体积随含水量增加而膨胀，随含水量减少而收缩，且这种作用循环可逆。具有这种膨胀和收缩特性的土即称为膨胀土。

6. 混合土

指天然土中的黏性土、砂或大块碎卵石相混合的多类土。

7. 有机土

指有机物含量超过10%，颜色呈深灰、褐黑或灰绿色的土层。按照有机质含量不同又分为有机土、泥炭、草灰三种。

工程预算定额中，按土的坚硬程度、施工的难易程度、采用的开挖工具和方法，将土分为八类，见表7-1。

土 的 工 程 分 类 表7-1

土的分类	土的级别	土（岩）的名称	压实系实 f	重力密度（kN/m³）	开挖方法及工具
一类土（松软土）	I	略有黏性的砂土；腐殖土；疏松的种植土及泥炭（淤泥）	0.5～0.6	6000～10000	用锹，少许用脚蹬或用板锄挖掘

土的分类	土的级别	土（岩）的名称	压实系实 f	重力密度（kN/m³）	开挖方法及工具
二类土（普通土）	Ⅱ	潮湿的黏性土和黄土；软的盐土和碱土；含有建筑材料碎屑，碎石、卵石的堆积土和种植土	0.6~0.8	11000~16000	用锹、条锄挖掘、需用脚蹬，少许用镐
三类土（坚土）	Ⅲ	中等密实的黏性土或黄土；含有碎石、卵石或建筑材料碎屑的潮湿的黏性土或黄土	0.8~1.0	18000~19000	主要用镐、条锄，少许锹
四类土（砂砾坚土）	Ⅳ	坚硬密实的黏性土或黄土；含有碎石、砾石（体积在10%~30%，重量在25kg以下石块）的中等密实黏性土或黄土；硬化的重盐土；软泥灰岩	1~1.5	19000	全部用镐、条锄挖掘，少许用撬棍挖掘
五类土（软石）	Ⅴ~Ⅵ	硬的石炭纪黏土；胶结不紧的砾岩；软的、节理多的石灰岩及贝壳石灰岩；坚实的白垩岩；中等坚实的页岩、泥灰岩	1.5~4.0	12000~27000	用镐或撬棍、大锤挖掘，部分使用爆破方法
六类土（次坚石）	Ⅶ~Ⅸ	坚硬的泥质页岩；坚实的泥灰岩；角砾状花岗岩；泥灰质石灰岩；黏土质砂岩；云母页岩及砂质页岩；风化的花岗岩、片麻岩及正长岩；骨石质的蛇纹岩；密实的石灰岩；硅质胶结的砾岩；砂岩；砂质石灰质页岩	4~10	22000~29000	用爆破方法开挖，部分用风镐
七类土（坚石）	Ⅹ~Ⅻ	白云石；大理石；坚实的石灰岩、石灰质及石英质的砂岩；坚硬的砂质页岩；蛇纹岩；粗粒正长岩；有风化痕迹的安山岩及玄武岩；片麻岩、粗面岩；中粗花岗岩；坚实的片麻岩，粗面岩；辉绿岩；玢岩；中粗正常岩	10~18	25000~29000	用爆破方法开挖
八类土（特坚石）	Ⅻ~ⅩⅤ	坚实的细粒岗岩；花岗片麻岩；闪长岩；坚实的玢岩、角闪岩、辉长岩、石英岩；安山岩、玄武岩；最坚实的辉绿岩；特别坚实的辉长岩、石英岩及玢岩	18~25以上	27000~33000	用爆破方法开挖

在管道施工现场粗略鉴别土的方法，可分别参见表7-2至表7-5。

土 的 野 外 鉴 别　　　　　　　　　　表7-2

项　　目		黏　　土	粉质黏土	粉　　土	砂　　土
湿润时用刀切		切面光滑、有粘刀阻力	稍有光滑面，切面平整	无光滑面，切面稍粗糙	无光滑面，切面粗糙
湿土用手捻膜时的感觉		有滑腻感，感觉不到有砂粒，水分较大时很黏手	稍有滑腻感，有黏滞感，感觉到有少量砂粒	有轻微黏感或无黏滞感，感觉到砂粒较多、粗糙	无黏滞感，感觉到全是砂粒、粗糙
土的状态	干土	土块坚硬，用锤才能打碎	土块用力可压碎	土块用手捏或抛掷时易碎	松散
	湿土	易黏着物体，干燥后不易剥去	能黏着物体，干燥后较易剥去	不易黏着物体，干燥后一碰就掉	不能黏着物体
湿土搓条情况		塑性大，能搓成直径小于0.5mm的长条（长度不短于手撑），手持一端不易断裂	有塑性，能搓成直径为0.5~0.3mm的短条	无塑性，不能搓成土条	不能搓成土条

人工填土、淤泥、黄土、泥炭的野外鉴别方法　　　　表7-3

土的名称	观察颜色	形状（构造）	浸入水中现象	湿土横条情况
人工填土	无固定颜色	夹杂物显露于外，构造无规律	大部分变为稀软淤泥，其余部分为碎瓦、炉渣在水中单独出现	一般搓成直径3mm土条但易断，遇有杂质很多时不能搓条
淤泥	灰黑色有臭味	夹杂物轻，仔细观察可以发觉构造呈层状，但有时不明显	外观无显著变化，在水面出现气泡	一般淤泥质土接近轻亚黏土，能搓成3mm土条（长至少3cm），容易断裂
黄土	黄褐两色的混合色	夹杂物质常清晰显见，构造上有垂直大孔（肉眼可见）	即行崩散而分成分散的颗粒集团，在水面上出现很多白色液体	搓条情况与正常的亚黏土相似
泥炭	深灰色或黑色	夹杂物有时可见，构造无规律	极易崩碎，变为稀软液淤泥，其余部分为植物根、动物残体渣滓悬浮于水中	一般能搓成直径1~3mm土条，但残渣甚多时，仅能搓成3mm以上的土条

碎石土、砂土现场鉴别方法　　　　　　　表7-4

类别	土的名称	观察颗粒组细	干燥时的状态及强度	湿润时用手拍击状态	黏着程度
碎石土	卵（碎）石	一半以上的颗粒超过20mm	颗粒完全分散	表面无变化	无黏着感觉
	圆（角）砾	一半以上的颗粒超过2mm（小高粱粒大小）	颗粒完全分散	表面无变化	无黏着感觉

类别	土的名称	观察颗粒组细	干燥时的状态及强度	湿润时用手拍击状态	黏着程度
砂土	砾砂	约有 1/4 以上的颗粒超过 2mm（小高粱粒大小）	颗粒完全分散	表面无变化	无黏着感觉
	粗砂	约有一半以上的颗粒超过 0.5mm（细小米粒大小）	颗粒完全分散，但有个别粘结一起	表面无变化	无黏着感觉
	中砂	约有一半以上的颗粒超过 0.25mm（白菜籽大小）	颗粒基本分散，局部粘结但一碰即散	表面无变化	无黏着感觉
	细砂	大部分颗粒与粗豆米粉（>0.074mm）近似	颗粒大部分分散，少量粘结，部分稍加碰撞即散	表面有水印（翻浆）	偶有轻微黏着感觉
	粉砂	大部分颗粒与小米粉近似	颗粒少部分分散，大部分粘结，稍加压力可分散	表面有显著翻浆现象	有轻微黏着感觉

注：在观察颗粒粗细进行分类时，应将鉴别的土样从表中颗粒最细类别逐级查对，当首先符合某一类土的条件时，即按该类土定名。

碎石类土密实度的野外鉴别　　　　表 7-5

密实度	密　实	中　密	稍　密
骨架和充填物	骨架颗粒含量大于总重的 70%，呈交错紧贴，连续接触。空隙填满、充填物密实	骨架颗粒含量等于总重的 60%～70%，呈交错排列，大部分接触。孔隙填满、充填物中密	骨架颗粒含量小于总重的 60%，排列混乱，大部分不接触。孔隙中的充填物稍密
天然坡和可挖性	天然陡坡较稳定，坎下堆积物较少，镐挖掘困难，用撬棍方能松动，坑壁稳定，从坑壁取出大颗粒处，能保持凹面形状	天然坡不易陡立或陡坎下堆积物较多，但坡度大于粗颗粒的安息角镐可挖掘，坑壁有掉块现象，从坑壁取出大颗粒处，砂上不易保持凹面形状	不能形成陡坡，天然坡接近于粗颗粒的安息角锹可以挖掘，坑壁易坍塌，从坑壁取出大颗粒处，砂土即塌落
可钻性	钻进困难，冲击钻探时，钻杆、吊锤跳动剧烈，孔壁较稳定	钻进较难，冲击钻探时，钻杆、吊锤跳动不剧烈，孔壁有坍塌现象	钻进较易，冲击钻探时，钻杆稍有跳动，孔壁易坍塌

注：1. 骨架颗粒系指与表 7-4 碎石类土分类名称相应的粒径的颗粒。
　　2. 碎石类土密实度的划分，应按表列各项要求综合确定。

二、土的工程性质

在土方工程的设计和施工中，应掌握土的性质。土的主要工程性质概述如下：

（一）土的重力密度

土的单位体积的重量称为重力密度。它是指土在自然状态下的单位体积重量（包括土内的水分）。土的重力密度单位，在实验室中常用 g/cm^3 表示，在工程上常用 kN/m^3 或 tf/m^3 表示。各种土的重力密度参见表 7-1 中重力密度栏。

（二）土的可松性系数

当原土挖掘后，组织被破坏，土方体积增加。如用 V_1 表示开挖前原土体积，V_2 表示开挖后土方松散体积，V_3 表示土方回填夯实后的体积，则

最初土方体积增加百分比为 $(V_2 - V_1)/V_1 \times 100\%$

最后土方体积增加百分比为 $(V_3 - V_1)/V_1 \times 100\%$

最初土的可松体性系数 $K_p = V_2/V_1$

最后土的可松体性系数 $K'_p = V_3/V_1$

在土方工程中，K_p 是计算装运车辆及挖土机械的重要参数，K'_p 是计算填方所需挖土工程量的重要参数。

土方可松性系数见表 7-6，土的压缩率参考值见表 7-7。

土方可松性系数　　　　　　　　　　　　　　　　　　表 7-6

土 的 名 称	可松性系数	
	$K_初$	$K_终$
不含杂质的砂，无杂质的砂壤土	1.08 ~ 1.17	1.01 ~ 1.02
细的和中等的砾土，含杂质的种植土，正常湿度的黄土，含有碎石和卵石的砂，轻壤黏土和黄土类壤黏土，含有碎石的砂壤土	1.14 ~ 1.28	1.015 ~ 1.05
不含根的种植土	1.20 ~ 1.30	1.03 ~ 1.04
干黄土，重壤黏土	1.24 ~ 1.30	1.04 ~ 1.07
碎石，黏土，含有碎石的壤黏土	1.26 ~ 1.32	1.06 ~ 1.09
松散岩性土	1.40 ~ 1.50	1.10 ~ 1.20

土 的 压 缩 率　　　　　　　　　　　　　　　　　表 7-7

土的类别	土的名称	土的压缩率	每立方米松散土压实后的体积（m^3）	土的类别	土的名称	土的压缩率	每立方米松散土压实后的体积（m^3）
一~二类土	种植土	20%	0.80	三类土	天然湿度黄土	12% ~ 17%	0.85
	一般土	10%	0.90		一般土	5%	0.95
	砂 土	5%	0.95		干燥坚实黄土	5% ~ 7%	0.94

（三）土的含水量

土的含水量又称土的重量含水量，是指一定体积土内水重和干土重的比率。在天然土内部都含有一定量的水分，这种水分以结合水、自由水和水气三种状态存在于土中。

在沟槽回填土的过程中，土的含水量和回填土的密实度之间存在一定的关系。含水量适当的土，用最少的夯实工作量能达到最大的密实度，这个含水量称为最佳含水量。不同的土有不同的最佳含水量。在大面积的土方施工中，可先在实验室内，将土样作锤击试验，测定最佳含水量值；然后，再由工地质量控制部门随时检查土的含水量，并采取晾晒、洒水或换

土的方式,使回填土具有最佳含水量见表7-8,这样在夯实后才能达到最佳密实度。

土壤最佳含水量 表7-8

土地种类	最佳含水量（%）（重量比）	土颗类最大密度（kg/m³）	土地种类	最佳含水量（%）（重量比）	土颗类最大密度（kg/m³）
砂土	8 ~ 12	1800 ~ 1880	重亚黏土	16 ~ 20	1670 ~ 1790
粉土	16 ~ 22	1610 ~ 1800	粉质亚黏土	18 ~ 21	1650 ~ 1740
亚砂土	9 ~ 15	1850 ~ 2080	黏土	19 ~ 23	1580 ~ 1700
亚黏土	12 ~ 25	1850 ~ 1950			

（四）土的渗透性

土的渗透性是指地下水流过土中孔隙的难易程度的性质，用渗透系数 K 表示，一般土的渗透系数见表7-9。

土的渗透系数大小决定于土的结构、土颗粒大小和土的密实程度。土颗粒越小，结构紧密的渗透系数就较小，如黏性土；反之，渗透系数就大，如砂土。土的渗透性对于结构地基、结构和排水系统的设计和施工极为重要。在土方施工中，应根据土的渗透系数，选用施工排水方法和排水设备。

土 的 渗 透 系 数 表7-9

土 的 名 称	渗透系数（m/s）	渗水程度
黏土性细砂及极细的砂	$2 \times 10^{-5} \sim 5 \times 10^{-5}$	极微
稍带黏土类的细砂	$5 \times 10^{-5} \sim 1 \times 10^{-4}$	少量
稍带黏土类的中砂及纯细砂	$1 \times 10^{-4} \sim 1 \times 10^{-3}$	适中
含有小砾石的粗砂	$1 \times 10^{-3} \sim 5 \times 10^{-3}$	大量
中砾石及大砾石	$5 \times 10^{-3} \sim 1 \times 10^{-2}$	极大

（五）土的基本特征

1．土的固体颗粒之间是分散的，其间连接将是无粘结或不粘的，因此它具有散粒性和孔隙性；

2．颗粒间孔隙是连续的，土具有透水性；

3．固体颗粒的联结强度比颗粒的本身强度小得多，土具有压缩性和土颗粒之间的相对可移动性。

第二节 施 工 准 备

一、施工前的准备

（一）沟槽开挖前应详细阅读施工图纸，明确施工范围、任务、技术要求等，充分了解开挖地段的土质、地下水位、地下构筑物及市政管线、沟槽附近地上构筑物、施工环境等情况，并组织人员进行现场勘察，以清楚掌握图纸和施工现场的相关资料。

（二）合理制定土方开挖施工方案

根据调查掌握的资料制定土方开挖的施工方案，方案应包括下列内容：

1．土方开挖平面布置：包括沟槽开挖的上口边线、堆土地点、运土路线、施工排水路线及雨季施工措施、土方调配平衡图。

2．确定开挖断面，并结合考虑施工排水及沟壁支撑措施。

3．确定开挖方法，尽可能采用机械开挖施工方法，以提高工作效率。

4．测量计算土方数量。

5．制定质量控制措施和安全保障措施。

6．根据施工组织设计，合理安排施工人员。

（三）做好拆迁准备工作

1．在现有地下管线周围挖槽时，应事先与相关业主管理单位联系，核实管线情况，采取妥善措施，以防止损坏管道。

2．在对现有地上建筑物或其他构筑物附近挖槽时，应事先制定和采取预防加固措施，尽量减少下沉和变形等现象的发生，确保现有建筑物（构筑物）的安全。

3．需拆除施工区域内其他有碍施工的房屋、道路和地下管线时，应妥善处理。

（四）采取临时措施

1．当原有道路需被挖断，又不宜断绝交通和绕行时，应根据道路的交通量及最大的荷载，架设临时便桥。挖土方前应结合现场条件修筑临时道路，保证施工正常进行。

2．设置临时排水设施：雨季施工或沟槽切断原有排水沟和排水管道时，如无其他适当的排水出路，应架设安全可靠的渡槽和渡管，并规划和设置排水系统，避免水淹。

3．协调供水、供电部门，合理安排好施工用水和临时用电。

二、施工中的临时措施

土方工程施工中的临时措施是指施工所需的生产和生活设施。施工准备过程中的临时设施主要有：居住房屋、办公室、仓库等。施工现场常设置的施工便桥、挡坝围堰及地下管道保护等均属于临时设施。

1．施工居住房屋、办公室及仓库等

因施工需要在施工现场中设置居住房屋、办公室和仓库等设施时，应结合施工现场条件，根据确保安全、方便施工的原则，结合临时设施的使用时间长短、规模等因素，合理设置。

2．施工便桥

根据通行情况施工现场设置的临时便桥有：行人便桥、车辆便桥等，桥梁上部构造常用的有工字钢梁和木梁桥。各种类型临时便桥应根据便桥结构特点和使用条件由设计选定。

3．围堰

围堰的作用是指在水中施工时，将施工部位围护起来以便在其中进行正常施工的临时施工设施。围堰构造应力求简单、安全，尽量就地取材，使其造价低廉。

在选择围堰形式和施工时，应考虑下列因素：河流断面内的地形条件和水的地质情况、施工期限和季节、围堰的施工条件和拆除条件、沟槽或地基坑的深浅和面积大小，当地建筑材料和其他建筑的具体情况等。

围堰的种类及使用范围有：

（1）土堰：土堰是围堰最简单的结构形式，凡水深在 1.5m 以下，流速缓慢，无冲刷作用，均可采用。土堰堰顶宽度可为 1.0m，堰高较水深度大 0.5m，迎水坡为 1:2，背水边坡为 1:1.5，填筑土堰前应先将所沿河坡及河床处的各种树根乱石清除，并沿堰的纵轴挖土挖至硬土层，沿槽道或堰坡打入短桩，然后分层填筑。填筑土堰宜采用砂质黏土。

（2）草袋装土填筑围堰

采用草袋装土围堰，适用于水深度低于 3m，作为施工过程中的临时防水措施，应用较广。草袋装土围堰可与土堰混合应用，用草袋装土做护坡，边坡可以陡一些，一般可选用 1:0.5～1.5。

(3) 土石围堰

这种围堰适用于河床石方爆破工程，可就地取材。其结构为迎水坡填筑砂壤土，堰主体用石块，这种围堰可在河流流速较小的情况下填筑，但拆除比较困难。

(4) 板桩围堰

在水较深、河床上土壤容许打桩的情况下适用。板桩围堰是用垂直木板桩代替土堰背水坡的一种结构，这种围堰不但可减小土堰的断面尺寸，同时还可减小水流的渗透。

三、施工测量

(一) 施工测量

管道图的设计，应具有管道铺设范围内有关的现状资料，在设计前首先应进行测量，以便绘制出能反映现状资料的地形条状图及管道纵向断面图。

施工测量的任务包括两个方面：一是把图纸上设计的管道线放到地面上，按设计的意图去指导管道的施工；二是把已施工的管道情况，反映到竣工图纸上，作为竣工资料存档，用它来指导管道的日常维护检修。

施工测量的内容，主要有两方面：一是用坐标法确定管道及有关地物的位置，主要使用的仪器是经纬仪，也可用大、小平板仪及全站仪等；二是用高程数据（标高）确定管道的埋深，主要使用水准仪。

关于测量仪器的性能、使用方法以及施工测量的相关专业知识，可参考其他测量专业的书籍。

(二) 管道的放线工作

管道中的起点、终点、中间折点等统称为管道上的节点。管道的放线工作，首先是根据管道的起点、终点和转折点的设计坐标，或者和其他固定建筑物的相对关系，把它们侧放到地面上，然后沿管道中线方向进行中线测量和纵断面水准测量。

(三) 纵断面的水准测量

纵断面的水准测量，是测出管中线上各里程桩和加桩部位的地面高程。在开挖前，复测地面高程是否和设计图相符；开挖后，实测沟底高程是否达到图纸要求；安装后，测定管顶高程作为竣工的原始资料之一。

四、土方量的计算、平衡与调配

(一) 土方量的计算

为编制施工方案，合理组织施工，确定堆土范围及土方平衡调配，施工前应先进行土方量的计算。

沟槽开挖过程中的土方量计算是采用断面计算法，即利用垂直于管线所取的若干平行开挖断面进行计算。计算时将沟槽分若干计算段，然后将各计算段土方量相加求出全部土方量，计算步骤如下：

1. 划定计算地段

根据管线设计纵断面（或实测纵断面图）及管线构筑物的位置，将要计算地段划分横断面。

划分横断面的原则是：在管道起止点、沟槽坡度变化点、沟槽转折点、开挖断面形状变化点、地形起伏变化点等处，或以相邻两检查井之间为一计算段，各断面之间距离可不等。地形变化复杂的计算间距宜小，反之宜大，在平坦地区可用大些。

2. 计算横断面面积

根据沟槽开挖断面，计算该形状断面的横断面面积。在同一个开挖断面内，地势平坦，取管中心地面高程即可。横断面处地形起伏不定，将所取的每个断面划分若干三角形和梯形段面计算。常见横断面计算公式见表7-10。

横断面计算公式　　　　表7-10

横断面形状	断面计算公式
(矩形，标注 h，b)	$F = b \cdot h$
(梯形，标注 h，b，1:m，1:m)	$F = h(b + mh)$
(梯形，标注 H，b，1:m，1:n)	$F = h\left(b + \dfrac{(m+n)h}{2}\right)$

3. 计算每段土方量

$$V = \frac{F_1 + F_2}{2} \times L$$

式中　　V——沟槽每一沟段的土方量（m³）；

F_1、F_2——计量段两端断面面积（m²）；

L——计算段长度（m）。

回填的土方量应按设计地面标高确定回填的深度，然后再根据回填断面的断面积计算。

4. 土方量的汇总

利用土方量汇总表，将各段计算好成果依次汇总累计，求出全段总的土方量。

土 方 量 汇 量 表　　　　表7-11

起止桩号	挖方面积	填方面积	距　　离	挖方数量	填方数量
			总　　计		

（二）土方量的平衡与调配

计算出土方的施工标高、挖填区面积、挖填区土方量，并考虑各种变更因素（如土的松散率、压缩率、沉降量等）进行调整后，应对土方进行综合平衡与调配。土方平衡调配是土方设计工作的一项重要内容，其目的在于使土方运输量和土方运输成本为最低的条件下，确定填挖方区土方的调配方向和数量，从而达到缩短工期和提高经济效益的目的。

进行土方平衡与调配，必须综合考虑工程和现场情况、进度要求、土方施工方法以及分期分批施工工程的土方堆放和调运问题，经过全面研究，确定平衡调配的原则之后，才可着手进行土方平衡与调配工作，如划分土方调配区，计算土方的平均运距，单位土方的运价，确定土方的最优调配方案。

1. 土方的平衡与调配原则

（1）挖方与填方基本达到平衡，减少重复倒运。

（2）挖（填）方量与运距的乘积之和尽可能为最小，即总土方运量或运输费用最小。

（3）好土应用在回填密度要求较高的地区，以避免出现质量问题。

（4）取土和弃土应尽量不占农田或少占农田，弃土尽可能结合规划地予以利用。

（5）分区调配应与全场调配相协调，避免只顾局部平衡而破坏全局平衡。

（6）调配应与地下构筑物的施工相结合，地下设施的填土，应留土后填。

（7）选择恰当的调配方向、运输路线、施工顺序，避免土方运输出现对流和乱流现象，同时便于机具调配、机械化施工。

2. 土方平衡与调配的步骤及方法

土方平衡与调配需编制相应的土方调配图，其步骤如下：

（1）划分调配区。在平面图上先划出挖填区的分界线，并在挖方区和填方区适当划出若干调配区，确定调配区的大小和位置。划分时应注意以下几点：划分应与建筑物（构筑物）的平面位置相协调，并考虑开工顺序，分期施工，调配区大小应满足土方施工所用主导机械的行驶和操作尺寸要求；调配区范围应和土方工程量计算用的方格网相协调，一般可考虑就近借土和弃土。

（2）计算各调配区的土方量并标注在图上。

（3）计算各挖填方调配区之间的平均运距。

第三节 沟 槽 开 挖

管道的安装在土方工程上有两种形式，一种是管道置于原地面处，安装完毕后往上填土，如图 7-1 所示，工程上把这种形式的安装称为上埋式；还有一种就是我们经常遇到的从原地面往下挖出沟槽，将管子放入槽内安装完毕后，将挖出的土回填槽内，并夯实，如图 7-2 所示，工程上把这种形式的安装称为下埋式。

给水管道工程多为地下铺设管道，为铺设地下管道进行土方开挖叫挖槽，开挖的槽通常称为沟槽或管槽，为建筑物或构筑物开挖的坑叫基坑。挖槽是管道工程的主要施工工序，其特点是：管线长、工作量大、劳动繁重、施工条件复杂。

一、沟槽的断面形式

管道施工沟槽的开挖断面，是指垂直于管道中心线方向开挖的形状及尺寸，也叫槽断面。

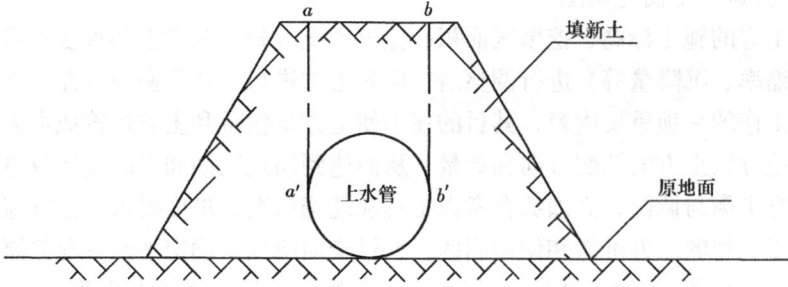

图 7-1

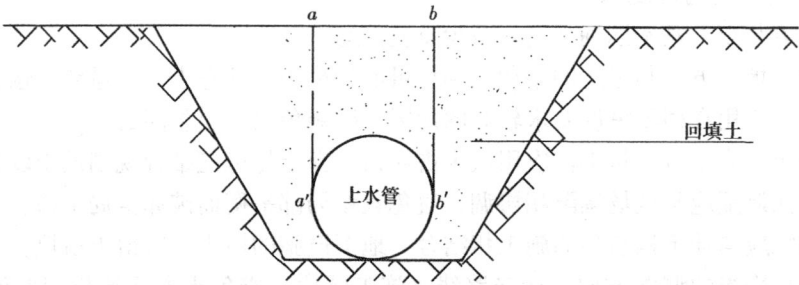

图 7-2

　　沟槽的开挖断面应考虑管道结构的施工方便，确保工程质量和安全，具有一定的强度和稳定性，同时也应考虑尽量少挖方、少占地的经济合理原则。选择沟槽断面形式，通常应综合考虑开挖地段的土壤性质、地下水位情况、施工方法、管材类别和口径、管道埋深、施工作业面以及地上地下建（构）筑物情况等因素。

　　沟槽的断面形式一般有直槽、梯形槽、混合槽、联合槽等四种，如图 7-3 所示。

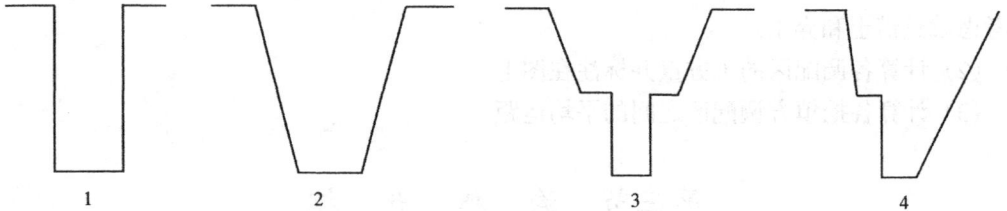

图 7-3

1—直槽；2—梯形槽；3—混合槽；4—联合槽

　　（一）直槽

　　槽帮边坡基本为直坡的开挖断面称为直槽。直槽一般都用于工期短、深度较浅的小管径工程。如地下水位低于槽底，在天然湿度的土中开挖沟槽，直槽深度应不超过 1.5m。在地下水位以下开挖采用直槽时则需考虑边壁支撑。

　　（二）梯形槽（亦称大开槽）

　　槽帮具有一定坡度即形似梯形的开挖断面。开挖断面两侧的坡度可能相同，也可能不同。槽底如在地下水位以下，目前多采用人工降低水位的方法，减少支撑。采用此种断面，在土质好（如黏土、粉质黏土），虽然槽底在地下水位以下，也可以在槽底挖成排水沟，进行表面排水，保证其槽帮土壤的稳定。梯形槽是应用较多的一种形式，尤其适用于机械开挖。

（三）混合槽

即由梯形槽和直槽组合而成的多层开挖断面形式。

（四）联合槽

即由梯形槽和梯形槽组合成的多层开挖断面形式。

混合槽和联合槽多为深槽施工。施工时，上层槽应尽可能采用机械施工，下层槽的开挖常需同时考虑采用排水及支撑措施。

施工方法和沟槽断面选择是互为影响的，可以按沟槽断面选用施工方法，也可按施工方法选用沟槽断面。机械开挖一般选用边坡较大的梯形槽，这样要增加开挖土方量，并要求起重机械的起重杆具备足够的长度，但施工中的后续工序作业较为方便；陡边坡梯形槽虽可避免上述缺点，但可能因陡坡需设置支撑，增加支撑费用，同时影响吊装、运输、下管等作业。至于管道口径对沟槽断面形式的选择影响不是很大。

二、沟槽断面尺寸的确定

沟槽断面尺寸与沟槽断面形式有关，但它主要取决于管材类别、口径、埋深以及土质条件等因素。在保证施工质量和作业安全的前提下，合理地选用沟槽断面尺寸，是加快施工进度和节约工程费用的重要措施。

沟槽断面尺寸的确定主要指挖深、底宽、槽帮坡度、层间留台宽度尺寸的确定。

（一）挖深

指沟槽的开挖深度，是由管线的设计埋设深度而定。槽深影响着断面形式及施工方法的选择。较深的沟槽，宜分层开挖，每层槽的深度，人工开挖时以 2m 为宜；机械挖槽根据机械性能而定，一般不超过 6m。当地下水位低于槽底时，可采用直槽施工，如不用支撑，则槽深不得超过见表 7-12 的规定。

直槽最大挖深	表 7-12
土质情况	最大挖深（m）
砂土和砂砾土	1.0
砂质粉土和粉质黏土	1.25
黏土	1.5

（二）底宽

指沟槽的最下底的开挖宽度。槽底宽度应满足管道的施工要求。槽底宽宜按下式确定：

$$B = D_1 + 2(b_1 + b_2 + b_3)$$

式中 B——管道沟槽底部的开挖宽度（mm）；

D_1——管道结构的外缘宽度（mm）；

b_1——管道一侧的工作面宽度（mm），可按表 7-13 采用；

b_2——管道一侧的支撑厚度，可取 150～200mm；

b_3——现场浇筑混凝土或钢筋混凝土管渠一侧模板的厚度（mm）。

其中 b_2、b_3 根据实际情况而定。

（三）槽帮坡度

为了保持沟壁的稳定，必须有一定的沟边坡度，通常称为槽帮坡度。在工程中以 1∶n

表示坡度的缓陡，n 为边坡水平投影和沟槽深度的比值，如图 7-4 所示。槽帮坡度应根据土壤的种类、施工方法、槽深和地下水位情况等因素综合考虑。如土壤为砂性土，因砂性土颗粒间的粘结力较小，槽帮坡度可考虑比较缓和。而黏土土壤由于颗粒之间粘结力较大，则坡度选用可较陡些。另外土壤含水量大小对槽帮坡度也有影响，当土壤含水量大时，土颗粒间易产生润滑作用，致使黏性土颗粒间的粘聚力减弱，或使砂性土颗粒间的摩擦力减弱，容易造成槽帮坍塌，则应留有较缓的坡度。当采用机械挖土时，槽帮上部荷载很大，土体会在压力作用下产生移动，因此应经过槽帮土壤稳定的计算，选择安全施工坡度。

管道一侧的工作面宽度　　　　　　　　　　　　　　　　表 7-13

管道结构的外缘宽度	管道一侧的工作面宽度	
	非金属管道	金属管道
$D_1 \leqslant 500$	400	300
$500 < D_1 \leqslant 1000$	500	400
$1000 < D_1 \leqslant 1500$	600	600
$1500 < D_1 \leqslant 3000$	800	800

注：1. 槽底需设排水沟时，工作面宽度应适当增加；

2. 管道有现场施工的外防水层时，每侧工作面宽度宜取 800mm。

当地质条件良好、土质均匀，地下水位低于沟槽底面高程，且开挖深度在 5m 以内边坡不加支撑时，沟槽边坡最陡坡度应符合表 7-14 的规定。

深度在 5m 以内的沟槽边坡的最陡坡度　　　　　　　　　表 7-14

土 的 类 别	边坡坡度（高:宽）		
	坡顶无荷载	坡顶有静载	坡顶有动载
中密的砂土	1:1.00	1:1.25	1:1.50
中密的碎石类土（充填物为砂土）	1:0.75	1:1.00	1:1.25
硬塑的黏质粉土	1:0.67	1:0.75	1:1.00
中密的碎石类土（充填物为黏性土）	1:0.50	1:0.67	1:0.75
硬塑的粉质黏土、黏土	1:0.33	1:0.50	1:0.67
老黄土	1:0.10	1:0.25	1:0.33
软土（经井点降水后）	1:1.00		

注：1. 当有成熟施工经验时，可不受本表限制。

2. 在软土沟槽坡顶不宜设置静载或动载，需要设置时，应对土的承载力和边坡的稳定性进行验算。

3. 静载指堆土或材料等，动载指机械挖土或汽车运输作业等。静载或动载距挖方边缘的距离应保证边坡和直立壁的稳定，堆土或材料应距挖方边缘 0.8m 以外，高度不超过 1.5m。

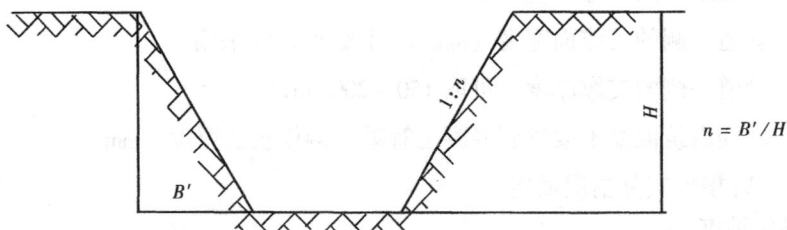

$$n = B'/H$$

图 7-4

（四）层间留台

人工开挖多层沟槽的层间应留台阶，便于开挖时人工倒土。留台宽度为：放坡开槽时不应小于 0.8m，直槽时不应小于 0.5m，安装井点设备时不应小于 1.5m。

采用机械挖槽时，沟槽分层的宽度应按机械性能确定。

三、沟槽开挖施工方法

在给水管道工程中，沟槽开挖有人工开挖、机械开挖或者两者配合的施工方法。

（一）人工开挖

在小管径、土方量少，或施工现场狭窄、地下障碍物多，不易采用机械挖土时，或深槽作业、底槽需支撑而无法采用机械挖土时，通常采用人工挖土。

人工挖土使用的主要工具为铁锹、镐等，主要施工工序为放线、开挖、修坡、清底等。

沟槽开挖须按开挖断面先求出管中心线到槽口边线的距离，并按此在施工现场施放开挖边线。槽深在 2m 以内的沟槽，人工边挖土，边出土至槽外。较深的沟槽，分层开挖，每层开挖深度一般在 2~2.3m 为宜，利用此层间留台人工倒土出土，在开挖过程中应严禁开挖断面将槽帮边坡挖出，槽帮边坡应不陡于规定坡度，检查时可用坡度尺检验，外观检查不得有亏损、鼓肚现象，表面应平顺。

槽底土壤严禁扰动，槽底原状土如被扰动后，在构筑物荷载作用下，将产生不均匀下沉，直接影响构筑物寿命。因此，挖槽在接近槽底时，要加强测量，注意清底，不要超挖。如果发生超挖，应按规定要求进行回填。槽底应保持平整，槽底高程及槽底中心每侧宽度均应符合设计要求。

开挖时应注意施工安全，操作人员应有足够的安全施工作业面，防止铁锹、镐碰伤，槽帮上的石块碎砖等应及时清走，沿沟槽每隔 50m 左右设一梯子供作业人员行走，上下沟槽应走梯子，槽下作业应戴安全帽。当在深沟内挖土清底时，沟上要有专人监护，注意沟壁的完好，确保作业的安全，防止沟壁坍塌伤人。每日上、下班前，均应检查沟槽有无裂缝、坍塌等迹象。

（二）机械开挖

机械挖土的特点是效率高，速度快，占用工期短，为了充分发挥机械施工的特点，提高机械利用率，保证安全生产，施工前的准备工作很重要。沟槽的开挖方法，多是采用机械开挖，人工清底的方法。

常用开挖机械特性及适用情况见表 7-15。

常用开挖机械特性及适用情况　　　　　　　　　表 7-15

机械类型	名　称	特　　征	适用情况
单斗式挖掘机	正铲	能开挖地面以上土方，挖方高度在 1.5m 以上，生产率高，适于装车外运。可用于冻土、砂卵石、漂砾、爆破石方、崩塌石方等开挖	大量土石方开挖，基坑开挖，深挖方渠道、溢洪道开挖，土料和石料开采，堆渣开挖等
	拉铲	能开挖地面以下及水下土石方，适于就地甩土，也可装车外运；开挖断面的误差较大	基坑、渠道开挖，水下砂砾料开采等
	反铲	能开挖不深的地面以下土方，可就地甩土或装车外运斗容量小，生产率较低	中小型沟渠和土方量不大的基坑开挖

机械类型	名 称	特 征	适用情况
单斗式挖掘机	抓铲	能抓取水下土方，开挖深度大；生产率低	井下及槽孔开挖，水下清基、清淤
	装载机	适用于松散土石的装车和搬运，运距不超过150m；也可开挖轻质土	采料场土石装车，轻质土的开挖及短距离搬运；配合爆破方法进行松散土石的装车
多斗式挖掘机	斗轮	可开挖地面以上土方、生产率很高，可就近卸土或装车外运；需先整平开行地面	大量土方开挖工程及土料开采
	挖沟机	可连续开挖不深的直立沟槽；可就地卸土或装车外运，需先平整开行地面	管沟开挖
挖运机械	铲运机	可完成轻质土的开挖、运输、铺土等工作，运距以500~800m为宜，车爬坡坡度不宜超过15%	渠道开挖和堤坝填筑，土料开采，场地不整，无地下水影响的基坑开挖工作
	推土机	适于50~80m运距以内的铲土和运土，或铺平土堆	清除表土，平整场地，坝面铺土，开挖不深的渠道，土料开采和辅助开挖
	开渠机	可连续开挖出小型沟渠，并将土堆置于两侧形成渠堤；但需先平整开行地面	小型沟渠开挖

开挖机械对土质的适应情况　　　　　　　　　　　表 7-16

开挖机械	砂 土	壤土及黏土	砂砾石	风化岩石	爆破块石
正铲挖掘机	√	√	√	√	√
拉铲挖掘机	√	○	√	○	×
铲运机	√	○	×	√	×
推土机	√	√	√	√	○
装载机	√	√	√	○	○
斗轮挖掘机	√	√	○	√	×

注：表中√—有效，○—可用，×—不适宜。

挖运机械所适应的土方量　　　　　　　　　　　表 7-17

机械名称	计算单位	年产量		全年作业天数
		单 位	指 标	
单斗挖掘机	每方斗容的挖土量	10^4m^3	5.5~11.0	150~200
铲运机	每方斗容在运距300m	10^4m^3	6~12	150~200
推土机	每马力推土量	m^3	160~320	150~200
倾卸汽车	每吨载重量的运输量	10^4m^3	1.2~2.8	200~250

　　1. 机械挖槽时，应保证槽底土壤不被扰动和破坏，一般来说机械不可能准确地将槽底按规定高程整平，设计槽底以上宜留20cm左右不挖，用人工清挖的方法挖至设计槽底。

　　2. 采用机械施工时，应事先向操作开挖机械的人员详细交底。交底内容一般应包括：挖槽断面尺寸（深度、槽帮坡度、宽度）、堆土位置、其他市政管线情况、地下构筑物及施工要求、电线高度等。会同机械操作人员制定安全生产措施。机械司机进入施工现场后，应听从现场指挥人员的指挥，对现场涉及机械、人员的安全情况及时妥善解决，确保安全。

3．机械作业期间，其他人员应离开工作区，确保施工现场安全。工作结束后，应将机械开到安全地带。机械操作和行驶应严格按照要求进行。

4．配合机械作业的土方辅助人员，如清底、平整、修坡人员，应在机械的回转半径以外操作，如必须在半径以内作业时，则应在机械运转停止后方许进入操作区，机上机下操作人员应密切配合。当机械回转半径内有人时，应严禁开动机械。

5．单斗挖土机不得在架空输电线路下工作，如在架空线路一侧工作时，与线路的安全距离，不得小于表7-18规定。

6．在有地下电缆附近施工时，必须查清电缆的走向并做好明显的标志，采用挖土机挖土时应严格保持在1m以外距离作业。其他各类管线，也应查清走向，开挖断面应与管线保持一定距离，一般不小于0.5～1m，以确保安全。

表 7-18

输电线路电压 （kV）	垂直安全距离 （m）	水平安全距离 （m）
<1	1.5	1.5
1～20	1.5	2.0
35～110	2.5	4.0
154	2.5	5.0
220	2.5	6.0

四、挖土与堆土注意事项

（一）挖土注意事项

在街道上挖土，无论工程大小，挖土时应在沟槽两端设立安全设施，如路障反光锥、警示牌等警告标志，在夜晚应悬挂红灯。

在施工期间，应设法保护与管道相交的其他地面和地下设施，根据不同情况相应采取看守、加固、迁移或突击施工等措施。

无论是人工挖土还是机械挖土，管沟挖土均应以设计管底标高为依据。要在整个施工期间，确保沟底土层不被扰动，不被水浸泡，不受冰冻，不遭污染。在无地下水时，挖至规定标高以上5～10cm即可停挖；当有地下水时，则挖至规定标高以上10～15cm，待下管前清底。倘若挖土与下管两工序之间配合得很紧密，上述规定是可以灵活掌握的。

挖土不允许超过规定高程，若局部超深应认真进行人工处理。当超深在15cm之内又无地下水时，可用原土回填夯实，其密实度不应低于95％；当沟底有地下水或沟底土层含水量较大时，可用砂夹石回填。

对于湿陷性黄土地区的沟槽开挖，首先应力求不在雨季施工，在施工时切实做好沟内积水的排除，开挖中应在沟槽底面以上预留3～6cm土层进行夯底，夯底后使沟底表层土的干容量一般不小于1.6t/m³。

（二）堆土注意事项

在沟槽开挖之前，应根据施工环境、施工季节和作业方式，制定安全、易行、经济合理的堆土、弃土、回运土的施工方案及措施。

沟槽每侧临时堆土或施加其他荷载时，应符合下列规定：

1．不得影响建筑物、各种管线和其他设施的安全。

2．不得掩埋消火栓、管道阀门、雨水口、测量标志以及各种地下管道的井盖，且不得妨碍其正常使用。

3. 人工挖槽时，堆土高度不宜超过1.5m，且距槽口边缘不宜小于0.8m。

4. 好土和弃土应分开堆放，好土便于回运回填，弃土便于装车运走。

5. 靠近建筑物或墙边堆土时，须对土压力与墙体结构承载力进行核算，严禁靠近危险房和危险墙堆土。

6. 在靠近电力电杆、高压线或变压器附近堆土时，须事先会同有关单位勘察确定堆土方案，满足安全距离需要。

7. 雨期堆土时，不得切断或堵塞原有排水路线，同时应注意防止雨水将堆土冲塌。

8. 冬期堆土时，应选在干燥地面处集中、大堆堆土，应便于从向阳面取土；应便于防风、防冻保温。

（三）沟槽的开挖质量要求

沟槽的开挖质量应符合下列规定：

1. 不扰动天然地基或地基处理符合设计要求；

2. 槽壁平整、边坡坡度符合施工设计规定；

3. 沟槽中心线每侧的净宽不应小于管道沟槽底部开挖宽度的一半；

4. 槽底高程的允许偏差：开挖土方时应为 ± 20mm；开挖石方时应为 + 20mm，
− 200mm。

五、沟槽开挖的季节性施工与特殊地质地段施工

（一）雨期施工

雨期施工，应尽量缩短开槽长度，挖槽见底后应立即进行下一工序，否则槽底以上宜暂留20cm不挖，作为保护层。

雨期挖槽时，应做好排水措施，常见措施有：

1. 应充分考虑因挖槽和堆土可能破坏了原有排水系统，造成排水不畅，要根据变化，做好排除雨水的设施和系统，防止雨水浸泡周围房屋和淹没农田及道路。

2. 为防止雨水进入沟槽，一般可在沟槽四周的堆土缺口（如运料工、下管口等）堆置挡土，使其闭合，在堆土向槽的一侧，应将土拍实，避免雨水冲塌，并挖排水沟，将汇集的雨水引向槽外。

3. 由于某些特殊需要，如防止管道漂浮或暴雨雨量集中，需考虑有计划地将雨水引入槽内时，宜每30m左右做一泄水簸箕口，以免冲刷槽帮，同时采取措施防止塌槽和管道漂浮等事故。

（二）冬季施工

1. 冬季施工开挖冻土方法，常用人工挖冻土方法和机械挖冻土方法。

人工挖冻土法是用人工使用大锤打铁楔子将铁楔子打入冻土层中，将冻结硬壳打开。开挖冻土前应制定必要的安全措施，严禁掏洞挖土。

机械挖冻土法，当冻结深度在25cm以内时，使用一般中型挖土机挖掘，冻结深度在40cm以上时，要在推土机后面装上松土器将冻土层豁开。

2. 防冻措施，常用松土防冻法和覆盖保温材料方法。

松土防冻法，在开挖沟槽每日收工前，不论沟槽是否见底都预留一层翻松的土壤防冻。

覆盖保温材料防冻法，是在需开挖土方或已挖完的土方沟槽上覆盖草垫、草帘子等保温材料，以使土基不受冻。

（三）流砂和针对流砂问题的施工措施

1. 流砂的成因

砂质土经水饱和后，受动水压力或其他外界的影响，使其土壤变为液体状态的现象叫做流砂现象。流砂现象通常在以下情况时发生：

（1）在地下水的渗透压力的作用下，形成的流砂现象。当地下水透渗过砂土层时，动水压力超过砂土颗粒在水中的自重以及相互之间的黏性骨架力时，砂的内摩擦力就将消失，处于浮悬状态，从而产生流砂现象。对于任何一种砂土，不论其成分或密度如何，在渗透压力影响下，均能变成流动状态。但施工实践中，粗砂和中砂很少发生流砂现象，而渗透性较小的粉砂、细砂和黏性差的砂质粉土等常常在动水压力下有流砂现象发生。

（2）在外振动的影响下，形成的流砂现象。疏松状态的砂，在外动力振动（如地震、爆破振动及机械振动等）的作用下，能使原有的疏松结构破坏，则疏松状态变为密实状态，砂的空隙率相应减少，因而孔隙中的水不能立即排除，土壤颗粒就被尚未排除的水分分开而成为悬浮状态，且易流动。但这样形成的流砂现象，在一般施工过程中很少遇到。

流砂形成的程度大体上分为四种状态：

A. 轻微的流砂现象——在沟底局部串砂。

B. 中等程度的流砂现象——一堆堆细砂从沟底部缓慢冒起。

C. 严重的流砂现象——从沟底的串砂速度加快，往往形成陷脚现象。

D. 涌土现象——沟底涌砂现象加快、沟底部土层升高，沟壁下塌，严重引起地面开裂、附近建筑倒塌、门窗变形。

2. 针对流砂问题的施工措施

选择适宜的施工季节，对于流砂地段的施工有着重要的意义。在可能的条件下，应当争取在全年地下水位最低的季节进行施工。这时由于动水压力的减低，在一些情况下可以避免流砂现象的发生，或者至少可以减轻流砂的严重情况。除此之外，在不同程度的流砂地段，可采取如下的相应措施：

（1）普通流砂现象

A. 在有流砂的地段，采取突击施工的措施，当沟槽挖成后立即下管，迅速填土。因为细砂、粉砂及砂质粉土在地下水的推动下，从原有稳定状态到发生流砂现象需要一定的时间，如果在这段时间内将主要工作干完，也就相应地防止了流砂现象的发生。

B. 在沟底铺上草袋，用木板压住，使流砂中的水分经草袋渗出排除，将砂稳定住。

C. 设置集水井，排除沟内积水。

D. 在沟槽两壁，用密支撑或短板桩进行加固，使水的渗透途径增长，以增大地下水的流动阻力，从而避免或减轻流砂现象。

其板桩打入沟底的深度，和地下水位、土质等因素有关，一般为地下水位和沟底间距离的 0.3~0.5 倍，但最小不小于 0.3m。打板桩需要打桩设备，技术上的困难较大，施工速度缓慢，不能适应一般性施工要求。所以，只有在特殊情况下才会采用这种措施。

（2）较严重的流砂地带

除上述突出施工措施外，可采用下述方法：

A. 在沟槽两侧打入长板桩来避免或减轻流砂现象。

B. 人工降低地下水位,也就是在开挖沟槽前,降低沿线地下水位,是防止流砂现象发生的有效措施。在管道施工中,通常采用井点系统的排水措施来达到上述目的,当水中含砂较重时,在井点上采用水力提升器的方式抽排水比较恰当。

(3) 发生涌土现象的地带

在发生涌土现象的地带开挖沟槽,可采取以下的相应措施:

A. 用井点排水系统来降低地下水位,使流砂无法形成。

B. 对于焊接钢管敷设的管道工程,可采用带水挖土、浮管法安装的措施。

C. 冻结法施工。将沟槽两侧,借助冷却原理造成一道冻结土的护墙,阻止地下水渗入沟槽内。但此方法工程费用较大,还需要专门的设备和药剂,只有在特殊紧急的工程中,才考虑采用。

(四) 淤泥和淤泥地带的施工措施

淤泥一般是存在于土中的含水量过大及土的孔隙比亦大的情况下。另外在黏性土壤的沟槽内施工时,若排水措施不良,操作方法不当,当土壤结构遭到破坏,也会形成淤泥状态。

在淤泥地带施工时,应采取以下的相应措施:

1. 切实做好沟底的施工排水。

2. 当淤泥不厚而较稠时,一般可以考虑快速挖除淤泥后,用装砂草袋堆填在沟壁两侧,加固沟壁,然后继续下挖。当淤泥层较厚且稠度较大时,应用打板桩将淤泥截断。

3. 沟槽表面层有淤泥,一般根据排水后淤泥层的厚度和稀稠程度,分别采用挖淤或挤淤方法。

由于淤泥的流动性大,承载力弱,人直接站在淤泥中难以作业,通常挖除淤泥时采用铺板挖淤法、铺土挖淤法及水簸箕挖淤法。在淤泥面层铺板,可使人体重量分散,适应淤泥承载力弱的特点;淤泥面层铺土可增强土层的承载力;人站在水簸箕上,利用水簸箕压在淤泥面层,使水、泥分离,增强泥层的承载力。

若淤泥稀软不易挖除或者仅要求在部分施工地段挖除淤泥,则可考虑填以干土挤掉淤泥,然后在新填的土层上开挖沟槽。淤泥层较厚时,则可以打板桩后开挖沟槽。

4. 若管子下面处于淤泥层上,应进行换土,将淤泥层挖除掉,另以砂夹石、碎石、干土等填入、夯实,作为人工垫层。

第四节　沟　槽　支　撑

一、支撑的作用与应用范围

支撑的作用是在沟槽(基坑)挖土期间挡土、挡水,保证沟槽开挖和基础结构施工能安全、顺利地进行,并在基础施工期间不对邻近的建(构)筑物、道路和地下管线等产生危害。

安有支撑的直沟槽,可以减少土方量,可以缩小施工面积,尽量少拆或不拆附近建筑物;在有地下水的沟槽里设置板桩时,板桩下端低于槽底,使地下水渗入沟槽的途径加长,起到一定的阻水作用。但安装支撑增加了材料的消耗,也给后续作业带来不便。因此，是否设置支撑，应根据沟槽的土质、地下水位、开槽断面、荷载条件等因素进行技术经济比较后决定。在给水管道施工中的沟槽，一般应尽量考虑不设支撑的方案。

采用支撑的条件是：

（一）施工现场狭窄且沟槽土质较差，深度较大时；

（二）开挖直槽，土层地下水较多，槽深超过1.5m，并采用表面排水方法时；

（三）沟槽土质松软有坍塌的可能，或需晾槽时间较长时；

（四）沟槽槽边距地上建筑物的距离小于槽深时，应根据情况考虑支撑；

（五）构筑物的基坑，施工操作工作坑为减少占地范围，采用临时的基坑维护措施，如顶管工作坑内支撑，基坑的护壁支撑等。

二、支撑的结构形式

做支撑的材料要坚实耐用，支撑的结构要稳固可靠，较深的沟槽应进行稳定性计算。支撑的材料可选用木材、钢材或钢材木材混合使用。

在保证安全的前提下，尽量节约用料，同时兼顾材料的重复利用。支撑构造不应对后续施工工序造成不便，力求支搭、拆除施工操作简便，安全可靠。

常见的支撑形式有：

（一）横撑

即撑板（挡土板）水平放置，然后沟两侧同时对称竖立方木（立木）再以撑木顶牢，横撑用于土质较好，地下水量较少处，横撑安设容易，但拆除时不大安全。

（二）竖撑

即撑板（挡土板）垂直立放，然后每侧上下各放置方木（横木）再用撑木顶牢，竖撑用于土质较差，地下水较多或有流砂的情况下。

（三）板桩

将板桩垂直打入槽底一定深度增加支撑强度，抵抗土压力，防止地下水及松土渗入，起到围护作用。板桩多用于地下水严重，并有流砂的地段。板桩根据所用材料分为木板桩、钢板桩以及钢筋混凝土板桩。

（四）横板柱桩撑

挡土板（横撑）水平横放钉在柱桩内侧，柱桩一段打入土中，柱桩外侧用斜桩支撑；或柱桩用拉杆与远处锚桩拉紧。横板柱桩多用于开挖较大基坑而不能支撑时，或用于槽壁坍塌临时处理的情况（见图7-5）。

（五）坡脚挡土墙支撑

当开挖宽度大的沟槽或基坑，部分地段下部放坡不足或槽底采用明沟排水、坡脚被冲刷可能造成坍塌时，常采取在坡脚处用草袋装土垒砌和打设短桩用横板支撑的方法（见图7-6）。

（六）地下连续墙

在地面上用一种特殊的挖槽设备，沿着深开挖槽边的周边，在泥浆护壁的情况下开挖一条狭长的深槽（0.8～1.0m宽，

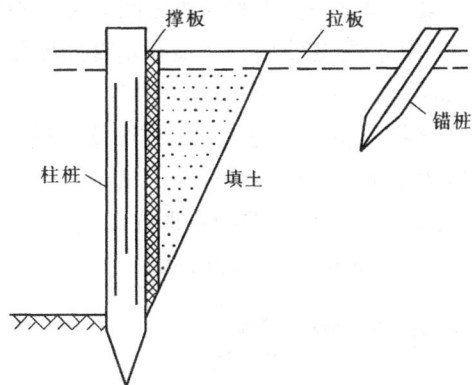

图 7-5

深度可达20~30m），在槽内放置钢筋笼灌混凝土，筑成一条地下连续的墙壁，供截水防渗、挡土或承重之用。地下连续墙技术可使新建的工程结构物在邻近原地方结构物处的地基不受破坏，不产生附加沉降。

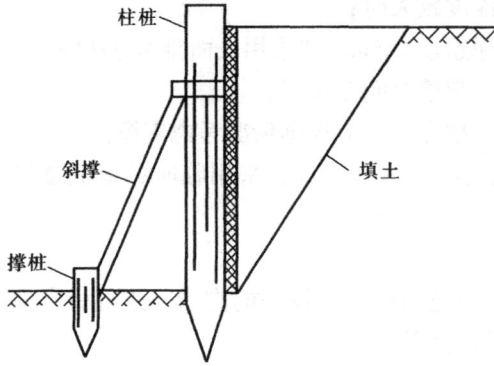

图 7-6

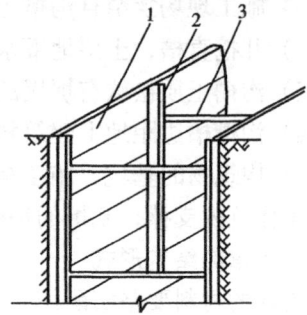

图 7-7 横排撑板
1—撑板；2—纵梁；3—横撑

三、木板支撑

以木材作为主要支撑材料，以木板作为撑板（挡土板）的结构形式通常称为木板撑。木板撑是应用较早的一种支撑方法，也是最基本的支撑方法，施工时不需任何机械设施因而应用较广，施工操作简便。因耗用大量木材，现逐渐被其他支撑方法所代替，但目前还是工地上经常使用的一种主要支撑方法。

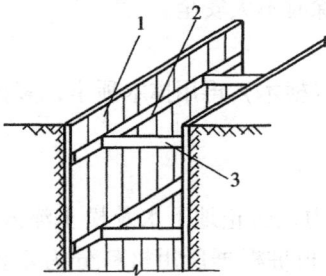

（一）木板撑的组成

支撑由撑板、纵梁或横梁、横撑等组成。支撑布置如图 7-7 和图 7-8 所示。

1. 撑板 指紧贴沟槽槽壁的挡土板，按安设的方法不同，分水平撑板和垂直撑板。撑板厚度不宜小于 50mm，长度不宜大于 4m。垂直撑板的长度应比沟槽的深度略长。

2. 纵梁或横梁 指纵向布置或横向布置的支撑撑板的

图 7-8 立排撑板
1—撑板；2—横梁；3—横撑

梁，也有将之称为垫板的。

纵梁或横梁是撑板和横撑之间的传力构件，按安设的方法不同，分为纵梁和横梁，纵梁和水平撑板配套使用，横梁和垂直撑板配套使用。横梁或纵梁宜为方木，其断面不宜小于 150mm × 150mm。

3. 横撑 指横跨沟槽，支撑纵梁或横梁的水平向杆件。横撑的长度和沟槽宽度有关，横撑宜为圆木，其梢径不宜小于 100mm。

（二）木板撑的主要结构形式及选用

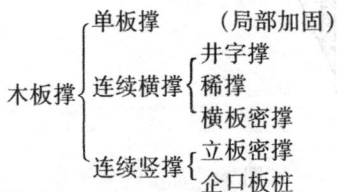

$$
木板撑\begin{cases}
单板撑\quad（局部加固）\\
连续横撑\begin{cases}井字撑\\稀撑\\横板密撑\end{cases}\\
连续竖撑\begin{cases}立板密撑\\企口板桩\end{cases}
\end{cases}
$$

1. 单板撑：一块立板紧贴槽壁，横撑撑在立板上，做为单独体，起局部支撑加固土壤作用，见图7-9。单板撑用于槽深1.5～2m，土质良好，地下水位低，不在雨期施工时；有时也用于槽上有地上建筑物或局部土质不好，需进行加固土壤之处。

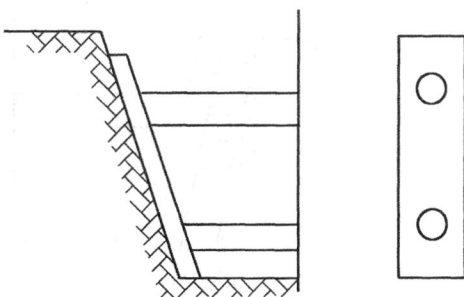

图7-9

2. 井字撑：两块横板紧贴槽壁，两块纵梁紧靠在横板上，横撑撑在纵梁上。见图7-10。

3. 稀撑：三至五块横板紧贴槽帮，用纵梁靠在横板上，横撑撑在纵梁上，见图7-11。稀撑用于黏土、亚黏土地段，地下水位不高，非雨期施工槽深超过5m的混合槽处使用，当直槽部分在砂土地段的混合槽时，直槽应是在地下水位以上部分。

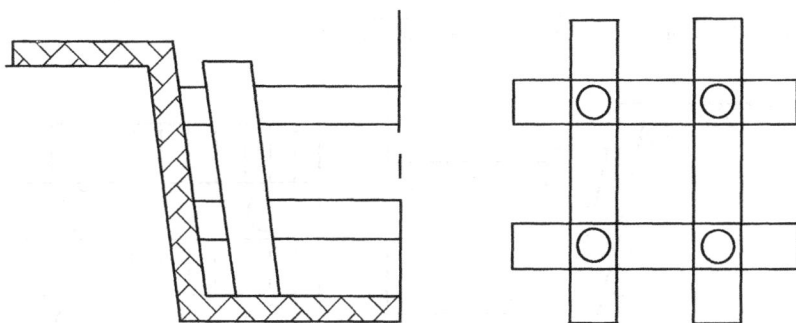

图7-10 井字撑

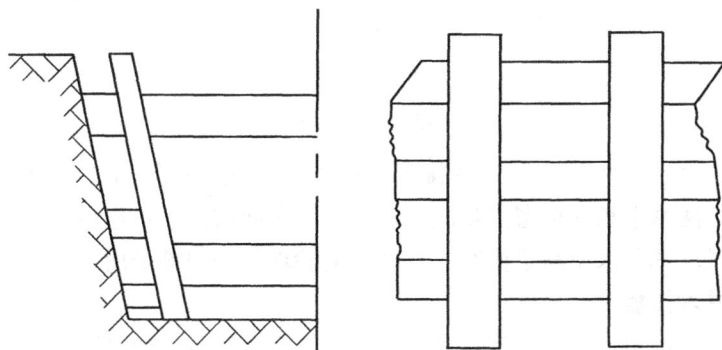

图7-11 稀撑

4. 横板密撑：基本同于稀撑，但横板为密排，紧贴槽帮，用纵梁靠在横板上，再用横撑撑在纵梁上，如图7-12。

5. 立板密撑：立板连续排列，紧贴槽帮，沿沟槽线用两根横梁靠在立板上，用横撑撑在横梁上。横板密撑、立板密撑均属密撑，但在材料许可时，应先选用立板密撑。密撑可用于砂土、炉渣土地段，虽然地下水位高，但透水性不良，且直槽深度不超过3m时使用；还可用于砂土、炉渣土地段混合槽的直槽部分，超过4m又在雨期施工或松动土壤情

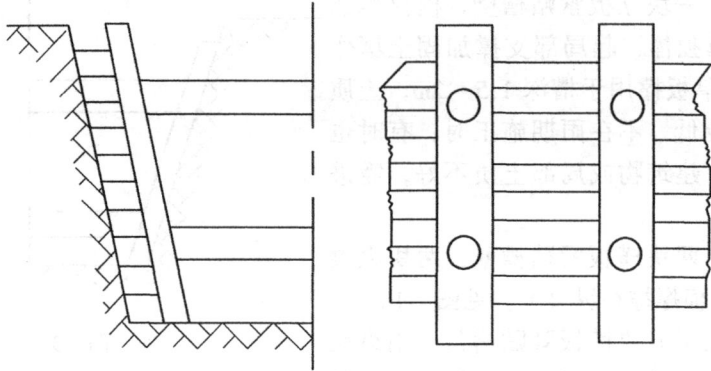

图 7-12　横板密撑

况下，其下部直槽尽量采用立板撑，如槽帮有坍塌情况时不得使用横板密撑，因拆除时不安全。另外在汽车便桥下的沟槽多用密撑，见图 7-13。

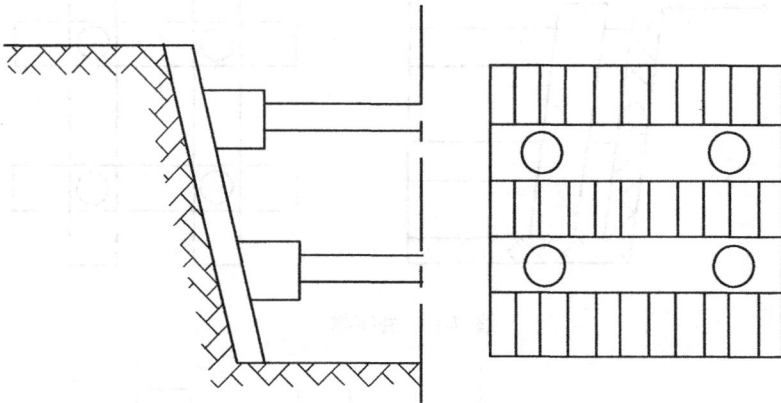

图 7-13　立板密撑

6. 企口板桩：用企口板桩沿线连续排列，撑板与撑板相接处做成企口，并在支撑时打入土中，支撑方法基本和立板密撑相同。由于撑板之间增加水封作用，因而企口板桩用于细砂、粉砂地段，地下水位高于槽底，有产生流砂现象的沟槽采用。

四、工字钢柱木撑板

以钢代木，充分利用工字钢的构造及力学特性，用工字钢作为纵梁，中间夹放木板作为挡土板的一种钢木混合结构。

五、钢板撑

钢板撑是将桩板垂直打入槽底一定深度，增加支撑强度，并可防止地下水渗入。目前常用的钢板桩为槽钢、工字钢或用特制的钢板桩。

在各种支撑中，钢板撑是安全度最高的支撑。因此在弱饱和土层中，经常采用钢板撑。

六、支撑须知

（一）支撑的施工质量

支撑的施工质量应符合下列规定：

1. 支撑后，沟槽中心线每侧的净宽不应小于施工设计的规定；

2. 横撑不得妨碍下管和稳定；

3. 安装应牢固，安全可靠；

4. 钢板桩的轴线位移不得大于50mm，垂直度不得大于1.5%。

（二）支撑和拆除支撑时的注意事项

1. 撑板支撑应随挖土的加深及时安装。雨期施工不得空槽过夜。

2. 沟壁铲除平整，撑板均匀地紧贴沟壁，当有空隙时，应填实。横排撑板应水平，立排撑板应顺直，密排撑板的对接应严密。

3. 撑板支撑的横梁、纵梁和横撑的布置应符合下列规定：

（1）每根横梁或纵梁不得少于2根横撑；

（2）横撑的水平间距宜为1.5～2.0m；

（3）横撑的垂直间距不宜大于1.5m。

4. 横梁、纵梁和横撑的安装，应符合下列规定：

（1）横梁应水平，纵梁应垂直，且必须与撑板密贴，连接牢固；

（2）横撑应水平并与横梁或纵梁垂直，且应支紧，连接牢固。

5. 采用横排撑板支撑，当遇有地下钢管或铸铁管道横穿沟槽时，管道下面的撑板上缘应紧贴管道安装；管道上面的撑板下缘距离管顶面小于100mm。

6. 支撑应经常检查，当发现支撑构件有弯曲、松动、移位或劈裂等迹象时，应及时处理。

7. 上下沟槽应设安全梯，不得攀登支撑。

8. 撑托翻土板的横撑必须加固。翻土板铺设应平整，其与横撑的连接必须牢固。

9. 在软土和其他不稳定土层中采用撑板支撑时，开始支撑的开挖沟槽深度不得超过1m。以后开挖与支撑交替进行，每次交替的深度宜为0.4～0.8m。

10. 拆除支撑前，应对沟槽两侧的建筑物、构筑物和槽壁进行安全检查，并应制定拆除支撑的实施细则和安全措施。

11. 拆除撑板支撑时应符合下列规定：

（1）支撑的拆除应与回填土的填筑高度配合进行，且在拆除后应及时回填；

（2）采用排水沟的沟槽，应以两座相邻排水井的分水岭向两端延伸拆除；

（3）多层支撑的沟槽，应待下层回填完成后再拆除上层槽的支撑；

（4）拆除单层密排撑板支撑时，应先回填至下层横撑底面，再拆除下层横撑，待回填至半槽以上，再拆除上层横撑。当一次拆除有危险时，宜采取替换拆撑法拆除支撑。

第五节 施 工 排 水

一、地下水对管道施工的影响

市政管道工程多为地下施工，开挖沟槽（基坑）如在地下水位以下时，因含水层被切断和地下水位的压力，地下水就不断渗入沟槽或基坑内，雨季施工时地面雨水也会流入沟槽，这时如果槽内积水不及时排除致使槽内积水、泥泞，不但使施工条件恶化，更为严重的是槽底基础土壤被水泡软后，扰动和破坏天然地基，降低地基的承载力，直接影响管道工程的质量。同时，在开挖沟槽时，由于地下水而可能产生流砂、塌方、滑坡、沟底隆起、冒水、管涌、土体松散等现象。因此在沟槽开挖前和开挖时，需进行施工排降水，使槽底干燥便于操作，并保持槽底不被扰动。凡为此而排除沟槽内的积水和降低施工区内地下水位所采取的施工措施统称为施工排水。

由此可见，施工排降水是管道施工中保证正常施工和保护基础不被破坏，确保工程质量所必需而又关键的工序，在开工前要合理地选择排水方案，并在施工中落实。

二、管道施工排水的要求及注意事项

（一）严防地基扰动

当管道全部或部分位于地下水位以下，施工时应合理选择排水方法，采取必要的措施，防止地基扰动，以确保施工质量。

（二）确保施工安全

所选择的施工排水方法，在实施之前必须了解清楚井位附近现有地下管道及地上构筑物的情况，确保施工安全。

（三）严防泡槽

施工排水应与其他工序紧密配合，以利于工程顺利进行。排水应连续进行，不得间断，严防泡槽。

（四）禁止在水中挖土

地下水位以下的沟槽，排降水准备工作必须在挖槽之前完成，避免在水中挖土。在刨槽见底、铺筑基础或其他工序中，禁止采用分段筑坝淘水进行倒段施工的方法。

（五）严禁淹没农田、建筑物或妨碍交通

在安排排降水施工方案时，应对施工现场地形变化，原有的排水路线等情况进行了解，对排出的地下水，必须合理安排排水的路线，确保农田、建筑物、道路、交通等不会被淹没。

三、施工排水方法

目前，消除地下水对施工的影响常用以下两种方法，一是将沟内水排至沟外，另一种是将地下水位降低，使沟槽处于无水状态。

（一）明沟与集水井排水

将从槽底和沟壁渗出的地下水排除槽外，主要采用的施工排水方法：

1. 明沟与集水井排水

在开挖沟槽（基坑）的一侧或两侧设置排水明（边）沟，每隔 20～30m 设一集水井，使地下水汇集于集水井内，再用水泵将地下水排除至沟槽外。排水沟深度应始终保持比挖土面低 0.4～0.5m；集水井应比排水沟低 0.5～1.0m，或深于抽水泵进水阀的高度以下，并随沟槽的挖深而加深，保持水流畅通，使地下水位低于开挖槽底 0.5m。水泵抽水应连续进行，直至基础施工完毕，回填土后方可停止。本法施工方便，设备简单，降水费用低，管理维护较易，应用最为广泛。适用于土质情况较好、地下水不很充足、一般基础及中等面积的基础和构筑物基坑（槽沟）的排水。

2. 分层明沟排水

当沟槽开挖土层有多种土组成，中部夹有透水性强的砂类土，为避免上层地下水冲刷沟槽下部边坡造成塌方，可在沟槽边坡上设置 2～3 层明沟及相应的集水井分层阻截并排除上部土层中的地下水。排水沟与集水井的设置，应注意防止上层排水沟的地下水溢流向下层排水沟，以致冲坏、掏空下部边坡，造成坍塌。本法可保持沟边坡稳定，减少边坡高度和扬程。适用于深度较大、地下水位较高，且上部有透水性强的土层的沟槽排水。

3. 深层明沟排水

若沟槽（基沟）相连，土层渗水量和排水面积大，为减少大量设置排水沟的复杂性，可在距沟槽边 6～30m 外或沟槽内深基础部位开挖一条纵长深的明排水沟作为主沟，使附近基坑沟槽地下水均通过深沟自行流入下水道或流入另设的集水井内用泵排到施工场地以外。本法适用于深度大的大面积地下室、箱基、设备基础群等施工时的降低地下水位。

4. 排水井排水

排水井又称集水井，沟槽汇集来的地下水都流入排水井，积水量达到一定水位深度，用泵抽走排除。

排水井的井壁宜加支护，当土层稳定、井深不大于 1.2m 时，可不加支护。

排水井内的排水设备主要有水泵、电机、胶管、出水闸阀、吊链等。

水泵、电机等使用时应放在坚实牢固的地方，并应有防寒、防雨设备。因而施工现场要搭设排水用棚，以保证排水机械正常工作。

（二）降低地下水位法

人工降低地下水位，使沟槽处于干燥土中，主要采用的施工方法有井点降水及深井泵排水。

1. 井点降水又叫轻型井点降水，是人工降低地下水位的一种方法。在开挖沟槽前，先进行井点降水工序，等水位降低后再行开挖，使沟槽内不至于出现水流和积水，也避免了流砂的产生。

具体做法是：在沟槽开挖前，沿沟槽一侧或两侧，将许多直径较细的井点地管埋入地下含水层内，井点管上端通过弯联管与总管相接，利用抽水设备将地下水从井管内不断抽出，便可将原有地下水位降至坑底以下，当含水层为粉土及砂质粉土、砂土层的沟槽土，渗透系数为 0.1～80m/日时，均适用井点排水。井点降水深度一般为 3.0～6.0m。

井点降水工作系统见示意图 7-14。

井点降水系统是由管道系统和抽水设备组成。

（1）管道系统包括井点管、弯联管和总管等。

井点管由井点滤网管、井管、沉砂管和堵头组成，目前采用较多的是 $DN25～50$ 的钢管，滤管的总面积一般不应少于滤管总表面积的 25%～30%。为了在滤管周围形成良好的过滤层，在滤管壁上需包扎滤网滤料。沉砂管是指在滤管最下端留有一段长 30cm 的管段不打滤眼，与滤管连为一体的部分，在滤管最末端用的丝堵或木塞将管端的管口堵住。

弯联管是指井点管和总管之间的连接管部分，目前常用 1.0～1.5m 的夹布橡胶管。

从各井点抽上来的水，经由总管汇集送到水泵站用水泵排走。总管一般为 $DN50～200$

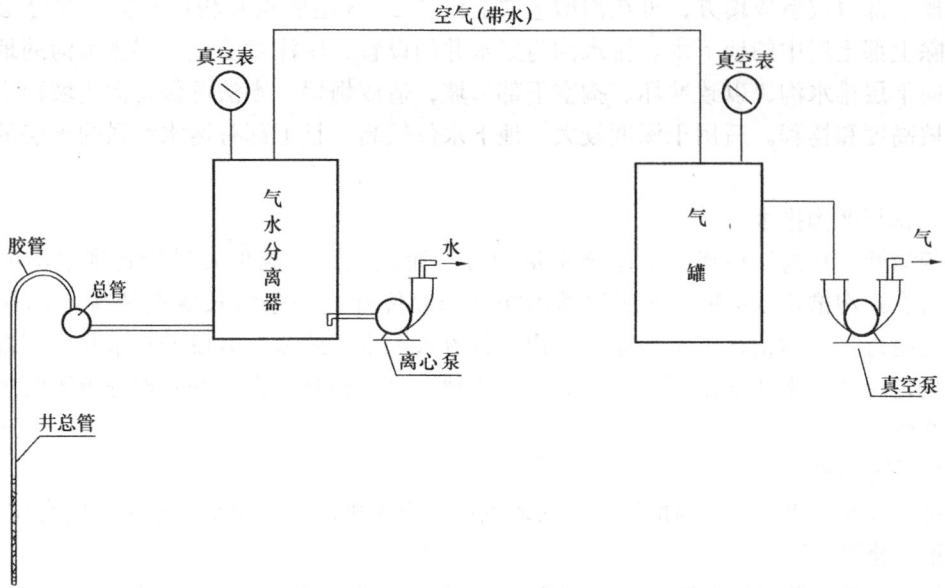

图 7-14

的钢管。在总管上每隔 0.8m 左右焊有与井点管径相同的短管管嘴，用以连接管井点。

（2）抽水设备

抽水设备包括真空泵、离心泵和水气分离器等。工作原理是利用真空泵造成管道内产生负压，地下水及气体被吸上来汇集到总管，再进入水气分离器，水被离心泵抽走排出，空气由真空泵排出。

2. 深井泵排水

深井泵排水系人工降低地下水位法的一种，即在沟槽开挖前，沿沟线每隔一定距离设置一个管井，每个管井单独用一台泵不断抽水来降低地下水位的方法。

当要求地下水位降落较深时（＞15m），可采用深井泵井点。此井点适用于含水量土层为砂土和砾石，土壤渗透系数在 10m/日，并且水位较高、水量较大，用一般井点不易达到降水目的时，宜选用深井泵排水。

深井泵排水系统的设备，主要是由管井、吸水管及水泵组成。根据管井材料，可分为钢管管井和混凝土管井，深井泵是在钢管管井上安装水泵。水泵可用潜水泵或深井泵排水。深井泵排水，降水深度为 15～25m，管井间距一般为 20～50m。

四、管道漂浮及防漂浮措施

（一）管道漂浮

当管道接口施工完毕后，管道形成一个整体，若是局部管段的沟内积水达到一定程度而管内尚未注水时，管道就有上浮的可能，这种上浮现象在施工中常称之为管道的浮管事故，或管道漂浮。

造成浮管的直接原因，就是沟内积水。积水的来源，一是沟外灌入的水，二是地下水位上涨。沟外灌入的水一般有三种途径：雨水流入沟槽、农田水灌入沟内、附近的污水串入沟中。

当然，沟内有水不等于就会漂管，只有沟内积水对管道所产生的浮力大于管道的自重时，才会出现浮管事故。

【例1】　公称口径 500mm 的铸铁管，外径 $D_H = 530$mm，内径 $D_y = 498$mm，每根管长 6m，管重 949kg，当管道淹没于水中，管内又未灌水时，问是否会发生浮管？

【解】　该管道每米长的自重为 $W_1 = 0.949/6 = 0.158$（t）

该管道每米长的上浮力为 $F = 0.785 D_H^2 \times 1 = 0.785 \times 0.53^2 \times 1 = 0.221$（t）

由于管道淹没于水中时的浮力大于管材的自重，所以会发生浮管。

【例2】　某输水管道采用预应力管，管内径 $D_y = 1000$mm，管外径 $D_H = 1150$mm，每根管子的有效长度 $L = 5$m，管材自重 4.7t。沟槽挖深 2.5m，地下水位离地面 0.7m，管道中间有 100m 长的管段，水平敷设。试问若管道上未回填土，沟内又不排水，能否出现浮管事故？

【解】　由于地下水位较高，沟内又不排水时，沟内水面必高出管顶。

管道所受上浮力 $F = 1.0 \times \pi/4 \times 1.15^2 \times 1 = 1.038$（t/m）

管材的自重为 $W = 4.7/5 = 0.94$（t/m）

由于单位管长上浮力大于管重，会发生浮管事故。

（二）防漂浮措施

如上例2所示，浮力 – 管重 = 1.038 – 0.94 = 0.098（t/m），这部分重量必须借助于外加压力，才能阻止管道上浮。阻止管道上浮的常用措施有三种：一种是沟槽内不间断地抽排积水，只要沟内无水就不会出现浮管事故；第二种是向管内预先灌水；另一种措施是管顶回填土。

向管内灌水，也是防止管道上浮的有效措施。对例2中所指的 100m 管段，只要灌水不小于 $0.098 \times 100 = 9.8$（t）时，管道就可以避免漂浮。

管顶回填土是防止管道漂浮的常用措施。在实际施工过程中，按试压要求接口部位不能在试压前回填，可以将管身的部分先回填，确保回填土的压力大于每根管上的（浮力 – 自重）部分，就可以确保管道不漂浮。

第六节　沟　槽　回　填

一、沟槽回填的重要性

城市给水管道主要采用沟槽埋设的方式，由于回填土和沟壁原状土之间不是一个整体结构，整个沟槽的回填土对管顶都存在一个作用力。给水管道设于地下时，一般不做人工基础，回填土的密实度要求虽严，实际上要达到这一要求并不容易，管道在安装及输水的初期一直处于沉降的不稳定状态。对土壤而言，这种沉降通常可分为三个阶段，第一阶段是逐步压缩，使受扰动的沟底土壤受重压，第二阶段是土壤在弹性限度内的沉降，第三阶段是土壤承受超过它弹性限度的压实性的沉降。

管道的沉降是管道垂直方向的位移，是管底土壤受力后变形所致，不一定是管基础的破坏。沉降的快慢及沉降量的大小，随着土壤的承载力、管道作用于沟底土壤的压力、管道和土壤接触面形状等因素的变化而变化，对于管道施工的工序而言，由于管材自重使沟底表层的土壤压缩，引起管道第一次沉降；在管道接口安装过程中，由于管道和土壤的接触面积变化引起第二次沉降；管道灌满水后，因管重变化引起第三次沉降；管沟回填土后，同样引起沉降。实践证明，整个沉降过程，不因沟槽内土的回填完成而终止，它还有一个较长期的缓慢的沉降过程，这就是第五次沉降。

如果管底土质发生变化，管接口及管胸腔回填土的密实度不好，就有可能发生管道的不均匀沉降，引起管接口的应力集中，造成接口漏水等故障，而这些漏水的发展又引起管基础的破坏，水土流移，反过来加剧了管道更严重的不均匀沉降，最后发生管道爆裂或接口填料冲脱。因此，在管沟底土质发生显著变化的区间，土质坚硬密实的一侧应埋设砂垫层，土质松软的一侧应埋设卵石垫层或木桩加固等措施，使两侧的土壤承载能力相差不多。大口径管道的断面大，胸腔土的回填极为重要，否则易因管道接口应力集中而变形、破裂。形成管底土层沉降的外力包括管材自重、管内水重、管上土重、地面上的动荷载等。

二、沟槽回填土的压实度要求

给水管道沟槽回填和压实的目的，除埋设管道后一般应恢复原地貌外，还应起到保护管道结构的作用。如果提高管道两侧（胸腔）和管顶的回填土压实度，可以减少管顶垂直土压力，若在沟槽回填土上修筑路面，还应满足土质路基压实度的要求。

（一）管道沟槽位于路基范围内时，管顶以上25cm范围内回填土表层的压实度不应小于87%，其他部位回填土的压实度应符合表7-19的规定。

沟槽回填土作为路基的最小压实度　　　　　　　　表7-19

由路槽底算起的深度范围（cm）	道路类别	最低压实度（%）	
		重型击实标准	轻型击实标准
≤80	快速路及主干路	95	98
	次干路	93	95
	支　路	90	92
80~150	快速路及主干路	93	95
	次干路	90	92
	支　路	87	90
>150	快速路及主干路	87	90
	次干路	87	90
	支　路	87	90

注：1. 表中重型击实标准的压实度和轻型击实标准的压实度，分别以相应的标准击实试验法求得的最大干密度为100%。
　　2. 回填土的要求压实度，除注明者外，均为轻型击实标准的压实度（以下同）。

（二）管道两侧回填土的压实度应符合下列规定：

1. 对混凝土、钢筋混凝土和铸铁圆形管道，其压实度不应小于90%；对钢管道，其压实度不应小于95%；

2. 矩形或拱形管渠的压实度应按设计文件规定执行，设计无规定时，其压实度不应小于90%；

3. 有特殊要求管道的压实度，应按设计文件执行。

（三）没有修路计划的沟槽回填土，在管道顶部以上高为50cm，宽为管道结构外缘范围内应松填，其压实度不应大于85%；其余部位，当设计文件没有规定时，不应小于90%。

处于绿地或农田范围内的沟槽回填土，表层50cm范围内不宜压实，但可将表面整平，并宜预留沉降量。

（四）回填的质量主要按回填土的压实度来控制

$$压实度 = \frac{所检测土样的干质量密度}{土地最满含水量状态下经标准击实方法得到的干质量密度} \times 100\%$$

三、回填施工及注意事项

（一）回填施工

回填土施工包括还土、摊平、夯实、检查等四个工序。回填施工符合下列规定：

1. 管道工程必须在隐蔽验收合格后及时回填。

2. 填土应在管道基础混凝土达到一定强度后进行；砖沟应在盖板安装后进行；现浇混凝土管渠在强度达到设计规定后进行。

3. 沟槽回填顺序，应按沟槽排水方向由高向低分层进行。

4. 沟槽两侧应同时回填夯实，以防管道位移。管道两侧和管顶以上 50cm 范围内的回填材料，应由沟槽两侧对称运入槽内，不得直接扔在管道上；回填其他部位时，应均匀运入槽内，不得集中推入。

5. 回填土时不得将土直接砸在接口或防腐层上。

6. 井室等附属构筑物周围的回填，应在砌体强度达到要求后进行，并与管道沟槽的回填同时进行。当不便同时进行时，应留台阶形接茬。井室周围回填压实时应沿井室中心对称进行，且不得漏夯；回填材料压实后应与井壁紧贴。

7. 有支撑的沟槽，填土前拆除支撑时，要注意检查沟槽及邻近建（构）筑物的安全。

8. 压力管道在水压试验前，除接口外，管道两侧及管顶以上回填高度不应小于 0.5m。

（二）回填土注意事项

1. 槽底至管顶以上 50cm 范围内，不得含有机物、冻土以及大于 50mm 的砖、石等硬块；在抹带接口处、防腐绝缘层或电缆周围，应采用细粒土回填。

2. 冬期回填时管顶以上 50cm 范围可均匀掺入冻土，其数量不得超过填土总体积的 15%，且冻块尺寸不得超过 100mm。

3. 回填土的每层虚铺厚度，应按采用的压实工具和要求的压实度确定，一般情况下，可按表 7-20 选用。

4. 回填土的含水量，宜按土类和采用的压实工具控制在最佳含水量附近。

5. 管道沟槽回填土，当原土含水量高且不具备降低含水量条件不能达到要求压

回填土每层虚铺厚度　　表 7-20

压实工具	虚铺厚度（cm）
木夯、铁夯	≤20
蛙式夯、火力夯	20～25
压路机	20～30
振动压路机	≤40

实度时，管道两侧及沟槽位于路基范围内的管道顶部以上，应回填石灰土、砂、砂砾或其他可以达到要求压实度的材料。当土壤含水量过大时，也可采取晒干、风干等其他方法处理，而过于干燥的土壤，应喷水回填。回填土壤的最佳含水量在无测定数据时，一般以手捏成团、落地松散为宜。

6. 碎块草皮和有机质含量大于 8% 的土，仅用于无压实要求的填方。

7. 回填土每层的压实遍数：应按要求的压实度、压实工具、虚铺厚度和含水量，经现场试验确定。

四、压实机械

回填土压实的方法分人工压实和机械压实两种。人工压实（夯实）适用于缺乏电源或机械不能操作到的部位，人工压实分石夯和木夯两种工具。常用的填土机械是推土机，压实机械有蛙式打夯机、内燃打夯机、压路机等，人工及机械压实均要沿着一定的方向进行，夯夯相接，行行相连，纵横交叉，分层夯打。

（一）木夯

木夯是最基本的一种夯实工具，目前主要用于较小口径管胸腔回填土的夯实，也可用于回填压实度要求不高的夯实。

（二）蛙式夯

蛙式夯机具轻便，构造简单，目前广泛使用。功率 2.8kW 的蛙式夯，在最佳含水量条件下，铺土厚度 20cm，夯击 3~4 遍，即可达到回填压实度 95% 左右。

（三）内燃打夯机

又称火力夯，是一种采用内燃机作动力的打夯机。其重量为 60~120kg，跳跃高度 30~50cm，启动后能自动连续点火，具有使用机动、灵活、方便、夯实能量大、夯实工效高的特点。内燃打夯机对于夯实沟槽、穴坑、墙边、墙角比较方便。但成本较高，操作者容易疲劳。

（四）推土机、拖拉机

它们是一种灵活的推土和牵引机械，也引用来压实土壤。它具有接触面大、行驶回转灵便的特点。推土机主要用于回填土方，同时又可平垫和碾压。

（五）压路机

填土工程中常采用轻型压路机，主要取决于压路机的压实能量和被压土的含水量。压路机的压实能量越大，最佳含水量也随之增大，压实影响深度也增大。压路机碾压的重叠宽度不得小于 20cm。压实时其行驶速度不得超过 2km/h。

第七节　管沟及支挡墩

一、管沟及套管

设置管沟的目的：当管线横跨公路、铁路、河流时，由于种种原因不允许开挖，则需要建管沟或套管将管道置于其中而通过。这种管沟有时内装一条管，有时数条，而且不一定全是管道，可包括电力、电讯、电缆等。在供水工程中管沟是一项很重要的构筑物。

管沟通常所用的材料：方沟一般用砖和混凝土；套管为钢管和混凝土管。

（一）管沟的分类及设置的条件

1.管沟按功能分为：通行式和不通行式两类。通行式管沟设置的标准：（1）当管沟（或套管）端部开挖抽出管道有困难时；（2）管沟长度大于 25m 时。其他情况采用不通行式，当管道所穿越的道路覆土小于 0.6m 时也采用不通行式。

管沟按结构分为：钢筋混凝土管、砖墙钢筋混凝土盖板方沟、钢筋混凝土方沟三种。

2.设置管沟的条件：凡不能开挖或不能开挖检修施工的地段均可使用。主要用于以下几方面：

（1）穿越铁路；

（2）立交桥的挡土墙及其快速路口；

（3）高速公路；

（4）过河或污水管道的下面；

（5）永久性建筑物（管道必须在其下面通过）或与构筑物距离过近（净距小于槽深）。

（二）管沟结构形式的选用

1. 当用顶管施工时，应首先选用钢筋混凝土套管；

2. 明槽施工时，应首先选用砖钢筋沟，混凝土盖板；

3. 钢筋混凝土方沟仅用于有特殊需要的明槽施工；

4. 管沟或套管的两端应做检查井，沟底坡度应不小于千分之一。坡度坡向检查井；

5. 不通行式管沟（套管）的直径或宽度应不小于管径加 0.4m；

6. 通行管沟（套管）的宽度应不小于管径加 1.2m，高度应不小于 1.1m（管下 0.5m，管上 0.6m）且总高度不小于 1.8m。

二、管道的支挡墩

支挡墩设置的原因是由于管内承受水压，从而在管件（三通、弯头、盖堵等）处产生各种不同的推力。特别是工序验收时，因为压力试验时水压较大，所以在这些部位形成的推力是较大的。而这些推力有时不是接口的粘接力所能抵抗的。尤其是现在通用的胶圈柔性接口更不能抵抗这些推力。因此要设置这些支墩来克服管内水压在该处产生的推力避免接口松脱，确保管道正常供水。但对于管径小于 $DN300$，或转弯角度小于 $5° \sim 10°$，且压力不大于 980kPa 的管线，因接头本身足以承受应力，可不设支墩。

（一）支墩的类别

支墩有以下几种常用类型：

1. 水平支墩：水平支墩是指水平方向的异形管支墩。按照异形管的类别又分为各种曲率的弯管支墩、管道末端的堵头支墩、管道分支处的丁字管支墩、管道分支处支管和主管不成垂直状态的斜式丁字管支墩。

2. 上弯支墩：管中线由水平方向转入垂直向上方向的弯管支墩。

3. 下弯支墩：管中线由水平方向转入垂直向下方向的弯管支墩。

4. 空间两相扭曲支墩：管中线既水平转向又垂直转向的异形管支墩。

图 7-15 是垂直向上弯管支墩示意图。

（二）支墩的施工方法和步骤

1. 支墩不应修建在松土上，平整好地基后，在用 MU7.5 砖、M10 混凝土水泥砂浆砌块石进行砌筑。遇到地下水时，支墩底部应铺 100mm 厚的卵石或碎石层。

2. 水平后背土壤厚度受到限制时，最小厚度应不小于墩底在设计

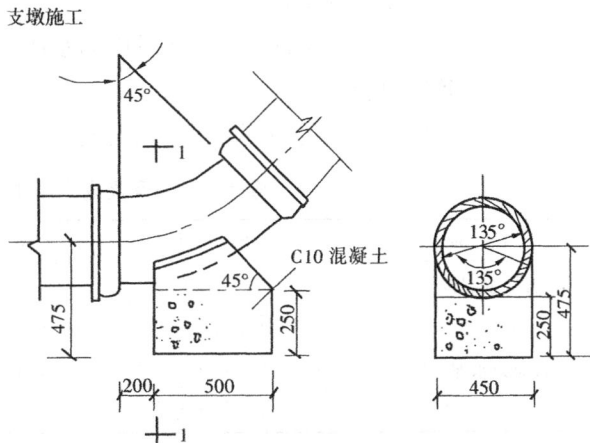

图 7-15　垂直向上弯管支墩

地面以下深度的 3 倍。

3. 支墩后背应为原土，两者应紧密靠紧，若采用砖砌支墩，原状土与支墩间缝隙，应以砂浆填密实。

4. 对于水平支墩，为防止管件与支墩发生不均匀沉陷，支墩与管件需设置沉降缝，缝间垫一层油毡。

5. 为保证弯管与支墩的一致性，向下弯管的支墩，可将管件上箍连接，钢箍以钢筋引出，与支墩浇筑在一起，钢箍的钢筋应指向弯管的弯曲中心，钢筋露在支墩外面部分，应具有不小于 50mm 厚的 1:3 水泥砂浆保护层；向上弯管的支墩应嵌进部分中心角不宜小于 135°。

6. 垂直向下弯管的支墩内的直管段应内包玻璃布一层，缠草绳两层，再包玻璃布一层。

（三）支墩施工的注意事项

支墩施工时，应注意以下几点：

1. 管径大于 700mm 的管线上选用弯管，水平设置时，应避免使用 90°弯管；垂直设置时，应避免选用 45°弯管。

2. 支墩的尺寸一般随着覆土深度的增加而减小。

3. 混凝土必须达到设计强度，方能进行管道水压试验。

4. 水平支墩试压前，管顶的覆土深度应大于 0.5m，回填土应分层夯实。

（四）支墩的受力计算

作用于支墩上的推力与管道的接口有关系，如果使用石棉水泥接口，因其粘接力的关系，有部分推力由接口负担。通常试验石棉水泥接口的粘接力每平方米 170t，折合每平方厘米 17kg。在设计支墩时应减去此部分阻力，但胶圈接口则无此作用。

1. 管道截面外推力的计算

对于刚性接口来说，考虑到接口的粘接力可承受内水压后，管道截面推力见下式：

$$P = 0.00785D^2(P_0 - KP_s)(N)$$

式中　P——管道截面计算外推力；

　　　P_0——试验压力（N/cm^2）；

　　　P_s——不同管径，不同填料可承受的内水压（N/cm^2）；

　　　D——管道口径；

　　　K——考虑到不均匀性等因素取用的安全系数（$K = 0.5 - 0.6$）。

管道接口可承受内水压 P_s 及 KP_s 值　　　　　　　　　表 7-21

管径（mm）	$P_s KP_s$ 值	400	500	600	800	1000	1200
石棉水泥接口（N/cm^2）	可承压力 P_s 值	135	98.0	79.0	57.0	45.0	40.0
	使用值 KP_s 值	70.0	55.0	48.5	38.5	31.0	25.0
自应力水泥接口（N/cm^2）	可承压力 P_s 值	162.0	117.6	94.8	68.4	54.0	48.0
	使用值 KP_s 值	80.0	66.0	57.0	45.8	37.0	29.0

2. 支墩天然土壁后背的安全核算

（1）后背受力面积

根据顶管需要的总顶力，核算后背受力面积，应使土壁单位面积上受力不大于下列土壤的允许承载力（kN/m²）：

一般土壤：

湿度较大的粉砂 10

比较干的黏土、亚黏土及密实的砂土 20

（2）后背受力宽度

根据顶管需要的总顶力，核算后背受力宽度，应使土壁单位宽度上受力不大于土壤的总被动土压力。后背每米宽度上土壤的总被动土压力（t/m）可按下式计算：

$$P = \frac{1}{2}\gamma h^2 \tan^2\left(45° + \frac{\phi}{2}\right) + 2C \times h \times \tan\left(45° + \frac{\phi}{2}\right)$$

式中 γ——土壤的重力密度（kN/m³）；

h——天然土壤后背的高度（m）；

ϕ——土壤的内摩擦角（度）；

C——土壤的黏滞力（kN/m²）。

根据上式计算的各种高度的每米宽度上总被动土压力部分成果分别算出不同口径的支墩尺寸在列表中可以查出，在实际施工中通过校核后直接运用。

（3）后背长度（沿后背受力方向）

核算后背长度可采用下列经验公式：

$$L = \sqrt{\frac{P}{B}} + l$$

式中 L——后背长度（m）；

P——支墩后背传来总推力（kN）；

B——后背受力宽度（m）；

l——附加安全长度（m）：砂土可取 2；黏砂土可取 1；黏土、砂黏土可取 0；或采用后背土体的厚度不小于自地面以下至支墩底脚深度的 3 倍。

第八章　管道安装与铺设

第一节　下　管

下管要在沟槽和管道基础验收合格后方可进行。为防止将不合格或已损坏的管材及管件下入沟槽，下管前应对管材进行检查与修补。管子经过检验、修补后，先在沟槽边排列成行（亦称排管），经核对管节、管件无误后方可下管。

供水管材为承插柔性接口（也称 R-R 接口，多指铸铁管、塑料管），在排管时宜将承口朝向施工前进的方向，同时，承口宜朝向供水流来的方向，并宜从地势较低处开始。

供水管材需做内、外防腐（多指焊接钢管）或有其他防腐要求，应经过防腐检验合格后方可排管和下管。

一、下管方法

下管的方法要根据管材的种类、管节的重量和长度、场地条件及机械设备等情况进行确定，一般分为人工下管和机械下管两种形式。

（一）人工下管

人工下管多用于重量不大的、口径偏小（300mm 以下）的中小型管子，或施工现场狭窄、不便于机械操作的情况，以方便施工和操作安全。可根据工人操作的熟练程度、管节长度与重量、施工条件及沟槽深浅等情况，考虑采用何种下管方法。常用的下管方法有压绳下管法、塔架下管法和溜管下管法。

1. 压绳下管法

压绳下管法在人工下管法中应用较为广泛，方式较多，有人工压绳下管法和立管压绳下管法等，如图 8-1，图 8-2 所示。它们的基本操作方法是在管子两端各套一根绳子，然后由人工再借助一些工具（如撬棍、立木或管子）控制绳子，使管子沿槽壁慢慢溜入沟底。

图 8-1　人工压绳下管法　　　　　　　图 8-2　立管压绳下管法

1—撬棍；2—下管大绳　　　　　1—放松绳；2—绳子固定端；3—立管；4—管子

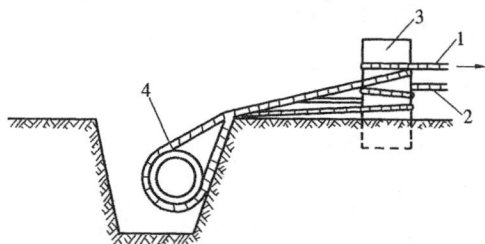

下管用的绳子应质地坚固，不断股，不糟朽，无夹心（其值选择可参考《给水排水工程施工实用手册》）。

2. 塔架下管法

利用装在塔架的吊链进行下管，方法是先将管子滚至架下横跨沟槽的横梁上，然后将它吊起，撤掉横梁后，将管子下放到沟底。塔架的种类有门字塔架、三角塔架、四角塔架及高凳等，如图8-3所示。

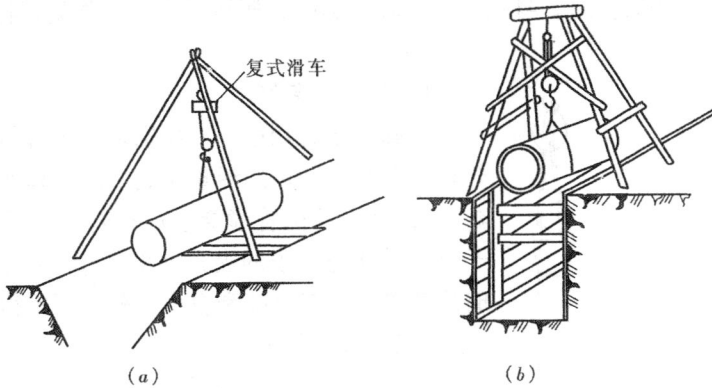

图 8-3　塔架下管法

(a) 三角塔架下管；(b) 高凳下管

3. 立管溜管法

将由两块木板组成的三角木槽斜放在沟槽内，管子的一端用带有铁钩的绳子钩住管子，绳子的另一端由人工控制将管子沿木槽溜入沟槽内。

(二) 机械下管

机械下管一般是用汽车式或履带式起重机械进行下管，机械下管有分段下管和长管段下管两种方式。分段下管是利用起重机械将管子分别吊起后下入沟槽内，这种方式适用于大口径的铸铁管和钢筋混凝土管。长管段下管是将钢管节焊接连成长串管段，用 2~3 台起重机联合起重下管。

机械下管注意事项：

1. 机械下管时，起重机沿沟槽开行距沟边间隔不小于 1m 的距离，以避免沟壁坍塌；

2. 吊车不得在架空输电线路下作业，在架空线路附近作业时，其安全距离应符合当地电业管理部门的规定；

3. 机械下管应有专人指挥。指挥人员必须熟悉机械吊装的有关安全操作规程和指挥信号，驾驶员必须按照信号进行操作；

4. 绑（套）管子应找好重心，平吊轻放，不得忽快忽慢和突然制动；

5. 起吊及搬运管材、配件时，对于法兰盘面、非金属管材承插口工作面、金属管防腐层等，均应采取保护措施，以防损坏。吊装闸阀等配件，不得将钢丝绳捆绑在操作轮及螺栓孔上；

6. 在起吊作业区内，任何人不得在吊钩或被吊起的重物下面通过或站立；

7. 管节下入沟槽时，不得与槽壁支撑及槽下的管道相互碰撞；沟内运管不得扰动原状基础。

二、管材的运输、装卸和堆放

(一) 管材的运输

管材在长距离运输过程中，应捆绑牢固，防止滚动和相互碰撞。如非金属管材可将管

145

子放在有凹槽或两侧钉有木楔的垫木上，管子之间用软物质（塑料制品、草垫、麻袋等）隔开。已做好外防腐的钢管在运输中应采取一定措施防止防腐层受损。

短距离的现场搬运严禁在地面上拖、拉管子，以防止划伤管身，影响管道使用寿命。尤其是塑料管材划伤后会对管身强度产生较大影响，搬运时应尽量避免管材在坚硬或碎石地面上滚动。

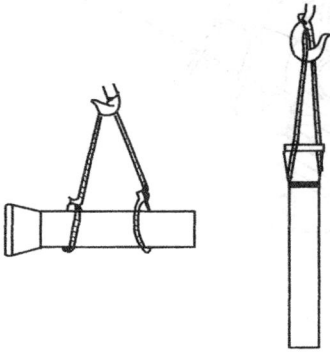

图 8-4

（二）管材装卸

装卸管子宜用吊车，特别是金属管材和钢筋混凝土管材。捆绑管子可用绳索兜底平吊或套捆立吊，如图8-4，不得将吊绳由管膛穿过吊运管子。采用兜底平吊管子时，吊绳与管子的夹角一般大于45°为宜。装卸管子时严禁管子相互碰撞和自由滚落，更不得向地面抛掷。

（三）管材的堆放

管子堆放的场地要平整，不同类别和不同规格的管子要分开堆放并做好标识。为方便材料进出，堆放时应留出通道。

较小管径的金属管材可以纵横交错摆放成垛，用木块垫好以免管子滚动。非金属管材应用垫木垫起，每层管子之间的垫木必须上下对齐在一条直线上，每根管子的两块垫木间距宜为0.6倍的管子长度。各类管子的堆放高度不宜过高，并采取一定措施防止管子滚动、滑落。

三、稳管

稳管是将管子按设计高程和位置，稳定在地基或基础上。

下管稳管时，控制管道的轴线位置和高程十分重要，是工序检查验收的主要项目之一。管道轴线位置的控制常用中心线法和边线法，高程控制是沿管线每10～15m埋设一坡度板（又称龙门板、高程样板），板上有中心钉和高程钉，如图8-5所示，利用高程板上的高程钉进行控制。

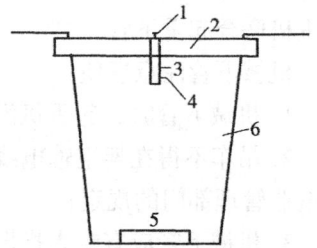

图 8-5　坡度板
1—中心钉；2—坡度板；3—立板；
4—高程钉；5—管道基础；6—沟槽

（一）高程控制

在稳管前由测量人员将管道的中心钉和高程钉测设在坡度板上，两高程钉之间的连线即为管底坡度的平行线，称为坡度线。坡度线上的任何一点到管内底的垂直距离为一常数，称为下反数。稳管时用一木制样尺（或称高程尺）垂直放入管内底中心处，根据下反数和坡度线则可以控制高程。样尺高度一般取整数，以50cm一档为宜，使样尺高度固定，不宜搞错。

坡度板应放置在稳定地点，每一管段两头的检查井处和中间部位放测的三块坡度板应能通视。坡度板必须经复核后方可使用，在挖至地层土、做基础、稳管等施工过程中应经常复核，发现偏差及时纠正，放样复核的原始记录必须妥善保存，以备查验。

（二）轴线位置控制

1．中心线法

在连接两块坡度板中心钉之间的线上挂一垂球，在管内放置一块带有中心刻度的水平尺，当垂球线与水平尺的中心刻度相吻合时，表示管子已居中，如图8-6所示。

2．边线法

即在管子的同一侧，钉一排边桩，边桩高度接近管中心处。在每一边桩上钉一个小钉，使其位置与管道轴线的水平距离为一常数。稳管时，在边桩的小钉上挂上边线，使管道外壁与边线保持平行，则管道即处于中心位置，如图8-7所示。

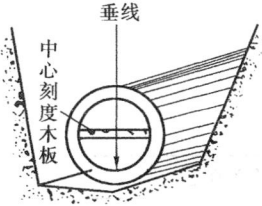

图 8-6

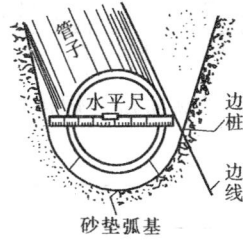

图 8-7

第二节　钢　管　安　装

钢管具有抗弯、抗扭强度及抗应变性能均比铸铁管和预应力钢筋混凝土管强，能耐高压，韧性好，管壁薄，重量轻，运输方便，管材长，接口少。钢管比球墨铸铁管的价格高，耐腐蚀性能差，使用寿命短。适用于长距离输水管道及城市中的大口径给水管道、室内管道及各种工艺管道。

一、钢管及管件的检验

如果是制造厂生产的钢管及管件，应具有厂家的合格证明书，否则补作以下各项中所缺项目的检验，其指标均以国家或部颁技术标准确定。

（一）钢管的表面要求

1．钢管表面应无显著锈蚀、无裂纹、重皮和压延等不良现象；

2．各类管子的材质、规格应符合设计要求，进场的钢管应逐根量测、编号、配管。选用其壁厚相同及管径相差最小的管节组合，以备对接；

3．表面不得有超过壁厚负偏差的凹陷和锈蚀；

4．管材表面不得有机械损伤。

（二）钢板卷管尺寸的允许偏差

《给水排水管道工程施工及验收规范》的规定：

直焊缝卷管管节几何尺寸允许偏差见表8-1。

直焊缝卷管管节几何尺寸允许偏差　　　　　　　　　表 8-1

项　　　目	允　许　偏　差　（mm）	
周　　　长	$D \leqslant 600$	±2.0
	$D > 600$	$±0.0035D$
直　　　径	$±0.001D$，相邻两节管口直径之差不得超过4mm	
圆　　　度	管端$0.005D$；其他部位$0.01D$	

147

项　　　目	允　许　偏　差　(mm)
端面垂直度	$0.001D$，且不大于 1.5
弧　　　度	用弧长 $\frac{1}{6}D$ 且不小于 300mm 的弧形板量测与管内壁或外壁纵缝处形成的间隙，其间隙为 $0.1t+2$，且不大于 4；距管端 200mm 纵缝处的间隙不大于 2

注：1. D 为管径 (mm)，t 为壁厚 (mm)；
　　2. 圆度为同端管口相互垂直的最大直径与最小直径之差；
　　3. 螺旋焊缝管可参照本表执行。

（三）焊接的外观质量及焊接缺陷（参照表 8-2）

管道焊接的施工要点　　　　　　　　　　　　　　　　　　　　　表 8-2

施工阶段	焊接施工要点及有关规定
管道焊前准备	1. 管道内泥、污垢等物清理，管口边缘和焊口两侧 10～15mm 范围内的表面除锈、露出金属光泽 2. 坡口的加工：在毛料卷圆前应进行，它能提高焊缝强度 　(1) 当管壁厚度>4mm 时，需对焊接管端进行坡口处理，坡口上部夹角为 60°～70°，靠里皮边缘上应留 1.0～4.0mm 宽的钝边 　(2) 气焊切割加工坡口的方法：适合Ⅲ、Ⅳ级焊缝的坡口加工，加工后除净表面氧化皮，磨削凹凸不平处 　(3) Ⅰ、Ⅱ级焊缝若采用等离子弧切割时，需先除净加工表面的热影响层，机械加工适合Ⅰ、Ⅱ级焊缝和高压管道的坡口加工 3. 焊前预热：降低或消除焊接接头的残余应力，防裂纹产生、改善焊缝的热影响区的金属组织与性能，由材料的淬硬性、焊件厚度及使用条件、施焊时的环境温度等综合考虑钢管焊前的预热 4. 椭圆度：用圆弧样板检查卷圆钢管的椭圆度。纠正椭圆度的方法是在卷板机上再滚若干次，或在弧度误差处使用焊枪加热矫正 5. 焊工：须持证上岗（即取得施焊范围的合格资质证）焊接地下压力钢管通常采用手工电焊。焊接工具和下管机械的配备、检验 6. 焊条：按出厂说明书进行烘干，使用过程须保持干燥；焊条药皮应无脱落和显著裂纹；焊条材料与被焊材料相同或基本相近（指焊条的化学成分、机械强度、工作条件及工艺性）；质量符合国标《碳钢焊条》、《低合金焊条》的规定。
管道的焊接	1. 焊缝的要求 　(1) 当管径≤800mm 时，采用单面焊，管径>800mm 时，采用双面焊 　(2) 纵向焊缝应放在管道中心线上半圆的 45°左右 2. 对口的要求 　(1) 各管节对口时，纵向焊缝应错开，其间距：当 DN<600mm 时，C 不小于 100mm，当 DN≥600mm 时，C 不小于 300mm 　(2) 有加固环的钢筋，在加固环对焊时，对焊焊缝与管节纵向焊缝应错开不小于 100mm 的间距，加固环距管节的环向焊缝不小于 50mm，管接口距离弯管的起弯点不小于 DN、且不小于 100mm 　(3) 对口时，内壁要平齐，用长 400mm 的直尺在接口内壁周围顺序贴靠，其错口的允许偏差为 0.2δ（δ 为壁厚），且不大于 2mm，不同壁厚的管节对口时，管壁厚度不大于 3mm，当>3mm 时，应将接口边缘削成坡口，使壁厚一致，坡口切削长度为 4($\delta_1-\delta_2$)。如果两管径相差大于小管管径的 15%时，可用渐缩管连接，渐缩管的长度不小于 2(DN_1-DN_2)，且不小于 200mm。严禁在对口间隙帮条夹焊或用加热法去缩小间隙及强力接口 　(4) 环向焊缝距支架净距不小于 100mm，直管管段两相邻环向焊缝的间距不小于 200mm，管道任何位置不得有十字形焊缝。 3. 开孔要求 　(1) 管道上任何位置不得开孔 　(2) 干管的纵向、环向焊缝处，不得接支管或开孔，必须开孔时，焊缝经无损探伤检查合格后才行 　(3) 直线管段不宜加短节，必须加短节时，其长度不大于 800mm，且严禁在短节和管件上开孔 4. 闭合焊接：组合钢管固定口焊接，夏季应在气温较低时焊焊（不高于 30℃）。两管节间的闭合焊接，除按以上规定焊接外，必要时与设计院洽商，设柔性接口代替闭合焊接（设伸缩节） 5. 点焊要求：钢管对口检查合格后，进行点焊，且应符合下列规定 　(1) 点焊对称性应与第一层焊接厚度相近，并用与接口相同焊条 　(2) 钢管的纵向焊缝及螺旋焊缝处不得点焊 6. 寒冷的冬季焊接要求：（或在恶劣的环境下的焊接） 　(1) 清除管道上的冰、雪、霜等 　(2) 工作环境的风力不大于 5 级，相对湿度>90%或雪天时，不加保护措施的不得施焊 　(3) 冬季焊接应采取预热措施；一般在 5℃以上施焊

施工阶段	焊接施工要点及有关规定
焊后检验	1. 无损探伤检验：有特殊要求需要作无损探伤检验时，其取样数量与要求等级按设计规定执行，凡不合格的焊缝必须返修，返修后仍按原规定方法进行探伤检验。返修的次数不得超过 3 次 2. 检查前应将妨碍检查的渣皮、飞溅物清理干净 3. 应在油渗、无损探伤、水压试验前进行外观检查、试压后，补作防腐绝缘层 4. 管径≥800mm 的，应逐口进行焊缝油渗检验，不合格的铲除重焊 5. 焊缝的外观质量要求见表 8-3 6. 焊后要进行热处理

1. 焊接的外观质量可参照表 8-3。

焊缝外观质量指标　　　　　　　　　　　　　　　表 8-3

项　目	指　　　标
外　观	不得有熔化金属流到焊缝外未熔化的母材上，焊缝和热影响区表面不得有裂纹、气孔、弧坑和灰渣等缺陷；表面光顺、均匀、焊道与母材应平缓过渡。根部应焊透
宽　度	应焊出坡口边缘 2~3mm（指加强面）
表面余高	小于等于 1 + 0.2 倍坡口边缘宽度且不大于 4mm
咬　边	深度小于等于 0.5mm、焊缝两侧咬边总长不得超过焊缝长度的 10%，且连续长不大于 100mm
错　边	小于或等于 0.2t，且不大于 2mm
未焊满	不允许

注：t 为壁厚（mm）。

2. 因操作不当，在焊逢处留下各种缺陷见图 8-8。

检查焊缝前，应清理干净表面的渣皮、飞溅物，以免影响焊缝的检验。

3. 卷焊钢管纵缝检查除了用肉眼或放大镜来观察其焊缝的严密性、均匀性外，还配以检测的手段，其方法是：

（1）油渗：≥800mm 的要逐口作油渗检验，不合格的铲除重焊。可用煤油、荧光法等毛细检查，即在焊缝一侧涂刷大白浆，焊缝另一侧涂刷煤油，经过一定时间后，大白浆面上若渗出煤油斑点，则表面焊缝质量有缺陷。

（2）氨检：氨气类等的化学检查。即在管子中通入 10% 的氨气体，在外壁焊缝上贴一条比焊缝略宽的硝酸汞溶液的试纸，若试纸从某处呈黑色斑点，则说明该处焊缝不严，有氨气泄漏。

（3）无损探伤：用 x、γ 射线，或超声波、磁波等方法作无损探伤。

（4）水压试验：是对管子强度、严密性检查，在规定时间内，必须符合设计要求和规范规定的参数值，具体要求、作法见第十章第一节内容介绍。

（四）管道及管件内、外全系统检验

1. 对管道部件、附件、垫片、填料等的清洗、脱脂、工作环节、全部记录的检验。

2. 管道坡度应按设计要求和规范规定施工，可在系统内每 100m 直线管段内抽查 3 段，不足 100m 的可不少于 2 段抽查，并做好水平测量记录。

3. 管道接口严密。

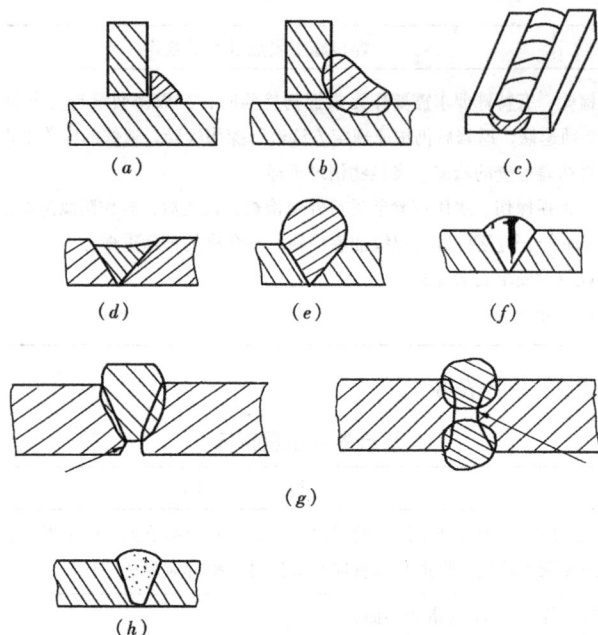

图 8-8　焊接缺陷

（a）咬边；（b）焊瘤；（c）弧坑；（d）焊缝下陷；（e）焊缝凸鼓；
（f）焊缝裂缝；（g）没焊透；（h）内裂缝

4. 管道外观检验以每 50m 一处抽查。钢管防腐参见第九章第二节内容。

5. 管件抽查、检验率按系统内件数的 10%，但不少于 5 件。其中应包括最大公称直径的部件。

伸缩器的抽查率为全系统内件数的 30%，但不少于 2 件，要求平直、不扭曲、表面不出现裂纹、重皮和麻面等缺陷，外圆弧均匀。弯管的椭圆率、折皱平面度、伸缩器长度的允许偏差和检验方法见表 8-4。

弯管的椭圆率、折皱平面度、伸缩器预拉伸长度允许偏差　　　　　　表 8-4

项 次	项 目			允许偏差 （mm）	检 验 方 法
1	弯 管	椭圆率	DN150mm 以内	10%①	用外卡钳和尺量检查
			DN400mm 以内	8%②	
		折皱不平度	DN125mm 以内	4	
			DN200mm 以内	5	
			DN400mm 以内	7	
2	伸缩器预拉伸长度	套筒式和波形		+ 5	检查预拉伸记录
		Π、Ω 形		+ 10	

①、②指管子最大外径与最小外径之差与最大外径之比。

150

6. 检验合格后方可下管，入沟槽后若有碰撞损伤的，要标出记号，并及时修补。

（五）下管及管道放线检验

1. 组合钢管的管段在下管前对管段的长度、吊距位置确定应由施工方案、管径、壁厚、外防腐材料、下管方法、安全、环境等确定。

钢管道安装允许偏差 表8-5

项　　目	允许偏差（mm）	
	无压力管道	压力管道
轴线位置	15	30
高　程	±10	±20

2. 管道坐标、标高的允许偏差和检验见表8-5。

按系统检查管道的起点、终点、分支点和变向点，以及各点之间的直线管段。室外以每50m抽查一点，不足50m的不抽查。

3. 水平管道纵、横方向弯曲的允许偏差为1mm/m。

4. 管道安装工作如有间断，应及时封堵敞开的管口。

5. 管节下沟前先检查内外防腐层，合格后方可下管。

二、钢管连接

（一）钢管对口

1. 不同壁厚钢管的对口。参见图8-9。

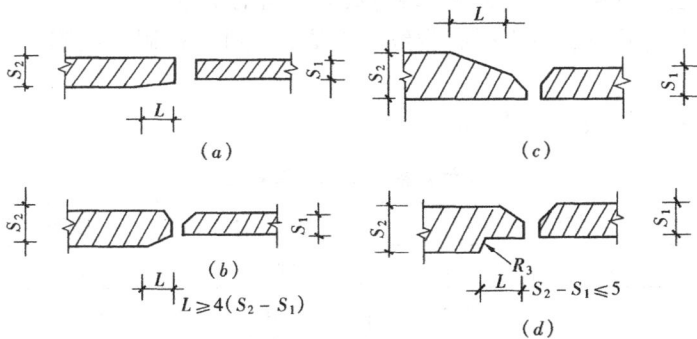

图 8-9 不同壁厚钢管对口的坡口

2. 不得强力对口。当存在间隙偏大、错口、不同心等缺陷时，不得强力对口，也不得用加热伸长管子或加扁铁、多层垫等方法去连接管道，管端接口间隙不得超过表8-6规定的尺寸，若超过，则应加入短管去连接。

管端接口的最大间隙 表8-6

管壁设计厚度 δ（mm）	6~9	9以上
间　隙 L（mm）	1.5~2.5	2.5~3.0

3. 管道对口组对工具见图8-10和图8-11。

（二）垫管

1. 管子对口后应垫牢固，避免焊接或

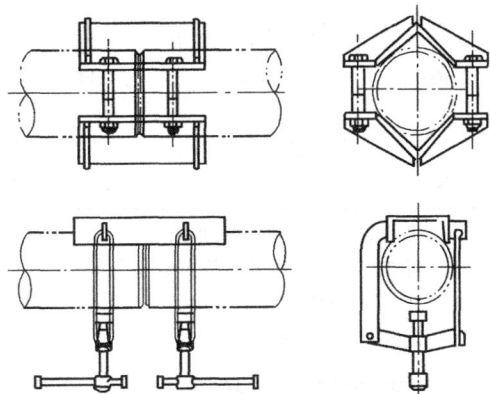

图 8-10 小管径管道组对工具

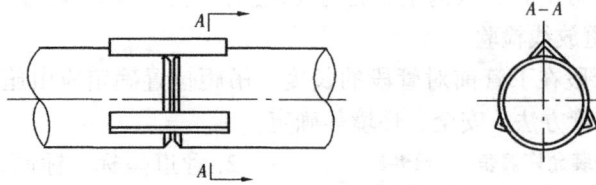

图 8-11　大管径管道的组对

预热过程中产生变形，也不得扳动管子或使管子悬空，处于外力作用下施焊。

2. 钢管若在基岩或坚硬地基上埋设，需加砂或砂砾垫层，垫层的厚度不小于 10cm。90°弧基也应铺砂垫层。

（三）接口焊接

1. 点焊：参照表 8-2。一般分上、下、左、右四处定位焊，最少不应少于 3 处。

2. 定位点焊后，检查与调直，若发现焊肉有裂纹等缺陷，应及时处理。

3. 转动焊接，减少仰焊，提高速度，保证焊接质量。

4. 用电弧焊进行多层焊时，焊缝内堆焊的各层，其引弧和熄弧的地方彼此不应重合。焊缝的第一层应呈凹面，并保证根部焊透，中间各层要把两焊接管的边缘全部结合好，最后一层应把焊缝全部填满，并保证自焊缝过渡到母材的平缓。

5. 每道焊缝均应焊透，且不得有裂纹、夹渣、气孔、砂眼等缺陷。焊缝表面形成良好。

6. 钢管焊接接头焊条消耗量，可参考表 8-7。

钢管焊接接头焊条消耗量　　　　　　　　　　表 8-7

| 管　径 | 每个接口焊条消耗量 | | 管　径 | 每个接口焊条消耗量 | |
(mm)	（根）	（kg）	(mm)	（根）	（kg）
75	4.1	0.23	700	55.2	3.07
100	5.4	0.30	800	63.1	3.51
150	7.9	0.44	900	93.1	5.18
200	10.4	0.58	1000	103.4	5.74
300	15.4	0.86	1200	124.1	6.89
400	20.5	1.14	1500	194.2	10.79
500	36.1	2.01	1800	291.0	16.17
600	43.3	2.41	2000	321.3	17.83

注：1. 焊条型号（E4303）酸性焊条。

　　2. 每 5kg 一包，焊条根数约为 90 根。

　　3. 按 V 形坡口计算。

　　4. 厚壁管应另行计算。

（四）钢管的法兰连接

钢管常用法兰连接，其优点是结合面的密闭性好，强度高。

1. 连接要点

(1) 根据管径、管道工作压力及拆卸方便，易于加工等，按设计要求选定法兰。

(2) 不宜用在埋地管上，因螺栓易锈蚀，拆卸也困难。

(3) 法兰的密封性。

1) 观测检查法兰的密封面及密封垫片，是否有影响密封性能的缺陷存在。

2) 密封面与管子中心线垂直，其偏差不得大于法兰盘凸出外径的0.5%，并不得超过2mm。

3) 插入法兰内的管子端部至法兰密封面应为管壁厚度的1.3～1.5倍。不得用强紧螺栓去消除歪斜。

4) 清净密封面后再连接法兰，焊肉高出密封面部分要锉平，垫圈放置要平正。口径大于600mm的法兰接口以及用挤粘垫片的法兰接口均应在两法兰密封面上各涂铅油一遍，有利接口的严密。

(4) 保持法兰连接同轴，螺栓孔中心偏差一般不超过孔径的5%，并保证螺栓自由穿入，使用铸铁螺纹法兰时，管子与法兰上紧后，管子端部距密封面应不少于5mm。

(5) 使用相同规格的螺栓，安装方向应一致，紧固螺栓时应对称，均匀地拧紧，严禁先拧紧一侧，再拧紧另一侧，螺母应在法兰的同一侧平面上。紧固好的螺栓应露出螺母之外2～3丝扣，但其长度最多不应大于螺栓直径的$\frac{1}{2}$。

(6) 紧固管件法兰时，须待管体温度稳定之后进行。

2. 其他

(1) 与法兰连接两侧相邻的第一至第二个焊口，待法兰螺栓紧固后方可施焊。

(2) 法兰连接埋入土中应采取防腐措施。

(3) 法兰的类型应符合设计要求。

(4) 法兰垫片材质应根据管道输送介质及特性等因素来确定，参考表8-8。其内圆不应小于管内径，外径不应大于法兰盘的凸面边缘；一对法兰中间不允许安装几个垫片或斜面垫片。

法兰用软垫片的材料及适用范围　　　　　　　　表8-8

垫片材料	适　用　介　质	最高工作压力（MPa）	最高工作温度（℃）
橡胶板	水、压缩空气、惰性气体	0.6	60
夹布橡胶板	水、压缩空气、惰性气体	1.0	60
低压橡胶石棉板	水、压缩空气、惰性气体、蒸汽、煤气	1.6	200

（五）管道的螺纹连接

适用条件

1. 适用条件　当管径 $DN \leqslant 10mm$，工作压力 $P < 1.0MPa$ 的给水管道用螺纹连接。

2. 管螺纹的规格要求及类型

(1) 圆锥管螺纹：具有$\frac{D}{16}$的锥度，用于管道接口。

(2) 圆柱管螺纹：又称平行螺纹，用于活接等管件，其主要尺寸见表8-9。管螺纹的基本参数见图8-12。

圆柱管螺纹的主要尺寸 表 8-9

螺纹型号 (in)	螺纹外径 (mm)	螺纹内径 (mm)	螺距 (mm)	螺纹深度 (mm)	每英寸牙数	螺纹的最大长度 (mm)		螺纹牙数	
						短的	长的	短的	长的
$\frac{1}{2}$	20.96	18.63	1.81	1.162	14	14	45	8	25
$\frac{3}{4}$	26.44	24.12	1.81	1.162	14	16	50	9	28
1	33.25	30.29	2.31	1.479	11	18	55	8	25
$1\frac{1}{4}$	41.91	38.95	2.31	1.479	11	20	65	9	28
$1\frac{1}{2}$	47.81	44.85	2.31	1.479	11	22	70	10	30
2	59.62	56.66	2.31	1.479	11	24	75	11	33
$2\frac{1}{2}$	75.19	72.23	2.31	1.479	11	27	85	12	37
3	87.88	84.98	2.31	1.479	11	30	95	13	42
4	113.03	110.08	2.31	1.479	11	36	106	15	46

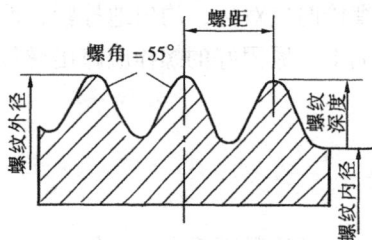

图 8-12　管螺纹的基本参数

3. 管螺纹的加工方法

一般用手加工，用的工具是管子铰板（俗称带丝），其规格分 $\frac{1}{2}$～2in 及 $2\frac{1}{2}$～4in 两种。前一种绞板可加工 $\frac{1}{2}$in、$\frac{3}{4}$in、1in、$1\frac{1}{4}$in、$1\frac{1}{2}$in、2in 等六种规格的管螺纹。后一种种铰板可加工 $2\frac{1}{2}$in、3in、$3\frac{1}{2}$in、4in 等 4 种规格的管螺纹。每种规格的铰板都分别附有相应的板牙，加工螺纹时，可根据管径分别选用相应的铰板和板牙。管子铰板由机身和板把组成，见图 8-13。

管螺纹的加工方法及要求如下：

（1）套管螺纹前，先根据管径选用相应的板牙，按序装进铰板的板牙槽内（将活动标盘对"0"，再对序号，顺序插入槽内），转动标盘则固定了板牙。

（2）水平夹牢管子于管压钳（压力钳）上，管子加工端升出压力钳前 150mm 左右。

（3）铰板套在管口上（扳开铰板后卡爪滑动把），转动后卡爪滑动把柄，使铰板固定在管口上。

（4）把板牙松紧装置上到底，使活动标盘对准固定标盘上与管径相对应的刻度，上紧标盘固定把。

（5）按顺时针方向扳转铰板，初始时稳而慢，不得用力过猛。

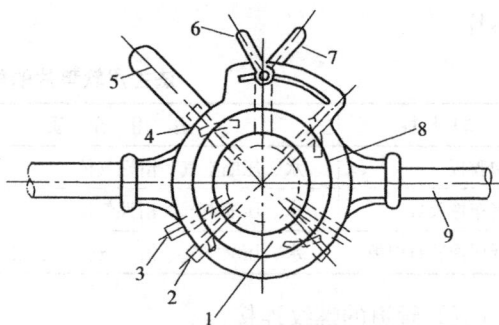

图 8-13　管子铰板结构

1—固定盘；2—板牙（4块）；3—后卡爪（3个）；4—板牙滑轨；5—后卡爪手柄；6—标盘固定螺钉把；7—板牙松紧装置；8—活动标盘；9—扳把

（6）加滴机油润滑和冷却板牙，快到规定螺纹长度时，一面扳把手，一面慢慢松开板牙盘松紧装置，再套2～3扣，使管螺纹末端套出锥度。

（7）加工完毕，铰板不要倒转退出，以免乱扣。

（8）加工好的管螺纹应端正不乱扣，光滑无毛刺，完整不掉扣，松紧程度适当。

（9）管端螺纹加工长度随管径大小而异，见表8-10。

管端螺纹加工最小长度（mm）   表 8-10

公称直径 DN	15	20	25	32	40	50	70	80
连接阀体的管螺纹长度	12	13.5	15	17	19	21	23.5	26
连接管件的管螺纹长度	14	16	18	20	22	24	27	30

4. 连接

管螺纹加工好后，可与管道部件连接。先选定相应输送介质用的填料，达到严密防漏。常用的填料有麻丝、铅油、石墨及密封胶带等。若选用铅油、麻丝作填料时，先于管端螺纹上抹铅油，然后顺着螺纹缠少许麻丝（高压管道不准缠麻），将管子螺纹与部件对正，用手徐徐拧上，再按零件材料及管径大小，选用适当的管钳上紧，注意不应用力过猛，以免损坏零件。上紧后连接处突出的油麻应清理干净。螺纹连接的管节切口断面平整，偏差不超过一扣，丝扣光洁，不得有毛刺、乱丝、断丝、缺丝总长不超过丝扣全长的10%，在纵方向上，不得有断、缺相靠处。

三、钢管道回填土的特殊要求

（一）钢管道竖向变形的控制

钢管道的竖向变形不大于设计规定，且不大于 DN 的2%。

为防止钢管道在回填时出现较大变形，回填土施工中要严格遵守操作规程及有关规定，DN > 800mm 的管道回填土前，在管内采取临时竖向支撑，如图8-14所示。

（二）对钢管道回填土及管道内支撑的要求

1. 检查管道

回填土前检查管道内的竖向变形或椭圆度是否符合要求，不合格者要支顶合格，方可回填。

2. 分段回填与支撑

胸腔回填土应分段进行，需要在管内采取临时支撑措施的管段，在填土前应支撑稳妥，其方法：

图 8-14　钢管内临时支撑

（1）在管道内竖向上，下用5cm×20cm大板紧贴管壁，再用直径大于10cm圆木，或10cm×10cm、10cm×12cm的方木支顶（或用支撑器），并在下面用硬木楔（撑木与大板之间）背紧。每管节支2～3道。

（2）支撑后的管道，竖向径距比水平径距略大1%～2%管外径（预拱度）。

（3）如竖向变形较大，用支撑木楔背不起来，可使用小千斤顶，合适后再支。

3. 回填要求

（1）填土前要检查管底两侧回填处是否密实，缺砂或不密实要补填密实。

（2）胸腔两侧填土必须同时进行，两侧回填高度不要相差一层（0.2～0.3m）以上。

（3）测量、控制土的最佳含水量，以达到设计密实度，以保证钢管的强度、刚度和稳

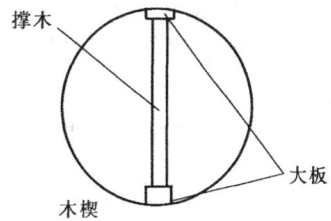

定性，特别是管子与砂垫层接触的部分的夯实质量。

（4）胸腔填土至管顶以上时，要检查管道变形与支撑情况，无问题时再继续回填，否则需采取措施处理后再回填。总之，胸腔填土是防止钢管道竖向变形的关键工序。

（5）回填土到设计高度后（有临时支撑的拆撑后），应再次量测管子尺寸并记录，以确认管道回填后的质量。

（6）回填土不得采用粉砂、淤泥、石块或冻土等。

（7）回填土的夯实指标见表8-11。

管周回填土夯实指标 表 8-11

土 料 名 称	土颗粒最大密度 （t/m³）	最佳含水量 （重量比%）	设计采用回填土之压缩模量 E_s （kg/cm²）
砂土（不包括粉细砂）	1.8 ~ 1.88	8 ~ 12	100 以上
粉土	1.85 ~ 2.08	9 ~ 15	50 ~ 100
粉质黏土	1.85 ~ 1.95	12 ~ 15	40 ~ 80
黏土	1.58 ~ 1.7	19 ~ 23	

第三节　给水铸铁管安装

一、普通承插式铸铁管的安装

（一）给水铸铁管的现场检验

1. 铸铁管应有制造厂的名称和商标、制造日期及工作压力等标记，管材应符合国家现行的有关标准，并具有出厂合格证。

2. 铸铁管、管件应进行外观检查，每批抽 10% 检查其表面状况、涂漆质量及尺寸偏差。

3. 内外表面应整洁，不得有裂缝、冷隔、瘪陷和错位等缺陷，其要求如下：

（1）承插部分不得有粘砂及凸起，其他部分不得有大于 2mm 厚的黏砂及 5mm 高的凸起；

（2）承口的根部不得有凹陷，其他部分的局部凹陷不得大于 5mm；

（3）机械加工部位的轻微孔穴不大于 $\frac{1}{3}$ 厚度，且不大于 5mm；

（4）间断沟陷、局部重皮及疤痕的深度不大于 5% 壁厚加 2mm，环状重皮及划伤的深度不大于 5% 壁厚加 1mm。

4. 铸铁管内外表面的漆层应完整光洁、附着牢固。

5. 铸铁管、管件的尺寸允许偏差应符合表 8-12 的要求。

铸铁管、管件尺寸允许偏差 表 8-12

承 插 口 环 径 E	承插口深度 H	管子平直度（mm/m）	
$DN \leq 800$	$\pm \dfrac{E}{3}$	$\pm 0.05H$	$DN < 200$	3
			$DN200 \sim 450$	2
$DN > 800$	$\pm \left(\dfrac{E}{3} + 1 \right)$		$DN > 450$	1.5

6. 法兰与管子或管件的中心线应垂直，两端法兰应平行，法兰面应有凸台及密封沟。

7. 检查管子有否破裂，可用小锤轻轻敲打管口、管身，破裂处发声嘶哑，有破裂的管材不能使用。

8. 对承口内部、插口端部的沥青可用气焊、喷灯烤掉。对飞刺和铸砂可用砂轮磨掉，或用錾子剔除。

（二）普通承插式铸铁管安装

1. 承插式铸铁管安装程序

普通承插式铸铁管常用的安装程序参见表8-13。

普通铸铁管安装程序 表8-13

步 骤	主 要 内 容	步 骤	主 要 内 容
1. 下管	（1）验槽、检查管材及阀门	3. 嵌缝	（1）清管口
	（2）下管		（2）填打油麻
	（3）清理管腔、管口		（3）检验
2. 稳管	（1）承口下挖工作坑	4. 密封	填打石棉水泥（或膨胀水泥、灌铅）
	（2）插口对准承口撞口	5. 养护	刚性接口应进行湿养护
	（3）检查对口间隙	6. 试压	（1）检查
	（4）调整管道的中线、高程		（2）管道两侧及管顶以上 0.5m 填土
	（5）用铁牙调整环形间隙		（3）试压验收

2. 接口工作坑

接口工作坑是为承插式管道接口连接而设置的操作空间。接口工作坑应配合管道铺设及时开挖，开挖尺寸应符合表8-14的规定。

接口工作坑开挖尺寸（mm） 表8-14

管 材 种 类	公称管径（mm）	宽 度	长 度		深 度
			承口前	承口后	
刚性接口铸铁管	75 ～ 300	$D_1 +$ 600	800	200	300
	400 ～ 700	$D_1 +$ 1200	1000	400	400
	800 ～ 1200	$D_1 +$ 1200	1000	450	500
预应力，自应力混凝土管，滑入式柔性接口铸铁管和球墨铸铁管	＜500	承口外径＋ 800	200	承口长度加200	200
	600 ～ 1000	承口外径＋ 1000	200		400
	1100 ～ 1500	承口外径＋ 1600	200		450
	＞1600	承口外径＋ 1800	200		500

注：1. D_1 为管外径（mm）；

2. 柔性机械式接口铸铁管、球墨铸铁管接口工作坑开挖各部尺寸，按照预应力、自应力混凝土管一栏的规定，但表中承口前的尺寸宜适当放大。

3. 承插式铸铁管安装对口要求

（1）承插口对口纵向间隙

1）对口最大间隙

铸铁管承插口对口的最大间隙，应根据管径、管口填充材料等确定，但一般不得小于 3mm，最大间隙不得大于表 8-15 的要求。

铸铁管对口纵向最大间隙 表 8-15

管 径(mm)	沿直线铺设时(mm)	沿曲线铺设时(mm)	管 径(mm)	沿直线铺设时(mm)	沿曲线铺设时(mm)
75	4	5	600 ~ 700	7	12
100 ~ 250	5	7	800 ~ 900	8	15
300 ~ 500	6	10	1000 ~ 1200	9	17

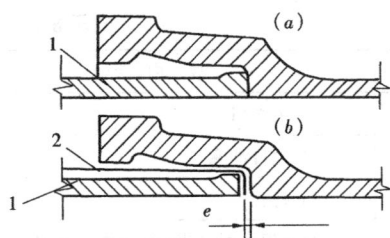

图 8-15　对口间隙检查
1—记号；2—铁丝探尺

2）对口纵向间隙的检查方法

承插铸铁管对口纵向间隙目前常用铁丝探尺和在插口做标记的方法检查，用铁丝探尺检查示意的方法是探尺紧顶承口底部，拉出紧贴插口端部，以推进和拉出之差量出对口间隙，按所测结果予以调整；在插口做标记的方法是先将插口插入承口底部，在插口壁上刻划记号，再根据规定的间隙将插口退出，如图 8-15 所示。对口间隙调整合格后方可稳管。

（2）承插口环向间隙

沿直线铺设的承插铸铁管的环向间隙应均匀，环向间隙及允许偏差见表 8-16。

承插接口环向间隙及允许偏差 表 8-16

管 径（mm）	环向间隙（mm）	允许偏差（mm）
75 ~ 200	10	+3，−2
250 ~ 450	11	
500 ~ 900	12	+4，−2
1000 ~ 1200	13	

（3）借转角

在管道施工中，由于现场条件的限制，管道少量偏转和弧形安装会经常遇到。承插口相邻管道微量偏转的角度称为借转角。借转角的大小主要关系到接口的严密性，承插式刚性接口和柔性接口转借角的控制原则有所不同。对于刚性接口，一方面要求承插口最小间隙比标准缝宽的减少数不大于 5mm，否则填料难以操作；另一方面借转时填料及嵌缝总深度不宜小于承口总深度的 $\frac{5}{6}$，以保证其捻口质量。柔性接口借转时，一方面插口凸台处间隙不小于 1mm，另一方面在借转时，胶圈的压缩比不小于原值的 95%，否则接口的柔性会受到影响，胶圈容易脱落。管道沿曲线安装时，接口的允许转角应符合表 8-17 的规定。

沿曲线安装时接口的允许转角 表 8-17

接 口 种 类	管 径（mm）	允许转角（°）
刚 性 接 口	75 ~ 450	2
	500 ~ 1200	1
滑入式 T 形、梯唇形橡胶圈接口及柔性机械式接口	75 ~ 600	3
	700 ~ 800	2
	>900	1

（4）给水铸铁管安装的质量要求

1）管道轴线位置与高程的允许偏差。普通铸铁管、球墨铸铁管安装的位置与高程应符合表 8-18 的规定。

铸铁、球墨铸铁管安装允许偏差　　　　　　表 8-18

项　　目	允　许　偏　差（mm）	
	无压力管道	压力管道
轴线位置	15	30
高　程	± 10	± 20

2）闸阀安装应牢固、严密，启闭灵活，与管道轴线垂直。

（三）承插铸铁管刚性接口

承插式铸铁管刚性接口一般由嵌缝材料和密封填料两部分组成，如图 8-16 所示。

1. 嵌缝

嵌缝的主要作用是使承插口缝隙均匀和防止密封填料掉入管内，保证密封材料击打密实。嵌缝材料有油麻、橡胶圈、粗麻绳和石棉绳等，给水铸铁管常用油麻和橡胶圈。

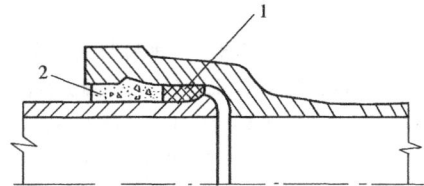

图 8-16　接口形式
1—嵌缝材料；2—密封材料

（1）油麻嵌缝　油麻嵌缝材料只在接口初期能起到嵌缝作用，使用数年当油麻腐烂后这种作用就消失。

1）油麻的制作　采用松软、有韧性、清洁、无麻皮的长纤维麻加工成辫，放在用 5% 的石油沥青和 95% 的汽油或苯配制的混合液中浸透、拧干，并经风干而成。油麻应松软而有韧性，清洁而无皮质。

2）油麻的填塞深度　油麻的填塞深度约占承口总深度的 $\frac{1}{3}$，不得超过水线里缘。当采用铅接口时，应距承口水线里缘 5mm，如图 8-17 所示。

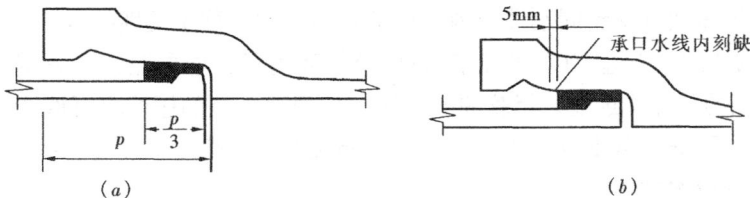

图 8-17　填麻深度示意
（a）石棉水泥、膨胀水泥砂浆接口的填麻深度；（b）铅接口的填麻深度

3）油麻的填打方法　油麻填打时，需将油麻拧成麻辫，其麻辫直径约为接口环向间隙的 1.5 倍，长度应有 50～100mm 环向搭接，然后用特制的麻錾打入。油麻的填打方法参见图 8-18 和表 8-19。

圈次	第 一 圈		第 二 圈			第 三 圈		
遍次	第一遍	第二遍	第一遍	第二遍	第三遍	第一遍	第二遍	第三遍
击数	2	1	2	2	1	2	2	1
打法	挑打	挑打	挑打	平打	平打	贴外口	贴里口	平打

4）填麻工具　填麻的主要工具是麻錾和手锤，手锤一般重 1.5kg。另外还有用于调整环向间隙的铁牙和清洗管口的刷子等。

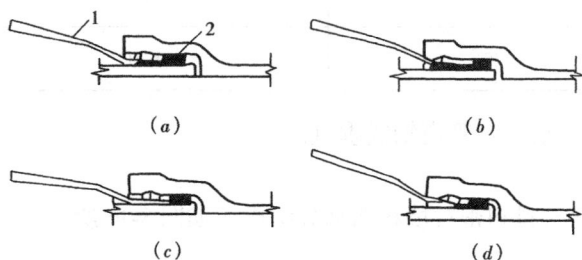

图 8-18　油麻打法示意图

（a）挑（悬）打；（b）平（推）打；（c）贴里口
（压）打；（d）贴外口（治）打
1—麻錾；2—油麻

5）注意事项

A. 填麻时应将管口刷洗干净；

B. 承插口的环向间隙用铁牙背匀；

C. 打第一圈油麻时，应保留 1~2 个铁牙不动，以保证间隙均匀，待第一圈油麻打实后，再卸铁牙；

D. 打麻时麻錾应一錾接一錾，防止漏打；

E. 套管（揣袖）接口填打油麻时，一般比普通接口多填 1~2 圈麻辫，第一圈麻辫宜稍粗，不用捶打，将麻塞填至距插口端约 10mm 处为宜，以防跳井（掉入管口内）；第二圈麻填打时不宜用力过大；

F. 油麻应保持清洁，不得随意乱放。

6）质量标准　填麻深度应符合规定，铅接口填麻深度允许偏差 ±5mm。油麻应填打密实，用錾子重打一遍。

（2）橡胶圈嵌缝

采用圆形截面橡胶圈作为接口嵌缝材料，比用油麻密封性能好。橡胶圈嵌缝不仅缝隙均匀，它本身还能起到良好的阻水作用，而外层的密封填料部分开裂或位移，接口也不致漏水。由橡胶圈做嵌缝材料同刚性填料组成的接口形式也称半柔性接口。

1）胶圈的选配　嵌缝"O"形胶圈的直径与环内径，请参照预应力钢筋混凝土管安装"O"形胶圈的计算式选配，但胶圈嵌入接口后截面直径的压缩率可取 34%~40%。胶圈不应有气孔、裂缝、重皮或老化等缺陷。胶圈接头宜用热接，接缝应平整牢固，严禁采用耐水性不良的胶水粘接。

2）胶圈的填打方法　在管子插入承口前，先将胶圈套在插口上，插入管子并测量对口间隙，然后用铁牙将接口下方环形间隙扩大，填入胶圈，然后自上而下移动铁牙，用錾子将胶圈全部填入承口。第一遍先打入承口水线位置，填打时錾子应贴插口壁沿着一个方向顺序填打，使胶圈依次均匀滚入承口水线。再分 2~3 遍打至插口小台，每遍不宜使胶圈滚入太多，以免出现"闷鼻"、"凹兜"等现象。

3）工具　肥皂水、刷子、擦布、铁牙、錾子、铁丝探尺和 1.5kg 的手锤。

4）胶圈填打注意事项

A. 填打胶圈时应随时量取填入深度，使之保持均匀；

B. 填打胶圈出现"麻花"、"闷鼻"、"凹兜"、"跳井"（参见图 8-19）时，可利用铁牙将接口间隙适当撑大，进行调整处理。将以上情况处理完善后，方可进行下层填料；

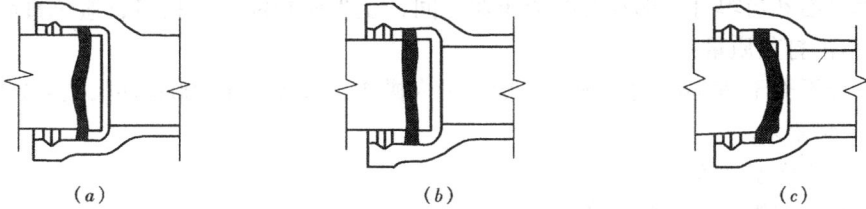

图 8-19　胶圈填塞缺陷示意
（a）闷鼻；（b）凹兜；（c）跳井

C. 若为铅接口，填打胶圈后必须在填 1～2 圈油麻，深度以距承口水线里边缘 5mm 为准。

5）质量要求

A. 胶圈压缩率符合要求；

B. 胶圈填至小台，距承口外缘距离相同；

C. 无"麻花"、"闷鼻"、"凹兜"、"跳井"现象。

2. 石棉水泥填料

石棉水泥是广泛使用的一种密封填料。石棉是一种矿物纤维，轻而有弹性，对水泥颗粒有很强的吸附能力，在填料中能形成互相交错的加筋网，改善刚性接口的脆性，阻止水泥在硬化过程中收缩，提高接口材料与管壁的粘着力和接口的水密性，有利于接口的操作。

（1）石棉水泥的配制

作为接口材料的水泥宜选用 32.5 级普通硅酸盐水泥，不得使用过期或结块的水泥。石棉应选用 4F 级温石棉。石棉水泥的重量配合比为石棉 30%，水泥 70%，水灰比宜小于或等于 0.20。石棉和水泥可集中拌制成干料，装入铁桶内，并放在干燥处，每次拌制的干料不应超过一天的用量，使用时随用随加水拌成湿料，加水拌合的石棉水泥填料应在 1.5h 内用完。加水量现场常用经验判断，方法是抓一把填料，手感潮而不湿，攥可成团，松手轻颠即散。拌好的石棉水泥宜用潮布覆盖。

（2）填打石棉水泥

在已经填打合格的油麻或橡胶圈承口内，自上而下分层填塞拌合好的石棉水泥，用灰錾打实。石棉水泥的填打深度，当嵌缝材料为油麻时，约占承口深度的 $\frac{2}{3}$；当嵌缝材料为橡胶圈时，填打至橡胶圈。石棉水泥的填打方法各地区、各施工单位有所不同。

石棉水泥填料的操作是采用分层填打的方法，每填一次灰，用錾子捻打两遍，靠承口侧捻打一遍；若捻打三遍，则再靠中间捻打一遍；每遍捻打时，每一錾位至少击打三下，相临的錾位应重叠 $\frac{1}{2}$～$\frac{1}{3}$，直至表面呈灰黑色，并且有强烈的回弹力。最初和最后一道填灰捻打力应较轻。

（3）使用工具

填打石棉水泥的主要工具有：灰錾、探尺、手锤、磅秤、装灰铁桶。

（4）施工要点

1）石棉绒在拌合前应晒干，并用细竹棍敲打松散；

2）填打油麻与填打石棉水泥两个作业之间，至少应相隔2个接口，避免打麻时影响另一个接口的打灰质量；

3）管径不大于300mm时，填麻、捻灰一人操作；管径大于300mm时，2~3人操作。

（5）质量要求

1）石棉水泥配比准确；

2）表面呈灰黑色，平整一致，凹入端面1~2mm；

3）有回弹力，用灰錾用力连打三下，表面不再凹入。

（6）注意事项

1）加水拌合好的石棉水泥应在规定的时间内用完，水泥初凝后不得再使用；

2）填石棉水泥前，应对填麻情况进行复查，并用水将接口润湿。

（7）养护

石棉水泥接口填打完毕，应保持接口在湿润状态下硬化。养护方法一般在接口处覆土浇水，或用湿泥将接口全部糊盖（厚约10cm），也可覆盖草袋定期浇水，养护时间不少于7天。

石棉水泥接口在养护期间，水泥填料正处于凝固阶段，管道不准承受振动荷载，管内不应承受有压水。

3. 膨胀水泥砂浆填料

膨胀水泥（又称自应力水泥）是由硅酸盐水泥、高铝水泥（矾土水泥）和石膏按一定的比例共同磨细或分别粉磨再经混合均匀而成。其膨胀机理是基于硬化初期，高铝水泥中的铝酸盐和石膏遇水化合，生成高硫型水化硫铝酸钙晶体（钙矾石），在初凝时产生体积膨胀。承插式接口密封填料采用膨胀水泥，可以补偿普通水泥硬化过程中的收缩裂缝，提高水密性和管壁的粘接力，提高接口的抗渗性。

水灰比直接影响到接口填料的膨胀性。当采用常温水养护时，膨胀随水灰比增加而增加；当减少水灰比，可使膨胀期延长。在膨胀未充分时，停止水养护，则膨胀就停止。一般在水养护条件下，达到充分的膨胀需要3~5天的时间，甚至达到7天或7天以上，以后则膨胀减小。

（1）膨胀水泥砂浆的性能要求

膨胀水泥砂浆应能保证在填料硬化膨胀之后保证接口的严密性，且不得出现胀裂承口的现象，其性能应符合下列要求：

1）抗压强度标准值大于或等于40MPa，初凝时间不早于45min，终凝时间不迟于6h。

2）膨胀水泥砂浆的自由线膨胀率7天应大于1%，但不得大于2.5%并基本稳定，28天内增加值不大于0.3%。

3）自行配制的膨胀水泥，必须经过技术鉴定合格，才能使用。

（2）膨胀水泥砂浆的配制

1）原材料　膨胀水泥砂浆使用的水泥应采用硫铝酸盐或铝酸盐自应力水泥。砂采用粒径为 0.5 ~ 1.5mm 的中砂，含泥量小于 2%。

2）配合比　膨胀水泥砂浆的重量配合比一般为膨胀水泥∶砂∶水 = 1∶1∶（0.28 ~ 0.32），用水量根据气温和材料湿度而异。

3）拌制　膨胀水泥砂浆拌制时先将膨胀水泥与砂干拌均匀，随拌随用，一次拌合量不宜过多，加水拌合后应在 1 小时内用完。加水量的现场经验判别方法为：用手捏成团，轻掷不散，既不流坍也不冒水。

（3）膨胀水泥砂浆的填塞

膨胀水泥砂浆分三次填入接口，分层捣实（用灰錾捣实，勿用锤击）。第一遍填至接口深度的 $\frac{1}{2}$，第二遍填至承口边缘。末一次找平成活，捣至表面反浆，然后抹光。接口成活后，进行湿养护，保持接口潮湿不少于 3 天，养护方法同石棉水泥接口。

（4）使用工具

灰錾、剔錾、装灰铁桶、灰盘、铁牙、小铁抹子以及探尺和刷子等。

（5）施工要点

1）填膨胀水泥砂浆之前，应用探尺检查填麻深度和胶圈位置是否合适，对油麻嵌缝应用錾子将麻口重打一遍，然后刷净麻屑并用水将接口缝隙湿润；

2）填塞膨胀水泥砂浆前应将管道和管件固定；

3）在接口填料做好 24h 内，不应向填料部位冲水、敷泥，以免损坏未凝固的填料；常温下，4h 后允许地下水淹没接口；接口填料做好 12h 后，管内可充水养护，但水压不得超过 0.1 ~ 0.2MPa。

（6）质量要求

1）配比准确；

2）表面平整，凹进承口 1 ~ 2mm。

（7）注意事项

1）膨胀水泥砂浆应在初凝前填完；

2）接口成活后应及时进行湿养护；

3）管道接口不应采用纯膨胀水泥；

4）膨胀水泥填料接口刚度大，在地震烈度 6 度以上、土质松软、管道穿越重型车辆行驶的公路时不宜采用。

4．石膏水泥填料

石膏水泥填料同样具有膨胀性，但所用的材料不同。石膏水泥是由 32.5 级硅酸盐水泥和半水石膏配制而成，其中水泥是强度组分，石膏是膨胀组分。石膏水泥掺入水后，半水石膏先和水作用成二水石膏，二水石膏有和硅酸盐水泥中的 Al_2O_3 作用成水化硫铝酸钙。由于硅酸盐水泥中的 Al_2O_3 含量有限，在初凝前水化硫铝酸钙产生的膨胀能比不上膨胀水泥填料。但半水石膏在初凝前若没有全部变成二水石膏，则在养护期间仍要吸收水分转化为二水石膏，这时石膏本身具有微膨胀性。所以石膏水泥填料的膨胀能由两部分产生，即水化硫铝酸钙和二水石膏。

石膏水泥填料的一般配比（重量比）为 32.5 级硅酸盐水泥∶半水石膏∶石棉绒 = 10∶1∶1。水灰比为 0.35 ~ 0.45。石膏水泥填料的填塞同膨胀水泥砂浆填料。

5. 青铅填料

青铅填料接口不需要养护，施工完成即可通水。通水后发现渗漏现象，不必剔除，只要在渗漏处用手锤重新锤击，即可堵漏。青铅填料造价高，打口劳动强度大，除在特殊地段（如穿越铁路、公路、河流）采用外，一般采用较少。

(1) 铅接口的施工内容

铅接口使用的铅纯度应在99%以上。铅接口的施工内容主要有熔铅、装卡箍、运送铅熔液和灌铅。

1) 熔铅　将铅切成小块置于铅锅内熔化，铅的熔化温度在320℃左右。掌握铅的火候，可扒开铅的表面浮渣，根据熔铅的颜色判断温度，如呈白色则温度较低，呈紫红色则温度正好。也可用干燥的铁棍插入铅熔液中随即快速提出，若铁棍上没有铅液附着则温度适宜。

2) 安装卡箍　将特制的卡箍或自制的泥绳贴承口边缘卡紧，开口位于上方，卡箍与管壁间的缝隙用黏泥抹严，以免漏铅；用黏泥围一个灌铅口；管口内的水分必须擦干，如管口内仍有少量余水阻止不了时，可在卡箍或泥绳下方留一个出水口以便灌铅时不致爆炸。

3) 运送铅熔液　取铅熔液前，应用漏勺从铅锅中除去液面的浮渣。运送道路应平整，跨越沟槽的马道应支搭牢固可靠，抬运过程注意安全。

4) 灌铅　灌铅时人站在管顶浇口的后面，铅锅距灌铅口高约20cm，使铅徐徐流入接口内，一次灌满，中间不应中断，待铅凝固后去掉卡箍或泥绳。

5) 打铅　打铅的作用是将灌铅时产生的飞刺切去，将灌入的铅击打密实。打铅用铅錾，由下至上先用薄刃铅錾击打一遍，每打一錾应有半錾重复。然后用厚刃铅錾重复上法各打一遍至铅口打实。打实的铅口在锤击时可听到金属声，可见铅的油黑光泽。铅口打实后，用錾子把多余的铅剔除，再用厚錾找平。

(2) 使用工具

铅炉、铅锅、铅勺、漏勺、卡箍（或麻绳、石棉绳）、1.5kg手锤、刹子、铅錾子等。

(3) 施工要点

1) 管口必须干燥，以免发生爆铅现象。若工作坑内有水，应将其掏净，并在安装卡箍后灌入少量机油，即可避免灌铅时爆铅。

2) 铅锅的大小要适当，盛铅不宜太满，一次盛铅量必须保证一个接口的用量。

3) 大管径管道铅流宜适当放大，以免铅液中途凝固。

4) 在打铅过程中，如发现接口内出现缺铅现象时，可补加铅条打入，但要将补加的铅条与原灌的铅打成一体，并打平为止。

5) 若铅接口的嵌缝材料是橡胶圈时，为避免熔铅烧损橡胶圈，应在橡胶圈外再加一圈油麻。

(4) 质量要求

1) 一次灌满无断流；

2) 铅面凹进承口1~2mm，表面平整。

(5) 注意事项

1) 熔铅时，严禁将潮湿或带水的铅块投入已熔化的铅液内，并应防止水滴落入铅锅内，避免发生爆炸。

2）铅勺、运铅锅等工具与熔铅同时预热。

3）运铅锅应由两人抬运，不得上肩，迅速安全运送。

4）由于铅接口填料是灌铅后一次性捻打，必然是外层比内层密实，故要求打铅时必须有足够的力量和锤击次数，才能保证接口的密封性能。

5）灌铅及化铅人员应配戴石棉手套、防护面罩或眼镜，灌铅时人站在管顶浇口的后面。

6. 快速填料接口

在刚性接口填料中掺加氯化钙，可以加速水泥的硬化，填完之后短时即可通水。使用的氯化钙为无水氯化钙，纯度75％。

（1）石棉水泥快速填料

石棉水泥快速填料的材料配比（重量）为32.5级普通硅酸盐水泥:石棉绒:氯化钙 = 9:1:0.02。将氯化钙以1:1的比例溶化在温水里，再将氯化钙水溶液加入已拌合好的石棉水泥干料内，拌合均匀。填料应随拌随用，要在10min内用完。填料的填打方法同石棉水泥。捻口完毕后半小时内即可通水，可承受0.3MPa的水压力。

（2）石膏水泥快速填料

石膏水泥快速填料的一般配比（重量比）为32.5级硅酸盐水泥:半水石膏:氯化钙 = 85:10:5，用水量是混合物总重量的20％。配制时，先把水泥和石膏粉拌合均匀，再把氯化钙溶成的水溶液加入，和成发面状即可使用。填塞接口的操作方法同膨胀水泥砂浆接口。

7. 法兰接口

法兰接口安装、拆卸方便，但埋地时螺栓易锈蚀，故管道上的法兰一般不直接埋于土中而直接设在检查井或地沟内。

（1）法兰检查

1）法兰表面应光洁，无裂纹、气孔、斑疤及辐射状沟纹；

2）螺孔位置准确，法兰端面应与管轴线垂直；

3）法兰加工后的厚度偏差应不大于1.5mm；

4）螺栓螺母型号一致，完整无伤痕，螺栓长度合适。

（2）法兰用垫片

两法兰间应夹以环形橡胶制、橡胶石棉制或纤维制的垫片，垫片应质地均匀，厚薄一致，无皱纹。橡胶垫片未老化，当 $DN \leqslant 600$ 时，厚度为 $3 \sim 4mm$；$DN > 600$ 时，厚度为 $5 \sim 6mm$。垫片内径应等于或大于管内径 $2 \sim 3mm$，垫片外径与法兰密封面外缘相齐。一副法兰之间只能放一个垫片。

（3）法兰接口的安装

将法兰密封面清理干净，橡胶垫片放置平整，调整两法兰面使之平行、对正，并与管轴线垂直。法兰面与管轴线的垂直度偏差不大于外径的 $\frac{1.5}{1000}$，且不大于2mm。螺栓、螺母均应点上机油，螺栓应分 $2 \sim 3$ 次对称均匀地拧紧，严禁拧紧一侧再拧另一侧。螺栓应露出螺母外至少2丝扣，但露出长度最多不应大于螺栓直径的 $\frac{1}{2}$，螺母在法兰的同一面上。

（4）质量要求

1）两法兰盘应平行，并与管中心线垂直；

2）管件或阀门不应产生拉应力；

3）螺栓应露出螺母外至少2丝扣，但最多不应大于螺栓直径的 $\frac{1}{2}$ 。

（5）注意事项

1）安装阀门或带法兰的其他管件时，应防止产生拉应力，邻近法兰一侧或两侧的其他形式接口应在法兰上所有螺栓拧紧后，方可作业。

2）因特殊情况法兰接口需埋入土中者，应对螺栓按设计要求进行防腐处理。

8. 承插接口的填打工具

承插铸铁管接口用的各种填打錾子、铁牙，其规格尺寸各地区有所不同。

二、球墨铸铁管安装

球墨铸铁管属于柔性管材，具有强度高、韧性大、抗腐蚀能力强等优点。球墨铸铁管采用柔性连接，且管材本身具有较大的延伸率，使得管道的柔性好，能够与管道周围的土体共同工作，改善了管道的受力状态，提高了管网的供水可靠性，因此在城市给水管道中的应用越来越广泛。

球墨铸铁管的接口主要有三种形式，即滑入式（简称"T"型）、机械式（简称"K"型）和法兰式（简称"RF"型）。前两种为柔性接口，法兰式可承受纵向力。球墨铸铁管一般采用"T"型接口，施工方便。实践表明，这种接口具有可靠的密封性，能承受1.0MPa的管网压力，良好的抗震性和耐腐蚀性，操作简单，安装技术易掌握，质量可靠，是一种较好的接口形式。

（一）滑入式球墨铸铁管安装

滑入式（又称推入式）接口形式见图8-20。

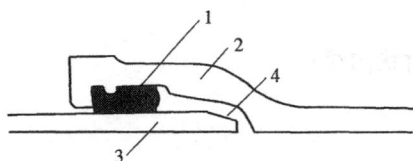

图8-20 滑入式接口

1—胶圈；2—承口；3—插口；4—坡口（锥度）

1. 安装前的准备工作

（1）检查铸铁管有无损坏、裂缝，管口尺寸是否在允许范围；

（2）将管口的毛刺和杂物清除干净；

（3）橡胶圈应形体完整、表面光滑，无变形、扭曲现象；

（4）检查安装机具是否配套齐全，工作状态是否良好。

2. 安装

球墨铸铁管"T"型接口安装程序为：

下管—清理管口—清理胶圈、上胶圈—安装机具设备—在插口外表面和胶圈上刷润滑剂—顶推管子使之插入承口—检查。

安装要点

（1）下管 应按照下管的技术要求将管子下到槽底，如管体有向上放的标示，应按标示摆放管子。

（2）清理管口 将承口内所有杂物清理干净，因为任何附着物都有可能造成接口漏水。

（3）清理胶圈、上胶圈　将胶圈清理干净，把胶圈弯成心形或花形装入承口槽内，并用手沿整个胶圈按压一遍，确保胶圈各个部分均匀一致的卡在槽内。

（4）安装机具设备　将准备好的机具设备安装到位，安装时注意不要将已清理的管子再次污染。

（5）在插口外表面和胶圈上刷润滑剂　将润滑剂均匀地刷在承口内已安装好的胶圈内表面，插口外表面润滑剂应刷至插口端部的坡口处。

（6）顶推管子使之插入承口　球墨铸铁管柔性接口的安装顶推方法可参见本章第四节内容。

（7）检查　检查插口推入承口的位置是否符合要求，用塞尺伸入承插口间隙检查胶圈位置是否正确。

3. 安装工具

安装球墨铸铁管"T"型接口所使用的工具，按照顶推工艺的要求不同而有所差异，常用的工具有吊链、手动葫芦、环链、钢丝绳、扳手、撬棍、塞尺等，目前也有一些单位使用专用机具，如连杆千斤顶和专用环（见图8-21、图8-22）。

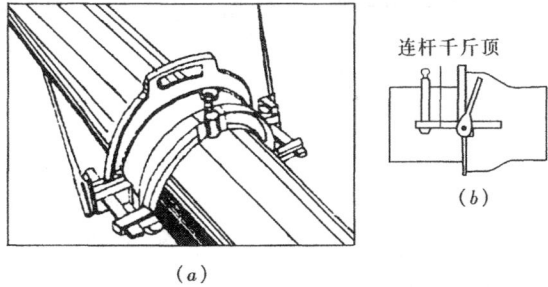

图 8-21　连杆千斤顶

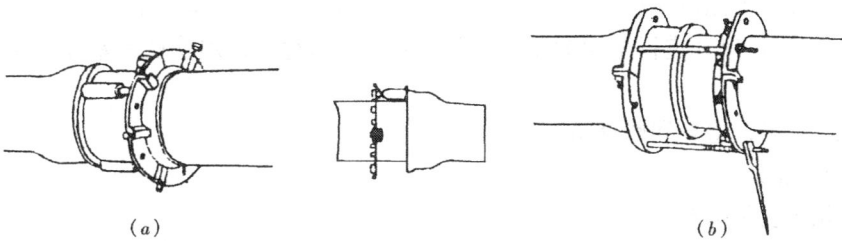

图 8-22　专用环
（a）用专用环安装；（b）用专用环拆卸

4. 注意事项

（1）胶圈应在承口槽内插正并压实。

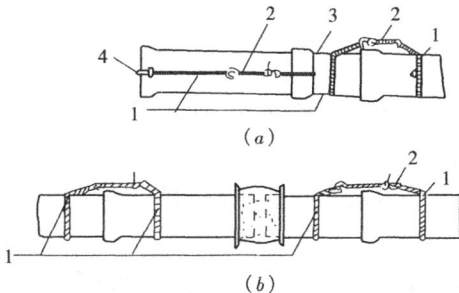

图 8-23　锁管
1—钢丝绳；2—手扳葫芦；3—环链；4—钩子

（2）安装完一节管子后，当卸下安装工具时接口可能脱开，故安装前应准备好配套工具，如图8-23用钢丝绳和手扳葫芦将管子锁住。锁管时应在插口端作出标记，锁管前后均应检查使之符合要求。

（3）当管子需要截断后再安装时，插口端应加工坡口。

（4）在弯曲段利用管道接口的借转角安装时，应先将管子沿直线安装，然后再转至要求的角度。

（二）机械式球墨铸铁管安装

机械式球墨铸铁管柔性接口，是将铸铁管的承插口加以改造使其适应一个特殊形状的橡胶圈作为挡水材料，外部不需其他填料，不需要复杂的安装机具，施工较为简单，但要有附设配件。机械式接口主要有铸铁直管、压兰、螺栓和橡胶圈组成，接口形式有 A 型和 K 型，见图 8-24。

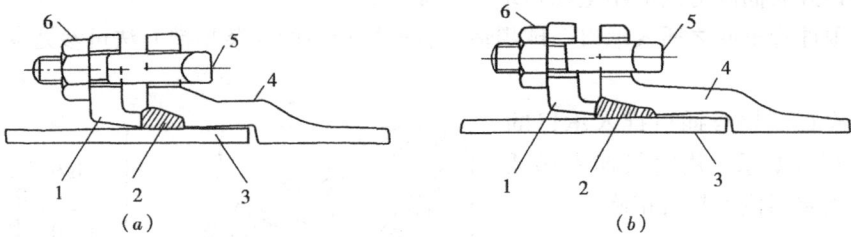

图 8-24　机械式接口形式

（a）A 型接口；（b）K 型接口

1—压兰；2—胶圈；3—插口；4—承口；5—螺栓；6—螺帽

1. 准备工作

机械式接口铸铁管的安装准备工作主要有下列几项：

（1）管子与配件

1）检查管子有无损坏和缺陷，管子外径和周长的尺寸偏差是否在允许的范围内。对管子的承口、插口尺寸进行全面的测量，并编号记录保存，选用管径相差最小的管子相组合。

2）清理管口，检查和修补防腐层。

3）选配胶圈。

4）选配压兰和螺栓。

（2）其他准备工作

在管道安装前还应做好验槽、清槽工作，将接口工作坑挖好，准备好管子的吊装设备和安装工具。吊装工具应在安装前仔细检查，以确保安全。

2. 安装方法

（1）安装程序

下管—清理插口、压兰和橡胶圈—压兰和胶圈定位—清理承口—刷润滑剂—对口—临时紧固—螺栓全方位紧固—检查螺栓扭矩。

（2）安装要求

1）下管　按下管要求将管子和配件放入沟槽，不得抛掷管子和配件以及其他工具和材料。管子放入槽底时应将承口端的标志置于正上方。

2）压兰和胶圈定位　插口、压兰和胶圈清洁后，在插口上定出胶圈的安装位置，先将压兰送入插口，然后把胶圈套在插口已定好的位置处。

3）刷润滑剂　刷润滑剂前应将承插口和胶圈再清理一遍，然后将润滑剂均匀地涂刷在承口内表面和插口及胶圈的外表面。

4）对口　将管子吊起少许，使插口对正承口装入，调整好接口间隙后固定管身，卸

168

去吊具。对口间隙见表8-20。

机械式球墨铸铁管允许对口间隙（mm） 表 8-20

公称直径	A 型	K 型	公称直径	A 型	K 型
75	19	20	1000	—	36
100	19	20	1100	—	36
150	19	20	1200	—	36
200	19	20	1350	—	36
250	19	20	1500	—	36
300	19	20	1600	—	43
350	32	32	1650	—	45
400	32	32	1800	—	48
450	32	32	2000	—	53
500	32	32	2100	—	55
600	32	32	2200	—	58
700	32	32	2400	—	63
800	32	32	2600	—	71
900	32	32			

5）临时紧固　将密封胶圈推入承插口的间隙，调整压兰的螺栓孔使其与承口上的螺栓孔对正，先用4个互相垂直方位上的螺栓临时紧固。

6）紧固螺栓　将全部的螺栓穿入螺栓孔，并安上螺母，然后按上下左右交替紧固的顺序，对称均匀的分数次上紧螺栓。

7）检查　螺栓上紧后，用力矩扳手检验每个螺栓的扭矩。

（3）曲线安装

机械式球墨铸铁管沿曲线安装时，接口的转角不能过大，接口的转角一般是根据管子的长度和允许的转角计算出管端偏移的距离进行控制。机械式球墨铸铁管的允许转角和管端的偏移距离见表8-21。

曲线连接时允许的转角和管端的最大偏移值 表 8-21

公称直径	允许转角	管子的允许偏移值（cm）		
（mm）	θ	4m	5m	6m
75	500	35	—	—
100	500	35	—	—
150	500	—	44	—
200	500	—	44	—
250	400	—	35	—
300	320	—	—	35
350	450	—	—	50
400	410	—	—	43

169

公称直径 （mm）	允许转角 θ	管子的允许偏移值（cm）		
		4m	5m	6m
450	350	—	—	40
500	320	—	—	35
600	250	—	—	29
700	230	—	—	26
800	210	—	—	22
900	200	—	—	21
1000	150	—	—	19
1100	140	—	—	17
1200	130	—	—	15
1350	120	—	—	14
1500	110	—	—	12
1600	130	10	13	—
1650	130	10	13	—
1800	130	10	13	—
2000	130	10	13	—
2100	130	10	13	—
2200	130	10	13	—

3．注意事项

1）所安装的管子必须符合设计要求。

2）沟槽的位置应符合设计要求，槽底的高程、中心线应准确，安装管子时应使承口端的产品标记位于管子顶部。

3）管道的弯曲部位应尽量使用弯头，如确需利用管道接口借转时，管子转过的角度应在表8-21允许的范围内。

4）切管一定用切管专用工具，切口应与管轴线垂直。管子切好后，应对切管部位的外周长和外径进行实测，所得结果应符合要求。

5）管子安装前，应将接口工作坑挖好。

第四节　预应力钢筋混凝土管安装

预应力钢筋混凝土管大多为承插式接口，接口密封用橡胶圈，密封性能好，可以代替钢管或铸铁管用做给水管道。预应力钢筋混凝土管的抗裂性能较强，并具有耐电化学腐蚀的性能，适用于具有地基不均匀沉降或地震地区。本节所述内容同样适用于自应力钢筋混凝土管。橡胶管的断面形式，主要为实心圆形胶圈，又称"O"形胶圈，此外还有圆形空心胶圈、梯唇形胶圈、楔形胶圈等多种改进型结构，从而提高密封性能。胶圈安装到位受压后减少的厚度与未受压时的厚度之比值，称为压缩率。一般情况下，压缩率大，胶圈的密封止水性能好，但安装比较困难。"O"形胶圈的压缩率一般采用 35%～45%。橡胶圈的压缩率不宜过大，以免胀裂承口。

一、预应力钢筋混凝土管的现场检验和缺陷修补

（一）现场检验

预应力钢筋混凝土管下管前应作外观检查，必要时进行压力试验或严密性试验。管子的检验要求如下：

1. 管子必须有出厂合格证，质量应满足国家标准和企业标准的技术要求；

2. 管承口外表面应有标记，管子应附出厂证明书，证明管子型号及出厂水压试验结果，制造及出厂日期，并须有质量检验部门签章；

3. 管体内外壁应平滑，不得有露筋、空鼓、蜂窝、脱皮、开裂等缺陷，用重为 250g 的轻锤检查保护层空鼓情况；

4. 管端不得有严重的碰伤和掉角，承插口不得有裂纹和缺口，承插口工作面应光滑平整，局部凹凸度用尺量不超过 2mm；

5. 承插口的内、外径及其椭圆度应满足设计要求，承插口的环形间隙应能满足选配胶圈的要求；

6. 对出厂时间过长（跨季），质量有所降低的管子应经水压试验合格，方能使用。

（二）缺陷修补

预应力钢筋混凝土管承插口工作面有局部缺陷或管端碰伤以及管壁局部有缺陷时，可采用水泥砂浆、环氧树脂水泥砂浆或玻璃钢修补。

1. 水泥砂浆修补

对于蜂窝麻面、缺角、保护层脱皮以及小面积空鼓等缺陷，可用水泥砂浆或自应力水泥砂浆修补。操作程序如下：

待修部位朝上→凿毛→清洗并保持湿润→刷一道素水泥浆→填入水泥砂浆→用钢抹子反复擀压平整→撒少量干水泥砂→停数分钟→用铁抹子擀压一遍→养护。

进行上述操作时，在刷完素水泥浆后应立即填入水泥砂浆反复擀压，水泥砂浆的配比为水泥:细砂 = 1:1～2（体积比）。

2. 环氧树脂水泥砂浆修补

适用于管口有蜂窝、缺角、掉边及合缝漏浆、小面积空鼓、脱皮、露筋等情况。

环氧树脂水泥砂浆配方参见表 8-22。

环氧树脂砂浆配方（重量比）   表 8-22

材 料 名 称	配 方	
	环氧树脂底胶	环氧树脂砂浆
6101 号环氧树脂	100	100
乙二胺	6～10	6～10
磷苯二甲酸二丁酯	10	8
32.5 级水泥		150～200
细砂（粒径 0.3～0.12mm）		400～600

环氧树脂是一种高分子化合物，主要用来作为粘接剂。因环氧树脂本身不易固化，要

加入固化剂后和它起交联作用而固化，乙二胺为一种价格低、材料来源广泛的固化剂。磷苯二甲酸二丁酯为增塑剂，可改善环氧树脂的脆性，增加其韧性和强度。

修补裂缝时，应将裂缝剔成燕尾槽，槽深 1.5～2cm，槽宽上口 2～3cm，下口 3～4cm，槽长应超出缝端 10～20cm，将槽内碎屑除净后，即可进行修补。

修补的操作程序为：使待修部位朝上→凿毛（露出钢筋）→清洗晾干→刷底胶→填补环氧树脂砂浆→铁抹子反复压实压光→达到厚度要求。

调配环氧树脂砂浆时，先将水泥、砂子按比例拌匀，倒入已拌合好的环氧树脂胶液中搅拌均匀。所用砂子应淘洗、过筛并晾干。环氧树脂砂浆的操作温度要保持在 15℃以上。

环氧树脂水泥砂浆硬化后，应进行质量检查。检查时，可用刮刀刮削表面，刮削时表面呈粉末状或片状而不黏滞，即为合格。

3. 环氧玻璃布修补

环氧玻璃布是用环氧树脂底胶和玻璃纤维布交替粘接数层而成，适用于装运碰撞产生的裂缝。

环氧树脂底胶的配比参见表 8-22，玻璃布为厚度 0.2mm、0.5mm 的无捻方格玻璃纤维布。修补前应顺缝剔成燕尾槽，槽深 2～2.5cm，宜露出钢筋，上口槽宽 3cm 左右，槽长应超出缝端 10～20cm。先用环氧树脂水泥砂浆修补的方法，填满裂缝。然后刷一层环氧底胶，贴上并压紧玻璃布，依次贴 3～6 层（根据管道口径、压力和渗漏程度而定）环氧树脂底胶和玻璃布。刷底胶的速度要快，要刷薄刷匀，不能有结块现象。铺贴玻璃布时，应从中央向两边用毛刷赶气泡，压紧时，可用直径 3～5cm 的圆木棍或塑料管滚压。玻璃布应紧贴管子表面，不得留有气泡。环氧玻璃钢固化后，在铺管前应补做抗渗抗裂水压试验。

二、橡胶圈的选用与保管

（一）橡胶圈的选配

承插式预应力钢筋混凝土管和自应力钢筋混凝土管选配圆形橡胶圈应符合国家现行标准《预应力和自应力钢筋混凝土管用橡胶密封圈》的要求。在选配橡胶圈时，应考虑水压、管口的环向间隙和胶圈使用的条件等因素确定。橡胶圈的环径、截面直径和压缩率等参数的计算如下：

$$d_0 = \frac{e}{\sqrt{K_R(1-\rho)}}$$

$$D_R = K_R \cdot D_w$$

式中　d_0——橡胶圈直径（mm）；

　　　e——接口环向间隙（mm）；

　　　ρ——胶圈的压缩率，铸铁管取 34%～40%，预应力、自应力混凝土管取 45%；

　　　D_R——安装前橡胶圈环向内径（mm）；

　　　K_R——环径系数，取 0.85～0.9；

　　　D_w——管子插口端外径（mm）。

（二）橡胶圈的保管

橡胶圈的保存温度为 0～40℃，不能长期受日光照射，距热源的距离应不小于 1m。橡胶圈不允许同液体、半固体接触，特别是不能与油类、苯等能溶解橡胶的溶剂和对橡胶有害的酸、碱、盐以及二氧化硫等物质接触。某些金属，如铜和锰，对硫化橡胶有害，应采取措施将它们隔开。橡胶圈在运输过程中应避免日晒雨淋，存放时也不能长期受挤压，以免变形。

（三）橡胶圈的粘接

橡胶圈外观上不应有气孔、裂缝、皱皮和大飞边等缺陷，不得有凹凸不平的现象，环径公差尺寸不应大于 ±10mm。对于环径公差尺寸过大的橡胶圈应去长或补短并重新粘接，粘接的方法有热粘接法和化学粘接法。

热粘接法：即用加热的方法使橡胶条与外加橡胶粘接在一起。

1．原材料：帆线、胶水胶、厚 1.5mm 里子胶、120 号汽油溶剂。

2．工具：木锉、加热、加压模具。

3．操作步骤

（1）将橡胶条两端削成约 2～3cm 长的锥形，在锥形边缘外面 2cm 范围内用锉刀打平。

（2）用帆线将橡胶条锥形两端固定在一起，涂上胶水胶（按重量比胶水胶：120 号汽油溶剂 = 1:5 溶解调匀）。

（3）将刷有胶水胶的里子胶缠绕在接头处，边缘拉紧，至厚度超过胶条边 1mm 即可。

（4）将缠好里子胶的接头夹在模具内加热硫化。

三、预应力钢筋混凝土管安装

（一）安装程序

排管→管子的现场检验与修补→下管→挖接口工作坑→清理管膛、管口→清理胶圈→插口上套胶圈→顶装接口→检查中线、高程→用探尺检查胶圈位置→锁管。

预应力钢筋混凝土管安装应平直，无凸起、凸弯现象。沿曲线安装时，纵向间隙最小不得大于 5mm，接口转角不得大于表 8-23 的规定。

沿曲线安装接口允许转角 表 8-23

管 材 种 类	管 径 （mm）	转 角 （°）
预应力钢筋混凝土管	400～700	1.5
	800～1400	1.0
	1600～3000	0.5
自应力钢筋混凝土管	100～800	1.5

（二）安装方法

预应力和自应力钢筋混凝土管安装一般采用顶推与拉入的方法，可根据施工条件、管径和顶推力的大小以及机具设备情况确定。常用的安装方法有：撬杠顶入法、千斤顶拉杆法、吊链（手拉葫芦）拉入法、牵引机拉入法等。

1．撬杠顶入法 将撬杠插入已对口待连接管承口端工作坑的土层中，在撬杠与承口端面间垫以木块，扳动撬杠使插口进入已连接管的承口，如图 8-25 所示。该法适用于小口径管道

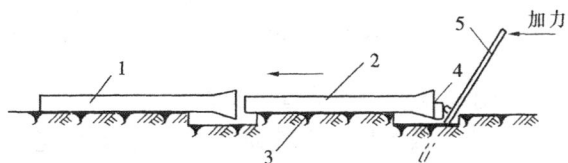

图 8-25 撬杠顶入法
1—已安装的管子；2—待安装的管子；
3—管沟底；4—垫木；5—撬杠

安装。

2.千斤顶拉杆法　先在管沟两侧各挖一竖槽，每槽内埋一根方木作为后背，用钢丝绳、滑轮和符合管节模数的钢拉杆与千斤顶连接。启动千斤顶，将插口顶入承口，每顶进一根管子，加一根钢拉杆，一般安装10根管子移动一次方木。

也可用特制的弧形卡具固定在已经安装好的管子上，将后背工字钢、千斤顶、顶铁（纵、横铁）、垫木等组成的一套顶推设备安放在一辆平板小车上，用钢拉杆把卡具和后背工字钢拉起来，使小车与卡具、拉杆形成一个自锁推拉系统。系统安装好后，启动千斤顶，将插口顶入承口，如图8-26所示。

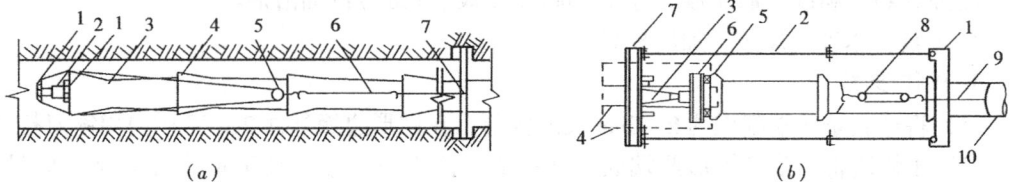

图 8-26　千斤顶拉管法安管示意

（a）

1—垫木；2—千斤顶；3—管子；4—钢丝绳；5—滑轮；6—钢筋拉杆；7—方木

（b）

1—卡具；2—钢拉杆（活接头组合）；3—螺旋千斤顶；4—双轮平板小车；5—垫木（一组）；
6—顶铁（一组）；7—后背工字钢（焊有拉杆接点）；8—吊链（卧放手拉葫芦）；9—钢丝绳套
子（递手绳）；10—已安好的管子的第2，3，……节

3.吊链（手拉葫芦）拉入法　在已安装稳固的管子上拴住钢丝绳，在待拉入管子承口处放好后背横梁，用钢丝绳和吊链（手拉葫芦）连好绷紧对正，拉动吊链，即将插口拉入承口中，如图8-27所示。每接一根管子，将钢拉杆加长一节，安装数根管子后，移动一次栓管位置。

4.牵引机拉入法　在待连接管的承口处，横放一根后背方木，将方木、滑轮（或滑轮组）和钢丝绳连接好，启动牵引机械（如卷扬机、绞磨）将对好胶圈的插口拉入承口中。

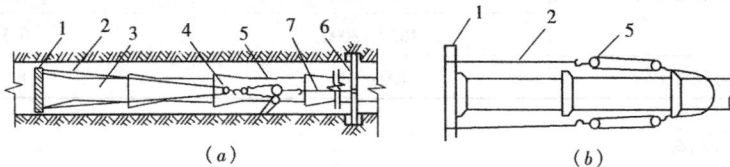

图 8-27　吊链拉入法安管示意
（a）单吊链拉入法；（b）双吊链拉入法
1—管道垫木；2—钢丝绳；3—管子；4—滑轮；5—吊链；6—后背方木；7—钢筋拉杆

5.DKJ多功能快速接管机安管

北京市市政工程研究院研制的DKJ多功能快速接管机，可快速进行管道接口作业，并具有自动对口、纠偏功能，操作简便。

6.锁管　安管后，为防止新安装的几节管子管口移动，可用钢丝绳和吊链锁在后面的管子上，如图8-28所示。

174

（三）施工要点和注意事项

1. 安管时，管口和橡胶圈应清洗干净，套在插口上的胶圈应平直、无扭曲，安装后的胶圈应均匀滚动到位。

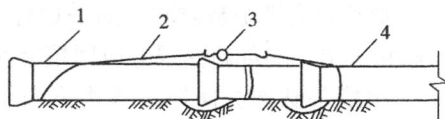

图 8-28　锁管示意图
1—第一节管；2—钢丝绳；3—吊链；
4—后面的管（一般在第 4 或 5 节之后）

2. 顶、拉的着力点应在管子的重心上，通常在管子的 $\frac{1}{3}$ 高度处。

3. 管子插入时要平行沟槽吊起，以使插口胶圈准确地对入承口内；吊起时稍离槽底即可。管子吊起可用起重机、手拉葫芦等。

4. 安装接口时，顶、拉速度应缓慢，随时检查胶圈滚入是否均匀，如不均匀，可用錾子调整均匀后，再继续顶、拉，使胶圈均匀进入承口内。

5. 预应力和自应力钢筋混凝土管不宜截断使用。

6. 预应力和自应力钢筋混凝土管采用金属管件连接时，管件应进行防腐处理。

7. 安装后的管身底部应与基础均匀接触，防止产生应力集中现象。

8. 钢丝绳与管子接触处，应垫以木板、橡胶板等柔性材料，以保护管子不受钢丝绳损坏。

9. 胶圈柔性接口完成后，一般可不作封口处理，但遇到以下几种情况时，常对接口进行封口。

（1）铺管地区对橡胶圈有侵蚀性地下水或其他侵蚀性介质时，为了保护胶圈进行封口；

（2）明装管道为防止日晒造成的老化现象而进行封口；

（3）在管道接口附近，若有树根、昆虫的侵袭，可能破坏接口，故而进行封口。

橡胶圈柔性接口的封口，所用填料应能起到保护胶圈的作用，同时又不致改变接口柔性。一般用油麻丝、石棉水泥（1:4）搓条填入等方式封口。这种封口方式不应嵌填过实，以免影响接口的柔性。

第五节　塑料管道安装

城市埋地给水管道中采用的塑料管道主要是硬聚氯乙烯（PVC-U）管和高密度（HDPE）聚乙烯管，下面重点介绍这两种管材的安装方法。

一、塑料管材及管件的现场检验

（一）外观管材内外壁应光滑、清洁，没有划伤和其他缺陷，不允许有气泡、裂口及明显的凹陷、杂质、颜色不均、分解变色等。管端头应切割平整，并与管的轴线垂直。

（二）管材壁厚偏差应符合国家标准规定，不得有负偏差。

（三）管件的壁厚不小于同规格管材的壁厚。

（四）管件外观表面应光滑、无裂纹、气泡、脱皮、明显的杂质以及色泽不均、分解变色等缺陷。

二、塑料管道铺设的一般规定

（一）关于沟槽的一般规定

塑料管道铺设的沟槽除应符合第七章内容的有关要求外，还应符合下列规定：

1. 塑料管道埋地敷设时，如果设计未规定采用其他材料的基础，管道应放在未经扰动的原状土上。局部超挖部分应回填夯实。

2. 沟槽基础如为回填土或为岩石、块石或砾石时，应开挖至设计标高以下 0.15 ~ 0.20m，然后填砂整平夯实。

3. 塑料管安装后，应用细土（原土）或砂进行回填。回填应从管腔开始，直至回填到管顶以上不小于 0.1m 处，回填中采用人工而非机械小心夯实。

4. 塑料管水压试验前一定要进行管沟回填，回填高度不小于 0.5m，并在管道内充满水的情况下进行。

（二）塑料管道安装的一般规定

1. 下管　管材在吊运及放入管沟时，应采用可靠的软带吊具，平稳下沟，不得与沟壁或沟底发生激烈碰撞。

2. 支墩　在安装法兰接口的阀门和管件时，应设置支墩进行加固。口径大于 90mm 的阀门应设支墩。管道支墩的后背应紧靠原状土，支墩与管道之间应设置橡胶垫片。

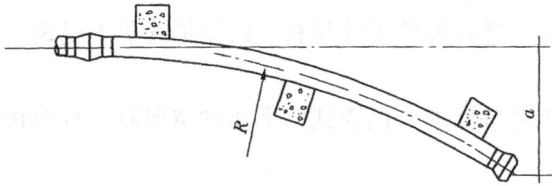

图 8-29　管道转弯处的支设

3. 弯曲　管道转弯处应设置弯头，利用管道进行弯曲转弯时应在管道允许弯曲半径及幅度的范围内。管径越大允许弯曲越小。为保证管道弯曲的均匀性不变，弯曲处应采用图 8-29 方式固定。

4. 管道穿墙、铁路和公路　塑料管穿墙处应设预留孔或安装套管，穿越部分不得有管道接口。塑料管穿越铁路、公路时，应设置套管。套管应按照设计安装。

5. 管道的临时封堵　管道安装和铺设中断时，应对管口进行封闭，防止大块异物进入管道内。

三、硬聚氯乙烯管道安装

硬聚氯乙烯（PVC-U）管道的连接形式主要有承插式柔性连接、溶剂粘接连接、法兰连接或钢塑过渡接头连接等几种。最常用的是承插式柔性连接和溶剂粘接连接，承插式柔性连接适用于管径为 63 ~ 315mm 的管道连接；溶剂粘接连接适用于管外径小于 160mm 的管道连接；法兰连接一般用于硬聚氯乙烯管道与钢管、铸铁管等其他材质的管道或阀门等配件的连接；钢塑过渡接头连接主要用于硬聚氯乙烯配水管道与用户管（如钢塑管等）的连接。

（一）承插式柔性连接（R-R 连接）

承插式柔性连接是指塑料管道承口与插口通过挤压橡胶密封圈从而达到密封作用的一种连接形式。其连接程序为：

准备工作——清理工作面及胶圈——上胶圈——插口端刷润滑剂——对口、安装——检查。

1. 准备工作　检查管材、管件和橡胶圈的质量，并根据施工工具表 8-24 准备工具。管子的插口端要有光滑倒角，倒角一般为 15°，承口端尺寸符合要求，承口、插口端面与管道中心线垂直。插入深度确定后，按照长度要求做好标示线。

各作业项目的施工工具表 表 8-24

作业项目	工 具 种 类	作业项目	工 具 种 类
锯管及坡口	细齿锯或割管机，倒角器或中号板锉，万能笔、量尺	涂润滑剂	毛刷，润滑剂
		连 接	手动葫芦或插入机、绳
清理工作面	棉纱或干布	安装检查	塞尺

管子接头最小插入深度见表 8-25。

管子接头最小插入深度 表 8-25

公称外径（mm）	63	75	90	110	125	140	160	180	200	225	250
插入长度（mm）	64	67	70	75	78	81	86	90	94	100	112

2．清理　将承口内的橡胶圈沟槽、插口端工作面及橡胶圈清理干净，不得有土或其他杂物。

3．上胶圈　将橡胶圈正确安装在承口沟槽内，不得装反或扭曲。

4．刷润滑剂　在管道插口端均匀刷润滑剂，润滑剂必须无毒、无味、无臭，不会繁殖细菌，润滑剂不得涂在承口沟槽内。

5．对口、安装　将连接的管道承口对准插口，保持插入管端平直，一次插入至深度标示线，小口径管道用人力插入，大口径管道可用手动葫芦等专用拉力工具。管道插入时如阻力过大，不可强行插入，应拔出并检查橡胶圈是否扭曲。

6．检查　用塞尺顺着管道承插口间隙插入，沿管道圆周检查橡胶圈的安装是否正确。

（二）溶剂粘接连接（T-S 连接）

由于这种连接方式受到场地环境、加工机具和操作水平等因素的影响，深圳市水务集团已禁止在施工现场进行管道或管件的粘接，粘接连接应在生产厂家内完成，以确保接口质量。作为对塑料管安装工作的了解，下面简述一下连接程序：

准备——清理工作面——试插——刷粘接剂——粘接——养护。

1．准备　检查管材、管件和橡胶圈的质量，并根据施工工具表 8-26 准备工具。

各作业项目的施工工具表 表 8-26

作业项目	工 具 种 类
切管及坡口	同表 8-24
清理工作面	除同表 8-24 外尚需丙酮、清洗剂
粘 接	毛刷、粘接剂

连接的管子需要切断时，须将插口处做成坡口再进行连接。切断管子时，应保证断口平整且垂直管轴线。加工成的坡口应符合下列要求：坡口长度一般不小于 3mm；坡口厚度约为管壁厚度的 $\frac{1}{3} \sim \frac{1}{2}$。坡口完后，应将残屑清除干净。

2．清理工作面　管材和管件粘接前，应用棉纱或干布将承口内侧和插口外侧擦拭干净，使得连接面保持清洁，无尘砂和水迹。当连接面有油污时，须用棉纱蘸丙酮等清洁剂擦拭干净。

3．试插　粘接前将两管试插一次，使插入深度及配合情况符合要求，并在插入端表面划出插入承口深度的标示线。管端插入承口深度应不小于表 8-27 的规定。

粘接连接管材插入深度

表 8-27

管材公称外径（mm）	20	25	32	40	50	63	75	90	110	125	140	160
管端插入承口深度（mm）	16.0	18.5	22.0	26.0	31.0	37.5	43.5	51.0	61.0	68.5	76.0	86.0

4．涂刷粘接剂　用毛刷将粘接剂快速涂刷在插口外侧及承口内侧，先涂承口，后涂插口，宜轴向涂刷，涂刷均匀适量。

5．粘接　承插口涂刷粘接剂后，立即将管端插入承口，用力挤压，使管端插入深度至所划标示线，确保承插口的直度和接口位置正确。管端插入承口粘接后，用手动葫芦或其他拉力器拉紧，并保持一段时间。

6．养护　承插接口连接完毕后，应及时将挤出的粘接剂擦拭干净。

（三）法兰连接

塑料管道是通过法兰短管与钢管、铸铁管等或阀门等配件进行连接的。硬聚氯乙烯管的法兰管件多为两种形式：承口法兰短管和插口法兰短管。在安装过程中应使用与管材相配套的法兰管件，相邻两法兰应保持螺栓孔位置及直径相一致。

（四）钢塑过渡接头连接

钢塑过渡接头连接一般用于小口径塑料管材或管件与用户管（多为钢塑管）之间的连接。接头有钢制或钢制的内、外螺纹，与其连接的形式为螺纹连接。

四、聚乙烯管道安装

聚乙烯（PE）管道的连接形式主要有热熔连接（热熔对接、热熔承插连接、热熔鞍型连接）、电熔连接（电熔承插连接、电熔鞍型连接）、承插式柔性连接、法兰连接及钢塑过渡接头连接等几种，不得采用螺纹连接或粘接。安装时严禁使用明火加热。

不同 SDR 系列的聚乙烯管材不得采用热熔对接连接；$DN \leqslant 63mm$ 的聚乙烯给水管道不宜采用热熔对接连接；$DN \geqslant 110mm$ 的聚乙烯给水管道不宜采用热熔承插连接；$DN > 315mm$ 的聚乙烯给水管道不宜采用承插式柔性连接。聚乙烯给水管道与金属管道或金属管道附件的连接，应采用法兰或钢塑过渡接头连接。

聚乙烯给水管道各种连接形式应采用相应的专用连接机具。

（一）热熔对接连接

聚乙烯给水管道热熔对接连接是通过专用机具，使得要连接的两管端头加热后，施加外力对接形成密封接头。连接程序如下：

准备——试对接——加热——对接——检查。

1．准备　聚乙烯给水管道连接前应对管材、管件及管道附件按照设计要求进行核对，并进行外观检查。检查专用机具的性能是否完善。

2．试对接　利用机具割除管道端头的外露部分，调整两管道对接的水平位置和高度，使两端头尽量在同一位置，如有错位应在允许范围内。

3．加热　将专用机具设置所需温度，同时让管道两端头抵接到加热板上，并保持一定的时间。加热时间、加热温度和施加的压力应符合专用机具生产企业和聚乙烯管材、管件生产企业的规定。

4．对接　抽出加热板后，施加外力使两端头紧紧对接到一起并保持一定时间，待接头完全冷却后撤离外压。热熔对接连接的保压、冷却时间应符合专用机具生产企业和聚乙烯管材、管件生产企业的规定。保压、冷却期间不得移动连接件或在连接件上施加任何外力。

5. 检查　通过外观检查接头翻边是否均匀、光滑，应无明显缺陷。

（二）电熔套筒连接

聚乙烯给水管道电熔套筒连接的程序如下：

准备——清理工作面——试插入——加热、连接——冷却——检查。

1. 准备　聚乙烯给水管道连接前应对管材、管件及管道附件按照设计要求进行核对，并进行外观检查。检查专用机具的性能是否完善，电熔连接机具输出电流、电压应保持稳定。

2. 清理　管材、管件连接面上的污物应用洁净棉布擦拭干净，插入断口应光滑，无毛刺等。

3. 试插入　将管材插入端或插口管件插入端插入承口内并划出插入长度标示线，抽出插入段，用刮刀刮除插入段表皮。

4. 加热、连接　将管材插入端或插口管件插入端插入电熔承插管件承口内，直至划出的长度标示线，校直两对应的待连接件，使其在同一轴线上。通电加热，加热时间、加热温度应符合专用机具生产企业和聚乙烯管材、管件生产企业的规定。

5. 冷却　加热、连接完成后将连接件放置待其自然冷却，冷却期间不得移动连接件或在连接件上施加任何外力。

6. 检查　检查连接件的牢固程度，应无松动、扭曲等异常状况。

（三）承插式柔性连接、法兰连接及钢塑过渡接头连接

聚乙烯给水管道与硬聚氯乙烯给水管道都是塑料管材，承插式柔性连接、法兰连接及钢塑过渡接头连接在所需施工机具、安装方式方法、检查等环节上大同小异。因此，聚乙烯给水管道在采用上述几种连接形式时可遵照硬聚氯乙烯给水管道的操作程序，在此不加详述。

第六节　钢塑复合管安装

深圳市于 2002 年明文规定禁止在建筑给水中使用镀锌钢管，小口径钢塑复合管就成功替代镀锌钢管并大量使用在建筑给水上。

钢塑复合管道的连接形式主要有螺纹连接、法兰连接和沟槽式连接。其中最为常用的是螺纹连接。

一、钢塑复合管分类

钢塑复合管是在钢管内壁衬（涂）一定厚度塑料层复合而成的管子。钢塑复合管分为衬塑钢管和涂塑钢管两种，衬塑钢管是采用紧衬复合工艺将塑料管（硬聚氯乙烯管、聚乙烯管）衬于钢管内壁而制成的复合管，涂塑钢管是将塑料粉末（如环氧树脂、PE 树脂等）均匀地涂敷在钢管表面并经加工而制成的复合管。

二、钢塑复合管现场检验

（一）外观管材内外壁应光滑、清洁，没有划伤和其他缺陷，不允许有气泡、裂口及明显的凹陷、杂质、颜色不均等。管端头应切割平整，并与管的轴线垂直。

（二）衬塑层或涂塑层应与钢管壁连接紧密，不得有凸起和剥离等现象。

（三）管材壁厚偏差应符合国家标准规定，不得有负偏差。

（四）管件的壁厚不小于同规格管材的壁厚。

（五）管件外观表面应光滑、无裂纹、气泡、脱皮、明显的杂质等缺陷，衬塑层或涂塑层应与管件壁连接紧密。

（六）必要时可用电火花仪对管材、管件进行检测。

三、钢塑复合管安装

如前所述，钢塑复合管有螺纹连接、法兰连接以及沟槽式连接等几种方式，但在给水管道安装中常采用螺纹连接，法兰连接主要用在钢塑复合管与阀门、消火栓等附件的连接，沟槽式连接建议不采用。

（一）螺纹连接

钢塑复合管的螺纹连接与镀锌钢管的安装方法基本一致，但钢塑复合管的安装在所需施工机具和操作环节上需要注意一些事项，以免损坏衬塑层或涂塑层。钢塑复合管安装程序如下：

断管——套丝——清理端口、加工——防腐、密封——拧入、连接——检查。

1. 断管　断管宜采用锯床，也可采用手工锯或盘锯，不得采用砂轮切割。如采用砂轮切割则容易产生高温而损坏塑料内衬或内涂；当采用盘锯切割时其转速不得超过800r/min，视钢塑复合管内衬（涂）材料而定，硬质塑料、环氧树脂可略高，聚乙烯树脂可低些；当采用手工锯断管时，锯面应垂直于管道轴线。

2. 套丝　钢塑复合管管端套丝应采用自动套丝机。如采用手工管螺纹铰板，容易产生管螺纹轴偏心，当与衬塑管件连接时有可能造成衬塑接口损坏。

在断管和套丝过程中，一般采用冷却液冷却以保护衬（涂）塑层，冷却液以水溶性为好。

圆锥形管螺纹应符合现行国家标准《用螺纹密封的管螺纹》（GB/7306）的要求，并应用标准螺纹规检验。

3. 清理端口、加工　钢塑复合管切割、套丝后，均应对管端头进行处理，用细锉将金属管端的毛边修理光滑，并用棉回丝和毛刷清除管端和螺纹内的油、水和金属切屑。钢塑复合管管道和管件安装前，对衬塑管的衬塑层采用专用铰刀进行坡口倒角，倒角坡度宜为10°~15°，对涂塑管的涂塑层采用削刀削成轻内倒角。

4. 防腐、密封　管端、管螺纹清理加工后，应进行防腐、密封处理，采用防锈密封胶和聚四氟乙烯生料带（俗称水胶布）缠绕螺纹，同时在管端标记拧入深度。

5. 拧入、连接　钢塑复合管与配件连接前，应检查衬塑管件内橡胶密封圈或厌氧密封胶，然后将配件用手捻上管端丝扣，在确认管子已进入后，用管钳进行紧固。标准旋入牙数及标准紧固扭矩参照表8-28。

标准旋入牙数及标准紧固扭矩　　　　　　　　　表 8-28

| 公称直径（mm） | 旋　　入 | | 扭　矩 N·m | 管子钳规格（mm）×施加的力（kN） |
	长度（mm）	牙　数		
15	11	6.0~6.5	40	350×0.15
20	13	6.5~7.0	60	350×0.25
25	15	6.0~6.5	100	450×0.30
32	17	7.0~7.5	120	450×0.35

公称直径（mm）	旋 入		扭 矩	管子钳规格（mm）×施加的力（kN）
	长度（mm）	牙 数	N·m	
40	18	7.0~7.5	150	600×0.30
50	20	9.0~9.5	200	600×0.40
65	23	10.0~10.5	250	900×0.35
80	27	11.5~12.0	300	900×0.40
100	33	13.5~14.0	400	1000×0.50
125	35	15.0~16.0	500	1000×0.60
150	35	15.0~16.0	600	1000×0.70

6. 检查 连接完成后应对连接部位进行检查，并对外露的螺纹部分及钳痕和管表面损伤部位涂防锈密封胶。

（二）法兰连接

钢塑复合管法兰连接的操作要点同钢管的法兰连接，在此不加多述。

1. 用于钢塑复合管的法兰应符合以下要求：

（1）凸面板式平焊钢制管法兰应符合现行国家标准《凸面板式平焊钢制管法兰》（GB/T 9119.5—9119.10）的要求；

（2）凸面带颈螺纹钢制管法兰应符合现行国家标准《凸面带颈螺纹钢制管法兰》（GB/T 9114.1—9114.3)的要求，仅适用于公称管径不大于150mm的钢塑复合管的连接；

（3）法兰的压力等级应与管道的工作压力相匹配。

2. 钢塑复合管法兰的现场连接应按照下列要求进行：

（1）钢塑复合管的断管符合本章断管的规定；

（2）在现场配接法兰时采用内衬塑凸面带颈螺纹钢制管法兰；

（3）被连接的钢塑复合管上的管螺纹，牙型应符合现行国家标准《用螺纹密封的管螺纹》（GB/7306）的要求。

（三）沟槽式连接

钢塑复合管沟槽式连接目前在深圳市使用较少，本章对其性能，安装技术要求等不加叙述。

第七节 管 道 切 割

一、管道切割的类别

管道切割是管道工程施工和维护中的常见工序。按照作业条件的差异一般分为管道固定、不固定两种切割方式；按照操作方式分为手工、机械切割等，不同的管材的切割方式有相同之处，也有不同的地方，实际工作中应视具体情况而定。

二、几种常见的切割

（一）锯割

锯割是常用的一种管道切割方法，用以切断钢管、铸铁管、塑料管等。锯割分为手锯和机锯两种，在管道安装上手锯的使用仍较为普遍（见图8-30）。

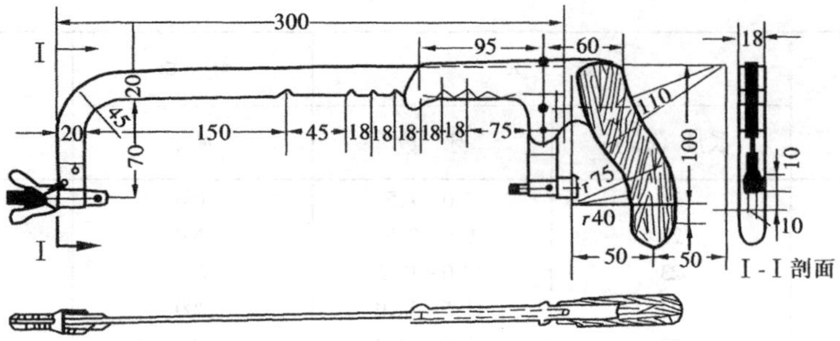

图 8-30

手锯由锯弓和锯条组成，如图所示。锯弓长度可依照锯条长度来进行调节。常用钢锯条长度为 300mm，有粗齿和细齿两种。安装锯条时，锯齿齿尖朝向前方。

细齿锯条切割管子，因齿距较小，锯管时会有数个锯齿与管壁的断面接触，切割速度较慢，适用于小口径管道切割。

粗齿锯条切割管子，锯齿与管壁断面接触的齿数较少，操作时施力大容易卡锯齿，切断速度较快，适用于大口径管道，如钢管、铸铁管等。

（二）錾切

人工錾切常用于铸铁管、水泥压力管等脆性管材的切割。常用的錾管工具有起槽錾、修槽錾、大小楔錾，形状如图 8-31。这种断管方法主要用于管材不固定的场合，在已敷设的管道上断管亦有使用。

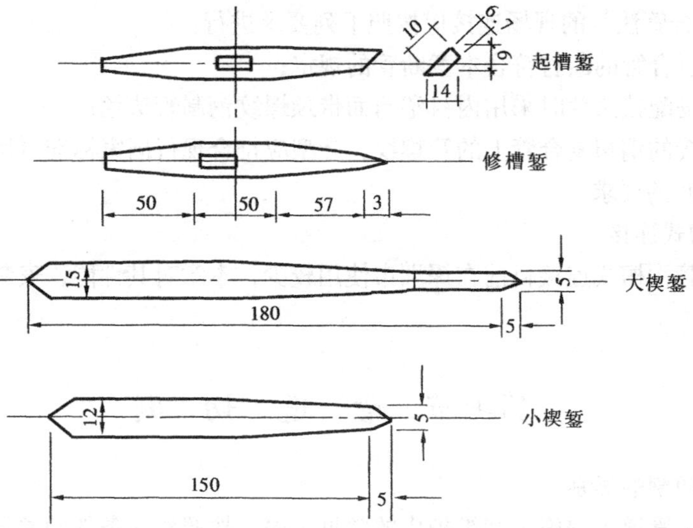

图 8-31

錾切管材应注意安全，操作时应穿工作服，佩戴手套及防护目镜，对周围环境采取相应的保护措施。对于水泥管保护层质量较差的管材，不推荐切断措施。

（三）刀割

用切刀、铣刀以及滚压挤割等方式切割管材，是管道切割半机械化的一种手段，主要用于钢管、铸铁管的切割。

182

滚刀割管器 因刀片类似于铜钱，又名金钱割刀。

三滚刀割管器如图 8-32 所示。它由割管器架 1、滑块 2、螺杆 3、把手 4 和三个滚刀 5 组成。这种割管器用来切割小口径钢管。

用割管器切割时，管子固定在龙门式压管钳上，使切割线靠近压管钳。在人工摆动割管器时，应均匀向右转动把手，使滚刀切入管壁，直至把管切断。在切管过程中，滚刀部位要上润滑冷却剂，并调整各滚刀在同一截面切割。

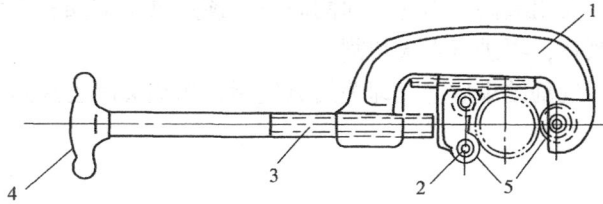

图 8-32
1—割管器架；2—滑块；3—螺杆；4—把手；5—滚刀

割管器切割速度比手锯要快些，但管道内侧易形成毛刺，应用圆锉或三棱刮刀清除。

用于刀割的器材还有通用性旋转切管器、自爬式电动割管机、手动液压铸铁管剪切器和卡盘式电动切管机等。在实际操作中视具体情况进行选择。

（四）砂轮切割

（五）气割

金属给水管材常用气割，利用氧-乙炔气体火焰的热能将切割处预热到一定温度后喷出高速切割氧流，使金属燃烧并放出热量而实现切割。气割过程有三个阶段：

1）预热 气割开始时，利用氧-乙炔焰或氧-丙烷焰将切割处预热到能发生剧烈氧化的温度。

2）燃烧 喷出高速切割氧流，使预热的金属燃烧，生成氧化物。

3）熔化与吹除 金属燃烧生成的氧化物以及与反应表面相邻的一部分金属被燃烧热熔化后，再被气流吹掉完成切割过程。

管道气割前应清洗管表面油垢、氧化皮等物，并对气割设备和工具进行检查。

气割的割嘴规格和氧气压力应根据管壁厚度来确定，一般可参照表 8-29 选用。

表 8-29

割件厚度	割 炬		氧气压力	乙炔压力
（mm）	型 号	割嘴号码	（MPa）	（MPa）
≤4	G01—30	1～2	0.3～0.4	0.001～0.12
4～10		2～3	0.4～0.5	
10～25	G01—100	1～2	0.5～0.7	0.001～0.12
25～50		2～3	0.5～0.7	
50～100		3	0.6～0.8	
100～150	G01～300	1～2	0.7	0.001～0.12
150～200		2～3	0.7～0.9	
200～250		3～4	0.10～0.12	

气割时，预热火焰采用中性焰。炭化焰不能使用，否则会使切口边缘增炭。调整火焰性质时应先开氧气，以免火焰性质发生变化，并在切割的过程中不断加以调节。

割嘴离割件表面的距离，按照预热火焰的长度和管壁厚度而定，一般以焰心末端距离工件 3 ~ 5mm 为宜。距离太近易使切口边缘熔化和增炭。

在切割过程中，有时因割嘴过热或飞溅物堵塞割嘴，发生回火而使火焰突然熄灭，应立即关闭氧阀，迅速抬起割炬关闭预热氧调节阀和乙炔阀。待割嘴冷却后去除割嘴端头的飞溅物，再进行点火切割。

气割结束后应立即关闭氧气阀，相继关闭乙炔阀和预热氧气阀。

第九章　管道防腐蚀

第一节　管道的腐蚀

一、管道的外腐蚀

腐蚀是金属管道的变质现象，其表现方式有生锈、坑蚀、结瘤、开裂或脆化等。金属管道与水或潮湿土壤接触后，因化学作用或电化学作用产生的腐蚀而遭到损坏。按照腐蚀过程的机理，可分为没有电流产生的化学腐蚀，以及形成原电池而产生电流的电化学腐蚀（氧化还原反应）。给水管网在水中和土壤中的腐蚀，以及流散电流引起的腐蚀，都是电化学腐蚀。

（一）管道的化学腐蚀

化学腐蚀是因为金属与四周腐蚀性介质相互作用发生置换反应而产生的腐蚀。化学腐蚀可分为大气中的化学腐蚀和在非电解质溶液中的腐蚀。大气的化学腐蚀多见于钢铁在空气中氧化变为氧化铁，或铁在氯化物溶液中发生化学反应变为氯化铁。在化学腐蚀过程中没有电流产生。

置换反应的结果是生成氢氧化物。若是这种氢氧化物易溶于水，则制作管道的金属为活泼性的金属，这种管道容易腐蚀；若是生成的氢氧化物难溶于水，管道周围的土壤就不易对管道产生腐蚀作用。

同时，大多数金属由于土壤中溶解氧的作用，能生成碱性氧化物，再与侵蚀性酸相遇生成可溶性盐类，呈酸性具有腐蚀性；若生成非溶性的盐类，呈碱性就不易腐蚀。如铁的腐蚀作用，首先是由于空气中的二氧化碳溶解于水，变成碳酸和溶解氧，它们往往也存在于土壤中，使铁生成可溶性的酸式碳酸盐 $Fe(HCO_3)_2$，然后在氧化作用下变成 $Fe(OH)_2$。

对于管道的化学腐蚀在大气和土壤中最常用的防腐蚀方法是采用涂料或非金属材料包覆（像环氧煤沥青保护层等）。

（二）管道的电化学腐蚀

金属管道埋在土壤中的电化学腐蚀，是指金属在土壤中发生的化学变化。其特点在于金属溶解损失的同时，还产生腐蚀电池的作用。

它与化学腐蚀的不同点在于腐蚀过程有电流产生。形成腐蚀电池有两类，一类是微腐蚀电池，另一类是宏腐蚀电池。微腐蚀电池是指金属组织不一致的管道和土壤接触时，对于土壤性质的差异，在这很小的范围内可以说是不大的。而这种组织不均匀的金属管材，就好像两块不同金属放在同一电解液中一样，在这两部分组织有差异的金属管道间发生电位差而形成腐蚀电池。如钢管的焊缝熔渣和管本体金属之间，电位差可高达 0.275V，这也就是钢管漏水常发生在焊缝的缘故。宏腐蚀电池是指长距离金属管道沿线的土壤性质不同，因在土壤和管道之间发生电位差而形成腐蚀电池。一般所指的土壤电化学腐蚀，是上述两种腐蚀电池作用的综合。

钢管受到电化学腐蚀时，常发生局部穿孔。钢管的电化学腐蚀除了上述两种类型外，还可能产生大气腐蚀。大气腐蚀为幕墙工程金属结构腐蚀的主要腐蚀形式。对钢结构来说，腐蚀的速度主要与空气的相对湿度有关。实验和经验证明，常温下，钢材的腐蚀临界湿度为 60%～70%。也就是说，当大气的相对湿度小于 60% 时，钢的大气腐蚀是很轻微的，但当大气相对湿度超过 60% 时，钢的腐蚀速度会明显增加。同时，钢材的腐蚀速度还与大气中所含的污染物成分和数量有关。

铸铁管受到腐蚀时，铸铁成分中只剩下石墨、硅酸盐和氧化物。铸铁管虽保持着外形，但软化到只要用小力就可以切削的程度，这种现象称为"石墨化现象"。

对于预应力管等钢筋混凝土类管材，一般说砂浆或混凝土对钢筋会起到良好的保护作用，但当管道埋于严重腐蚀性的土壤中，砂浆或混凝土会受到酸性地下水的侵蚀，钢筋就会发生腐蚀，最终导致管道的爆破。

影响电化学腐蚀的因素很多，例如，钢管和铸铁管氧化时，管壁表面可生成氧化膜，腐蚀速度因氧化膜的作用而越来越慢，有时甚至可保护金属不再进一步被腐蚀，但氧化膜必须完全覆盖管壁，并且在附着牢固、没有透水微孔的条件下，才能起保护作用。水中溶解氧可引起金属腐蚀，一般情况下，水中含氧越多，腐蚀越严重，但对钢管来说，此时在内壁产生保护膜的可能性越大，因而可减轻腐蚀，水的 pH 值明显影响金属管的腐蚀速度，pH 值越低腐蚀越快，中等 pH 值时不影响腐蚀速度，pH 值高时因金属管表面形成保护膜，腐蚀速度减慢。水的含盐量对腐蚀的影响是，盐量越高则腐蚀加快。

二、管道的内腐蚀及堵塞

（一）水中碳酸钙（镁）沉淀形成的水垢

在所有的天然水中几乎都含有钙镁离子，并且水中的酸式碳酸根离子分解出二氧化碳和碳酸根离子，这些钙镁离子和碳酸根离子化合成碳酸钙（镁），它难溶于水而变成沉渣。长时间使用水管，由于水中碳酸钙的沉积造成了水垢，水垢随着时间的延长，逐渐加厚，直至堵塞水管，影响正常供水和排水。

在冷却设备的循环给水系统中，温度升高会加快酸式碳酸根的分解，是凝结管容易堵塞的重要原因。

（二）水对金属管道内壁侵蚀所形成的沉淀物

这种侵蚀一般分为两大类——化学腐蚀与电化学腐蚀。对于金属管道而言，输送的水就是一种电解液，所以管道的腐蚀多半带有电化学的性质。在这里，金属不是化学上的纯金属，它本身含有各种不同的杂质，这些杂质之间引起彼此间的腐蚀电位差，使阳极部位的金属遭到损坏，并转入溶液中呈离子状态，同时失去电子，这多余的电子趋向阴极，在阴极形成的氢离子放电，溶液在阴极失去氢离子而增加 OH^- 离子，当形成的 OH^- 离子到足够的数量时，在溶液中的金属离子就形成金属的低价氢氧化物，低价的氢氧化物如 $Fe(OH)_3$，它沉积于管内使管道表面成凹凸不平。因此，这样形成的沉淀物是腐蚀作用的二次产物。

在正常状态下，如水中没有侵蚀性二氧化碳时，这种沉积物在管内壁形成一层薄膜，使金属的继续腐蚀作用减低。否则氢氧化铁吸附二氧化碳，破坏了酸式碳酸盐溶液中的化学平衡，加速产生碳酸钙沉淀。

水中溶解氧的大量存在，使金属管内壁形成保护性的氧化物薄膜。当给水管内的水中溶解氧含量不多时，起不到上述的作用，在管网供水的实际状态上也反映了这类情况。比如，输水干管中流速大，氧气接连不断地由水带入，此氧对金属起到钝化作用；而在配水管网的末端，管内流速较小，甚至有时不流动，水中的氧气没补充的状态，水管就易腐蚀。

由于腐蚀的生成物能溶于酸性介质中，而不易溶解于碱性介质中。因此，pH 值偏低的酸性介质能促进腐蚀作用，而 pH 值偏高能阻止或完全停止腐蚀作用。

（三）水中含铁量过高引起的管道堵塞

作为给水的水源一般含有铁盐。生活饮用水的水质标准中规定铁的最大允许浓度不超过 0.3mg/L，当铁的含量过大时，水应予以处理，否则在给水管网中容易形成大量沉淀。水中的铁常以酸式碳酸铁、碳酸铁等形式存在。以酸式碳酸铁形式存在时最不稳定，分解出二氧化碳，而生成的碳酸铁经水解成氢氧化亚铁。这种氢氧化亚铁经水中溶解氧的作用，转为絮状沉淀的氢氧化铁。它主要沉淀在管内底部，当管内水流速度较大时，上述沉淀就难形成；反之，当管内水流速度较小时，就促进了管内沉淀物的形成。

上述三方面，一般属于水质的化学稳定问题。

（四）管道内的生物性堵塞

从管道堵塞性沉积物的分析中得知，既有矿物成分也有有机成分。这种有机成分中包括微生物和藻类，它们大量地存在于给水的水源中，主要存在于地表水里。

这些极小的、活的有机物进入管道内附着在管壁上，在具备良好的生存因素时，就繁殖而聚积，从而缩小了管道的有效过水面积。

城市给水管网内的水是经过处理和消毒的，在管网中一般就没有产生有机物和繁殖生物的可能。但是铁细菌是一种特殊的自养菌类，它依靠铁盐的氧化，以及在有机物含量极少的清洁水中，顺利地利用细菌本身生存过程中所产的能量而生存。这样铁细菌附着在管内壁上后，在生存过程中能吸收亚铁盐和排出氢氧化铁，因而形成凸起物。由于铁细菌在生存期间能排出超过其本身体积 499 倍的氢氧化铁，所以有时能使水管过水断面严重堵塞，并且这种凸起物是沿管内壁四周生成的，不仅是管底面而已。另外，硫酸盐还原菌是一种厌气细菌，它常存在干管内壁上，在没有氧的条件下，在金属管道电化学腐蚀过程中会起到加剧腐蚀的作用。

（五）水中悬浮物的沉淀

水中悬浮物的沉淀是形成沉渣的最简单过程。尽管多数给水管道所输送的水中，悬浮物含量很少，可是毕竟有沉淀物形成，特别是直接向管网输水的水井，往往使井周围粉砂、细砂随水流入管内。尤其是生物的集聚粘附性能，使这些悬浮无机物很易在管道内沉积。

上述五个原因造成了管道内壁的腐蚀和沉淀，同时必须考虑的另一个因素是"气蚀"和管道内腐蚀的关系。

管道上安装了阀门等配件和弯管等异形管件，当水通过上述部位时，水流呈现涡流。由于阀门等部位过水断面的变化，或节流运转等原因产生流态收缩，使这部分的流速极高，静压值下降，若降至该温度的蒸气压力以下，由于水的蒸发便产生"气体空洞"。就在这些"气洞"破灭之际，给管壁以机械的冲击（水击），它和前述的腐蚀作用结合起来，便容易造成极大的损伤。

第二节 管道外防腐

一、覆盖防腐法

（一）表面处理

金属表面的处理是搞好覆盖防腐蚀的前提，清洁管道表面可采用机械和化学处理的方法。

1. 机械处理

擦锈处理：是最简易的机械处理方法，就是用钢丝刷、砂纸等将管外表面上的铁锈、氧化皮除去，这种方法通常用于小口径钢管的初步处理。

喷砂处理：采取压力喷射的原理，将研磨材料喷到金属表面上。研磨材料有石英砂、钢珠、钢砂等。喷砂法分干式喷砂法和湿式喷砂法两种。喷射时是用压力约为 0.4MPa 以上的空气，将砂喷射到管道的表面上，每次要消耗 30% 的砂料。这种方法的优点是工时消耗量少，适合工厂化作业，但对操作者身体有害，可用真空吸尘的方式减轻这样的危害，还可以回收研磨材料。

火焰清洁法：用燃烧器将金属管材表面加热，利用氧化皮、铁锈和金属管材的热膨胀性能不同使之脱落，并将油脂和水分烧掉使材料表面干燥。这种方法应注意不使管材受热变形，它适用于局部钢制管件铁锈的去除。

2. 化学处理

化学处理是用酸或碱将金属表面附着物溶解除去，这种方法没有噪声和粉尘，它分脱脂法和酸洗法两类。

脱脂法：是将金属管壁上的油脂脱除，脱脂可用溶剂法、碱液脱脂法、乳剂法、电解法等。

酸洗法：是用酸液溶解管外壁的氧化皮、铁锈的方法，酸洗时可用醋酸、硫酸、盐酸，也有用硝酸或磷酸。

（二）覆盖防腐法

按照管材和口径的不同，外防腐处理的方法亦有不同。

1. 小口径钢管及管件的防腐处理

对于小口径钢管及管件，通常是采用热浸镀锌的方法。将酸洗后再用清水冲洗干净的管材，浸泡在已加热到 450~480℃ 的溶锌槽中进行浸锌作业，其防腐机理在于锌比钢的电位低，在锌和铁之间形成局部电池，使锌被消耗而钢管表面受到保护。

2. 大口径钢管的外防腐处理

因为钢管的腐蚀主要是电化学腐蚀所引起的，根据其原理，如果我们在管外用绝缘材料做一层保护层，隔绝钢管与其周围土壤中电解质接触，使之不能形成腐蚀电池现象，就可达到防止管道腐蚀的目的。通常采用的防腐材料有石油沥青、环氧煤沥青、氯磺化聚乙烯、聚乙烯塑料、聚氨酯涂料及沥青塑料或沥青编织布胶带等。大口径钢管的外防腐处理应根据钢管的不同敷设方式分别选用不同的防腐措施。

（三）防腐层的等级结构

1. 石油沥青涂料外防腐层构造（见表 9-1）

表 9-1

材料种类	三油二布		四油三布		五油四布	
	构造	厚度（mm）	构造	厚度（mm）	构造	厚度（mm）
石油沥青涂料	1. 底漆一层 2. 沥青 3. 玻璃布一层 4. 沥青 5. 玻璃布一层 6. 沥青 7. 聚氯乙烯工业薄膜一层	≥4.0	1. 底漆一层 2. 沥青 3. 玻璃布一层 4. 沥青 5. 玻璃布一层 6. 沥青 7. 玻璃布一层 8. 沥青 9. 聚氯乙烯工业薄膜一层	≥5.5	1. 底漆一层 2. 沥青 3. 玻璃布一层 4. 沥青 5. 玻璃布一层 6. 沥青 7. 玻璃布一层 8. 沥青 9. 玻璃布一层 10. 沥青 11. 聚氯乙烯工业薄膜一层	≥7.0

2. 环氧煤沥青涂料外防腐层构造（见表9-2）

表 9-2

材料种类	二 油		三油一布		四油二布	
	构造	厚度（mm）	构造	厚度（mm）	构造	厚度（mm）
环氧煤沥青涂料	1. 底漆 2. 面漆 3. 面漆	≥0.2	1. 底漆 2. 面漆 3. 玻璃布 4. 面漆 5. 面漆	≥0.4	1. 底漆 2. 面漆 3. 玻璃布 4. 面漆 5. 玻璃布 6. 面漆 7. 面漆	≥0.6

（四）外防腐的施工工艺及注意事项

1. 埋地管的施工工艺

（1）石油沥青防腐层的施工工艺

1）除锈

2）刷冷底子油两层，要求均匀，厚度一致。

3）待冷底子油干燥后，浇涂 180~220℃（石油沥青温度不应低于160℃、不能高于230℃、沥青熬制时间不能超过 3h）、层厚为 1.5mm 的热沥青或沥青胶泥。在常温下涂冷底子油与浇涂沥青的时间间隔不应超过 24h。

4）缠绕玻璃丝布：浇涂沥青后，应立即缠绕中碱网状平纹玻璃丝布，玻璃丝布必须干燥、清洁。缠绕时应紧密无褶皱，压边应均匀，压边宽度为 30~40mm，玻璃丝布搭接长度为 100~150mm。玻璃丝布的沥青浸透率应达 95% 以上，严禁出现大于 50mm×50mm

的空白。

5）用牛皮纸作外保护层时，应趁热包扎于沥青涂层上；用塑料薄膜包扎，应按照沥青防腐层结构要求，浇涂完最后一道热沥青后，包扎一层聚氯乙烯工业薄膜。为防止薄膜过早老化，待浇涂的沥青冷却到100℃以下时方可包扎。外包的工业薄膜应紧密适宜，无褶皱、脱壳等现象。压边应均匀，压边宽度为30~40mm，搭接长度宜为100~150mm。

（2）环氧煤沥青防腐层的施工工艺

1）除锈：要使表面达到无焊瘤、无棱角、光滑无毛刺。

2）涂料配制：环氧煤沥青涂料的配制，应按下列要求进行：

整桶漆在使用前，必须充分搅拌，使整桶漆混合均匀。底漆和面漆必须按厂家规定的比例配制，配制时应先将底漆或面漆倒入容器，然后再缓慢加入固化剂，边加入边搅拌均匀。配好的涂料需熟化30min后方可使用；常温下涂料的使用周期一般为4~6h。

3）涂刷底漆：钢管经表面处理合格后应尽快涂刷底漆，间隔时间不得超过8h，大气环境恶劣（如湿度过高，空气含盐雾）时，还应进一步缩短间隔时间。

4）刮腻子：如焊缝高于管壁2mm，用面漆和滑石粉调成稠度适宜的腻子，在底漆表干后抹在焊缝两侧，并刮平成为过渡曲面，避免缠玻璃布时出现空鼓。

5）涂面漆和缠玻璃布：底漆表干或打腻子后，即可涂面漆。涂刷要均匀，不得漏涂。

在室温下，涂底漆与涂第一道面漆的间隔时间不应超过24h。

A. 普通级结构：普通级结构的防腐层，在第一道面漆实干后方可涂第二道面漆。

B. 加强级结构：加强级结构防腐层，涂第一道面漆后即可缠绕玻璃布，玻璃布要拉紧，表面平整，无皱折和鼓包。压边宽度为20~25mm，布头搭接长度为100~150mm。玻璃布缠绕后即涂第二道面漆，要求漆量饱满，玻璃布所有网眼应灌满涂料，第二道面漆实干后，方可涂第三道面漆。

（3）特加强级结构：特加强级结构的防腐层，依上述一道面漆一层玻璃布的顺序的要求进行。在第三道面漆干后，方可涂第四道面漆。两层玻璃布的缠绕方向应相反。受潮的玻璃布应烘干，否则不能使用。

底漆或面漆表干是指用手轻触不粘手，实干是指用手指推不移动。

2. 架空管的施工工艺

架空管是暴露在空气中的钢管，也称明设钢管。其特点是不与土壤接触但处于阳光和雨、露水之下，因此，其防腐材料必须具备良好的耐候性。

（1）底漆

对架空管道的底漆一般采用防锈漆作为底漆，如红丹防锈漆、铁红防锈漆、锌黄防锈漆（黄丹漆）等，对于质量要求较高的架空管还可采用环氧富锌底漆。近年来，工程上常采用带锈防锈漆，这种带锈漆在清除了钢管表面的疏松氧化皮、电焊渣、泥土油污后，直接涂在已锈蚀的管材表面，将疏松的铁锈转化为稳定的高分子膜状物质牢固地粘附在金属表面，形成保护性的封闭层，可以省去管表面的除锈工序。

架空管在涂敷一般防锈底漆时，对钢管的表面除锈要求与埋地管道要求相同。刷第一遍底漆时必须保证油漆全部覆盖金属表面，每遍漆不能刷得太厚，以免起皱及流挂，漆表干后才能刷第二遍漆，注意不要在雨天、飞尘严寒的环境下施工。

（2）面漆

对架空管道采用的面漆一般为耐候性较高的醇酸漆、磁漆，对有装饰和标志要求的地下管道通常采用银粉漆。近年来面漆常采用耐候性较好的氯磺化聚乙烯涂料。

涂刷面漆可采用刷涂或喷涂的方法，为防止面漆厚薄不均和流挂起泡，应采用少量多次的刷涂方法。施工时采用高压无气喷涂的面漆涂敷方法大大提高了面漆的附着力。

架空管的油漆防腐可按表9-3的施工工序进行施工。

表9-3

刷油种类		钢　　管		镀锌钢管	
		无装饰及标志要求	有装饰及标志要求	无装饰及标志要求	有装饰及标志要求
底　　漆		防锈漆两遍	防锈漆两遍	不刷油	防锈漆两遍
面漆	不保温	银粉漆两遍	色漆两遍	不刷油	色漆两遍
	保温	不刷油	保温层外色漆两遍	不刷油	保温层外色漆两遍

外防腐层质量检验标准，如表9-4所示。

表9-4

材料种类	构　　造	检　查　项　目			
		厚度（mm）	外　观	电火花试验	粘　附　性
石油沥青涂料	三油二布	≥4.0	涂层均匀无摺皱、空泡、凝块	18kV	用电火花检漏仪检查无打火花现象	以夹角为45°～60°边长45～50mm的切口，从角尖端撕开防腐层；首层沥青应100%地粘附在管道的外表面
	四油三布	≥5.5		22kV		
	五油四布	≥7.0		26kV		
环氧煤沥青涂料	二油	≥0.2		2kV		以小刀割开一舌形切口，用力撕开切口处的防腐层，管道表面仍为漆皮所覆盖，不得露出金属表面
	三油一布	≥0.4		3kV		
	四油二布	≥0.6		5kV		

二、电化学防腐法

（一）排流法

城市管道周围由于地铁、高压电网等造成的杂散电流腐蚀对钢管的局部腐蚀影响巨大，它将使在回流点附近的钢管锈蚀，体积膨胀，丧失强度。

通过采用二极管排流法，即在混凝土钢筋和回流点之间连接二极管进行单向排流，以及牺牲阳极排流法，可以保护钢管不受腐蚀破坏。

杂散电流腐蚀的监控和检测。对本身产生的杂散电流的地点、强度、流向主钢管危险电压值进行严格的监控和检测，同时检测钢管沿线周围环境中产生杂散电流的产生源，特别是对汇流点的测定对杂散电流的排流有着极为重要的意义。

（二）阴极保护法

阴极保护法是从管的外部给一定量的直流电流，由于输水管道上电流的作用，将金属管道表面上的不均匀的电位消除，使不能产生腐蚀电流，从而达到保护金属不受腐蚀的目的。阴极保护法又分为外加电流法和牺牲阳极法两种。

1. 外加电流法

外加电流法如图 9-1 所示。

它是通过外部的直流电源装置把必要的防腐电流经埋在地下的电极（阳极）流入金属管道的一种方法。所用直流电源，通常都是交流电源经整流后，变为直流的。而所用的阳极必须是非溶性物质的。如石墨、高硅铸铁等。将阳极埋在地下，周围填充焦炭或炭末等，降低接地电阻，并扩散产生氧气。在电极更换较方便的地方，可以使用旧钢管、旧钢轨等较大尺寸的电极，而电源的电压降低。这种方法所用的整流装置由硅整流器和活动电阻组成，也有用恒压稳流器方式的，后者工况要好些，但价格较贵。另外使用非溶性阳极时，可作为永久性的防腐措施，除电费外无其他费用。缺点是这种方法对其他地下管道也会造成一定的影响，即可使其某个地方变为阳极。故在市区管道相距较近地区不宜使用。

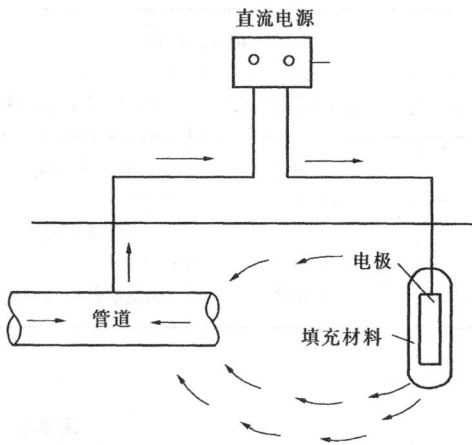

图 9-1　外加电流法

2. 牺牲阳极法

牺牲阳极法如图 9-2 所示。

它是用比被保护金属管道电位低的金属材料做阳极，和被保护金属连接在一起，利用两种金属之间固有的电位差，产生防蚀电流的一种防腐方法。阳极随着流出的电流而逐渐消耗，所以称之为牺牲阳极。这种阳极消耗较快，安设位置必须便于更换。低电位金属材料有镁、镁合金、纯锌、锌合金、铝合金等。但一般采用镁合金较多，锌仅用于土壤电阻率在 $1000\Omega/cm$ 以下的低电阻区。这种方法的优点是施工简易，设备费用低。缺点是电压低而不能调整，阳极必须定期更换。

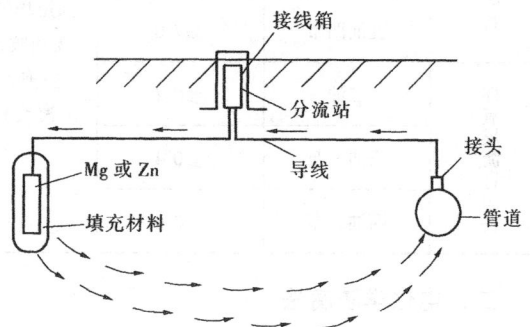

图 9-2　牺牲阳极法

使用外加电流保护必须使用得当，例如：管道对地电压一般取 $-0.8V$，不宜低于此值，倘若电压相差太大，由于电流分解了土壤中的地下水，产生了氢气，可将管自身保护层破坏，反起副作用。

第三节 管道内防腐

一、防腐层材料

早先对金属水管内壁的防腐多采用覆盖法，把石油沥青、煤沥青等涂于管内壁上，经验表明这种做法只能起临时作用。过不了多久一般3~4年就逐渐剥落，更何况上述物质在不同程度上对人有相当的危害，不符合水质方面的要求。后来有的厂家研究出无毒防腐油漆，在水质上虽然基本解决了毒性问题，但在管身上的停留时间也不长，而且价格昂贵，难于大量采用。

近来研制出在管身内壁刷环氧玻璃布作成玻璃钢的方法，也有单喷涂环氧粉末、聚乙烯或尼龙的。不过这些做法价格都比较贵，用于小口径的管材上还较为可行，在大口径管材上则难于使用。

比较起来还是水泥砂浆衬里最为实用、可靠；它不但价格低廉、坚固耐用，特别是对水质无任何影响是最大的优点。现在大口径管材无论是钢管或铸铁管大都使用这种办法。

二、内防腐的施工工艺及注意事项

（一）水泥砂浆内衬施工工艺

水泥砂浆内衬一般分为预制离心涂衬和现场涂衬两种方法。

离心涂衬操作要点：

1.离心涂衬是将单根管材涂衬后，再安装时采用的方法。

2.涂衬前，应清除管内壁铁垢、锈斑、油污、泥砂与沥青涂层等杂物。

3.把管子置于离心装置上，由涂衬厚度与管长，求出水泥与砂子用量。

4.拌合配制材料，将拌合料均匀倒入管中。

5.启动离心涂管机，速度由慢渐快。

6.离心涂管之后，立即运往养护场地养护，养护时间由气温决定，高温季节为2d，一般为7~10d。视气候条件，夏天用草袋覆盖管子洒水养护，冰冻期间应考虑防冻措施。

7.涂衬后的管材，应立即使用，通水使用前应保持养护环境。

（二）安装完毕后的管道涂衬操作要点

1.涂衬施工须在管道铺设，试压合格并覆土夯实后进行，管道须处于稳定状态。

2.衬里施工前应检查管道变形状况，其竖向变位不得大于管径的2%；对新埋设管道，应去除松散的氧化铁皮、浮锈、泥土、油脂、焊渣和污杂物；对旧管道还应去除锈瘤、水垢等附着物。附着物去除后应用水清洗。

3.施工时，管道内不得有结露和积水。

4.当采用机械喷涂时，对弯头、三通等部件及邻近管段可采用手工涂抹，并以光滑渐变与机械喷涂衬里相接。

5.衬里水泥砂浆达到终凝后，须立即浇水养护，保持湿润状态在7d以上。养护期间应严密封闭所有孔洞，达到养护期后应及时充水，否则应继续养护。

（三）其他材料内衬的施工工艺

其他材料的内衬工艺很多，但我们只介绍较常用的环氧粉末喷涂工艺。

环氧粉末粉层涂料具有优良的防腐性、绝缘性和可靠的、耐久的使用寿命，与传统的液体涂料相比，具有涂装工艺简单、低污染、材料利用率高等优点。

管道内粉末涂敷的方法很多，归纳起来主要有真空喷法、鲁齐法、水平吸入涂布法、和静电喷涂法，目前工业上使用最多的是静电喷涂法。

粉末的静电喷涂法主要是利用高压静电感应原理，在喷枪与管道之间形成一较强的电磁场，在静电和压缩空气的双重作用下，粉末就能均匀地吸附到管道内壁，经加热固化形成坚固光滑的涂膜。

（四）内防腐质量检验标准

水泥砂浆内防腐检验标准：

1. 管内壁的浮锈、氧化铁皮、焊渣、油污等，应彻底清除干净；焊缝凸起高度不得大于防腐层设计厚度的1/3。

2. 先下管后作防腐层的管道，应在水压试验、土方回填验收合格，且管道变形基本稳定后进行。

3. 管道竖向变形不得大于设计规定，且不应大于管道内径的2%。

4. 不得使用对钢管道及饮用水水质造成腐蚀或污染的材料；使用外加剂时，其掺量应经试验确定。

5. 砂应采用坚硬、洁净、级配良好的天然砂，除符合国家现行标准《普通混凝土用砂质量标准及检验方法》外，其含泥量不应大于2%，其最大粒径不应大于1.2mm，级配应根据施工工艺。

6. 水泥宜采用32.5级以上的硅酸盐、普通硅酸盐水泥或矿渣硅酸盐水泥。

7. 拌和水应采用对水泥砂浆强度、耐久性无影响的洁净水。

8. 水泥砂浆内防腐层可采用机械喷涂、人工抹压、拖筒或离心预制法施工；采用预制法施工时，在运输、安装、回填土过程中，不得损坏水泥砂浆内防腐层。

9. 管道端点或施工中断时，应预留搭茬。

10. 水泥砂浆抗压强度标准值不应小于30N/mm^2。

11. 采用人工抹压法施工时，应分层抹压。

12. 水泥砂浆内防腐层成形后，应立即将管道封堵，终凝后进行潮湿护理；普通硅酸盐水泥养护时间不应少于7d，矿渣硅酸盐水泥不应少于14d；通水前应继续封堵，保持湿润。

13. 裂缝宽度不得大于0.8mm，沿管道纵向长度不应大于管道的周长，且不应大于2.0m；

14. 防腐层厚度允许偏差及麻点、空窝等表面缺陷的深度应符合表9-5的规定，缺陷面积每处不应大于5cm^2。

防腐层厚度与表面缺陷允许偏差 表9-5

管径（mm）	防腐层厚度允许偏差（mm）	表面缺陷允许深度（mm）	管径（mm）	防腐层厚度允许偏差（mm）	表面缺陷允许深度（mm）
≤1000	±2	2	>1800	+4 −3	4
>1000，且≤1800	±3	3			

15. 防腐层平整度：以30mm长的直尺，沿管道纵轴方向贴靠管壁，量测防腐层表面和直尺间的间隙应小于2mm。

16. 防腐层空鼓面每平方米不得超过 2 处，每处不得大于 100cm²。

水泥砂浆内防腐厚度标准见表 9-6。

水泥砂浆内防腐厚度标准 表 9-6

公 称 管 径 （mm）	衬 里 厚 度 （mm）		厚 度 公 差 （mm）	
	机械喷涂	手工涂抹	机械喷涂	手工涂抹
500～700	8		+2 −2	
700～1000	10		+2 −2	
1100～1500	12	14	+3 −2	+3 −2
1600～1800	14	16	+3 −2	+3 −2
2000～2200	15	17	+4 −3	+4 −3
2400～2500	16	18	+4 −3	+4 −3
2600 以上	18	20	+4 −3	+4 −3

第四节 现 状 管 道 防 腐

一、现状管道外防腐补做措施

现状外防腐补做措施对于架空管和埋地管需采用不同的处理方案。

对于架空管道如未做防腐处理的，可在进行手工除锈后进行外防腐涂料防腐处理。对已做防腐处理的架空管道，如防腐层出现破裂、鼓泡、剥落等现象，需将破损部位彻底清除后采用原有涂料系统进行补涂，补涂的面积应大于破损的面积。

对于埋地管道最好的处理方式莫过于在对局部管道的修补以后，采用阴极保护牺牲阳极保护的方式进行防腐层的补救措施。

二、现状管道内防腐补救措施

对于输水管道未做内衬，在运行一段时间后管壁就锈蚀并结水垢，为恢复输水能力，必须根据对输水管道进行补做防腐层措施。

在补做防腐层之前，先要对管道进行清垢。

对于孔径小于 DN50 的管，采用较大压力的水对管壁进行冲洗。

如管径稍大 DN75～400 且结垢为坚硬的沉淀物时，就需要用拉耙，把结垢清除后，用清水清洗干净，最后放入钝化液，使管壁产生钝化膜，就既达到了清除水垢的目的，又延长了管道使用寿命。

对管径大于 DN500 的钢管可以使用电动刮管机，施工时，要求管道 200～400m 直管处开坑，作为机械进出口，刮管工艺完毕后立即采用水泥砂浆进行涂敷。

第十章　管道水压试验与冲洗消毒

第一节　管道水压试验

一、管道水压试验的规定

管道水压试验按其目的分为强度试验和严密性试验两种，强度试验用测定压力降和承压时外观检查的方法检查管体和接口的强度，严密性试验用测定渗水量来检验管体和接口的严密性程度。

当管道工作压力大于或等于0.1MPa时，应进行压力管道的强度及严密性试验。当管道工作压力小于0.1MPa时，除设计另有规定外，应进行无压力管道严密性试验。

管道水压、闭水试验前，应做好水源引接及排水疏导路线的设计。管道灌水应从下游缓慢灌入，灌入时，在试验管段的上游管顶及管段中的凸起点应设排气阀，将管道内的气体排除。冬季进行管道水压及闭水试验时，应采取防冻措施。试验完毕后应及时放水。

二、管道水压试验前的准备工作

（一）编制水压试验方案

水压试验应编制详细的试压方案，如管道两端的后背堵板、进水管路、排气孔、泄水孔和加压设备，压力计算的选择安装等，对于排水疏导、升压分级的划分及观测制度、安全措施等也需在方案中详细说明。

（二）现场准备工作

1. 要求管道基础检查合格，管身两侧及其上部回填不小于0.5m。连接部分不回填，以供检查。

2. 应事先找好排水出路，做好排水设施。

3. 各个弯头、三通管件处应设置的支墩必须做好，并达到设计强度。后背土一定要密实，管端堵板支撑是否牢固以及管线上的防横向移支撑等均需仔细检查。

4. 打泵设备、管路连接、水源、放气、放水及量测设备、计时、记录设备等。

5. 为试压面设置的临时支墩（支撑）。

（三）管道试压段划定

若管路很长，为了提高试验的可靠性和便于工作人员的相互联络以便对接口进行检查，应分段进行水压试验。试验段的长度一般不宜超过1000m；如因特殊情况，需要超过1000m时，应与设计、管理单位研究确定。分段时应考虑试验后管内泄水的排放问题。

管道试压分段通常应考虑下述原则：

1. 管道施工环境的变化。如过河、过桥、穿越铁路段，应单独分段压；

2. 要方便取水，排水容易；

3. 有利施工。一般分段施工，分段试压；

4. 有利已安装好的管道的使用。凡能及早使用发挥效益的管段应先试压；

5．每段长度参照地形，应方便试压时排气和检测；

6．应尽量在有良好的天然原土作为后背的地方分段。

三、水压试验的设备与安装

（一）设备

1．弹簧压力表

压力表的表壳直径 150mm，表盘刻度上限值宜为试验压力的 1.3～1.5 倍，表的精度不低于 1.5 级。使用前应校正，数量不少于两块。

2．试压泵

试压泵的扬程和流量应满足试验管段压力和渗水量的需要。一般小口径管道可用手压泵，中、大口径管道多用电动柱塞式组合泵，或汽油机打泵设备，还可根据需要选取用相应的多级离心泵。

3．排气阀

排气阀应启闭灵活，严密性好。

（二）管路的连接

1．串水管路

串水（注水）管路必须安装止回阀（逆止阀、单流阀）防止供水管压力低于串水压力时，水倒灌污染水质。

2．水压试验管路

水压试验管路安装与操作（见图 10-1）：

（1）从自来水管或其他水源处向试验管道通水时，打开 6、7 节门，关闭 5 节门。同时打开管路上的排气阀。

（2）用水泵加压时，打开 1、2、5、8 节门，关闭 4、6、7 节门。

（3）不用量水槽测渗水量时，打开 2、5、8 节门，关闭 1、4、6、7 节门。

（4）用量水槽测渗水量时，打开 2、4、5、8 节门，关闭 6、7 节门。

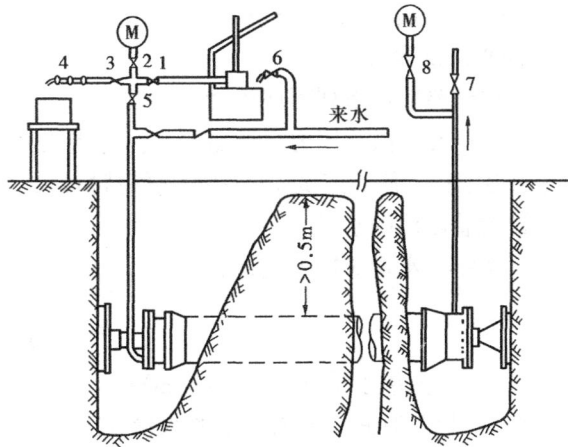

图 10-1　水压试验装置示意图

（5）用水泵调整 3 调节阀时，打开 1、2、4 节门，关闭 5 节门。

3．安装注意事项

（1）排气阀应装在管道纵断面起伏的各个最高点，长距离的水平管道上也应考虑设置；在试压管段中，如有不能自由排气的高点，应设置排孔。

（2）试压泵宜放在试压段管道高程较低一端，且应放在盖堵侧面，不放在正前方，并应提前进行启动检查。

（3）压力表安装前应进行检查和校正，不合格者不准使用，靠近压力表处的节门应严密，关闭后表针不随管段水压波动；连接管件与仪表两端的丝扣数应一致，装表时，应把支管内空气排净后再装。

（4）管路所有接头应严密而不漏水。

（三）压力管道试验

1. 水法试验

放水法试验应按下列程序进行：

（1）将水压升至试验压力，关闭水泵进水节门，记录降压 0.1MPa 所需的时间 T_1。打开水泵进水节门，再将管道压力升至试验压力后，关闭水泵进水节门；

（2）打开连通管道的放水节门，记录降压 0.1MPa 的时间 T_2，并测量在 T_2 时间内，从管道放出的水量 W；

（3）实测渗水量应按下式计算：

$$q = \frac{W}{(T_1 - T_2)L}$$

式中　q——实测渗水量（L／（min·m））；

　　　T_1——从试验压力降压 0.1MPa 所经过的时间（min）；

　　　T_2——放水时，从试验压力降压 0.1MPa 所经过的时间（min）；

　　　W——T_2 时间内放出的水量（L）；

　　　L——试验管段的长度（m）。

2. 注水法试验

注水法试验应按下列程序进行：

（1）水压升至试验压力后开始记时。每当压力下降，应及时向管道内补水，但降压不得大于 0.03MPa，使管道试验压力始终保持恒定，延续时间不得小于 2h，并计量恒压时间内补入试验管段内的水量。

（2）实测渗水量应按下式计算：

$$q = \frac{W}{T \cdot L}$$

式中　q——实测渗水量（L／（min·m））；

　　　W——恒压时间内补入管道的水量（L）；

　　　T——从开始计时至保持恒压结束的时间（min）；

　　　L——试验管段的长度（m）。

（四）压力管道试验注意事项

1. 检查

进行水压试验应统一指挥，明确分工，对后背、支墩、接口、排气等都应规定专人负责检查，并明确规定发现问题时的联络信号。

2. 升压

开始升压时，对两端盖墙及后背应特别注意，以便发现问题及时停泵处理。管道升压时，管道的气体应排除，升压过程中，当发现弹簧压力计表针摆动、不稳，且升压较慢时，应重新排气后再升压。水压试验应逐步升压，每次升压以 0.2MPa 为宜，每次升压稳定后，检查没有问题时，再继续升压。

3. 安全

水压试验时，后背、支撑、管端等附近均不得站人，严禁对管身、接口进行敲打或修补缺陷，遇有缺陷时，应作出标记，卸压后修补。

4. 冬季施工

冬季进行水压试验应采取防冻措施。可将管道回填土适当加高；用多层草帘将暴露的接口包严。对串水及试压临时管线缠包保温，不用水时放空；工作要安排紧凑，速战速决，遇到管径小、气温低的情况，必要时也可考虑加盐水防冻的办法。

（五）压力管道试验检查标准

1. 管道水压试验的试验压力应符合表 10-1 的规定。

管道水压试验的试验压力（MPa） 表 10-1

管材种类	工作压力 P	试验压力	管材种类	工作压力 P	试验压力
钢 管	P	$P+0.5$ 且不应小于 0.9	预应力、自应力混凝土管	$\leqslant 0.6$	$1.5P$
铸铁及球墨铸铁管	$\leqslant 0.5$	$2P$		> 0.6	$P+0.3$
	> 0.5	$P+0.5$	现浇钢筋混凝土管渠	$\geqslant 0.1$	$1.5P$

水压升至试验压力后，保持恒压 10min，检查接口、管身无破损及漏水现象时，管道强度试验为合格。

2. 管道严密性试验时，不得有漏水现象，且符合下列规定时，严密性试验为合格。

（1）实测渗水量小于或等于表 10-2 规定的允许渗水量。

压力管道严密性试验允许渗水量 表 10-2

管道内径（mm）	允许渗水量（L/(min·km)）			管道内径（mm）	允许渗水量（L/(min·km)）		
	钢管	铸铁管、球墨铸铁管	预（自）应力混凝土管		钢管	铸铁管、球墨铸铁管	预（自）应力混凝土管
100	0.28	0.70	1.40	600	1.20	2.40	3.44
125	0.35	0.90	1.56	700	1.30	2.55	3.70
150	0.42	1.05	1.72	800	1.35	2.70	3.96
200	0.56	1.40	1.98	900	1.45	2.90	4.20
250	0.70	1.55	2.22	1000	1.50	3.00	4.42
300	0.85	1.70	2.42	1100	1.55	3.10	4.60
350	0.90	1.80	2.62	1200	1.65	3.30	4.70
400	1.00	1.95	2.80	1300	1.70		4.90
450	1.05	2.10	2.96	1400	1.75		5.00
500	1.10	2.20	3.14				

（2）当管道内径大于上表规定时，实测渗水量应小于或等于按下列公式计算的允许渗水量。

钢管：$Q = 0.05\sqrt{D}$

铸铁管、球墨铸铁管：$Q = 0.1\sqrt{D}$

预应力、自应力混凝土管：$Q = 0.14\sqrt{D}$

式中　Q——允许渗水量（L/(min·km)）；

D——管道内径（mm）。

（3）管道内径 50mm ＜ DN ≤ 400mm，且长度不大于1km 的管道，在试验压力下，10min 降压不大于 0.05MPa 时，可认为严密性试验合格；管道管径 DN ≥ 600mm，还应做严密性试验，合格后方可认为此段管道试验合格。管道内径 DN ≤ 50mm（镀锌钢管）试验压力为 0.6MPa，5min 降压不大于 0.03MPa，可认为试验合格。

非隐蔽性管道，在试验压力下，10min 压力降不大于 0.05MPa，且管道及附件无损坏，然后使试验压力降至工作压力，保持恒压 2h，进行外观检查，无漏水现象认为严密性试验合格。

第二节　管道冲洗消毒

一、管道冲洗

（一）基本规定

给水管道水冲洗工序，是竣工验收前的一项重要工作。

1. 管道冲洗时的流量不应小于设计流量或不小于 1.5m/s 的流速。

2. 冲洗应连续进行，当排出口的水色、透明度与入口处目测一致时即可取水化验。

3. 放水口的截面不应小于被冲洗管截面的 1/2。

4. 冲洗时间应安排在用水量较小，水压偏高的夜间进行。

（二）冲洗方案要点

1. 冲洗水的水源

管道冲洗要耗用大量的水，水源必须充足，冲洗水的流速不应小于 1.5m/s。一种情况是被冲洗的管线可直接与新水源厂（水源地）的预留管道接通，开泵冲洗；另一种情况与现有的供水管网的管道用临时管接通冲洗，必须选好接管位置，设计临时来水管线。

2. 放水口

（1）放水路线不得影响交通及附近建筑物（构筑物）的安全，并与有关单位取得联系，以确保放水安全、畅通。

（2）安装放水管时，与被冲洗管的连接应严密、牢固，管上应装有阀门、排气管和放水取样龙头，放水管的弯头处必须进行临时加固，以确保安全工作。

放水口管的局部示意图，见图10-2。

3. 排水路线

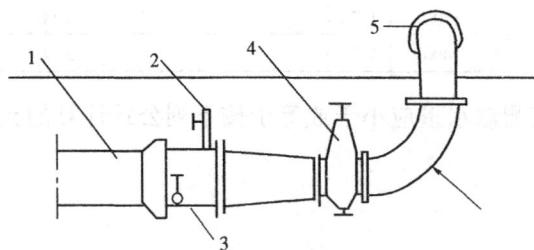

图 10-2　放水口上弯示意图
1—被冲洗（消毒）；2—排气管；3—放水龙头；
4—闸门；5—接排水出路

由于冲洗水量大并且较集中，选好排放地点，排至河道和下水道要考虑其承受能力，是否能正常泄水。临时放水口的截面不得小于被冲洗管的 1/2。

4. 人员组织

管道进行冲洗时应设专人指挥，严格按冲洗方案进行。派专人巡视，专人负责阀门的开启、关闭，并和有关协作单位密切配合联系。

5. 制定安全措施

放水口处应设置围栏，专人看管，夜间设照明灯具等。

6. 通讯联络

配备通讯设备，确定联络方式，冲洗全线做到情况明了，联系及时。

7. 拆除冲洗设备

冲洗消毒进行完毕，及时拆除临时设施，恢复原有地形地貌和其他设施。

（三）冲洗注意事项

1. 准备工作

（1）放水冲洗前与管理单位联系，共同商定放水时间、用水量、如何计算用水量及取水化验时间等事宜。冲洗水流速应不小于 1.5m/s；放水时间以放水量大于管道总体积的 3 倍，且水质外观澄清为参考；宜安排在城市用水量较小，管网水压偏高的时间内进行。

（2）放水口应有明显标志和栏杆，夜间应加标志灯等安全措施。

（3）放水前，应仔细检查放水路线，确保安全、畅通。

2. 开闸冲洗

（1）放水时，应先开出水闸门，再开来水闸门。

（2）注意冲洗管段，特别是出水口的工作情况，做好排气工作，并派人监护放水路线，有问题及时处理。

（3）支管线亦应放水冲洗。

3. 检查

检查沿线有无异常声响、冒水和设备故障等现象，检查放水口水质外观。

4. 关闸

放水后应尽量使来水闸门、出水闸门同时关闭，如果做不到，可先关出水闸门，但留一两扣先不关死，待来水闸门关闭后，再将出水闸门全部关闭。

5. 取水样化验

（1）冲洗生活饮用水给水管道，放水完毕，管内应存水 24h 以上再取样。

（2）由管理单位进行取水样化验。

二、管道消毒

生活饮水用的给水管道在放水冲洗后，如水质化验达不到要求标准应用漂白粉溶液注入管道内浸泡消毒，然后再冲洗，经水质部门检验合格后交付验收。

（一）漂白粉溶液的制备

1. 计算漂白粉的用量

$$W = 0.1257 \times \Phi \times L$$

式中　W——漂白粉用量（kg）；

　　　Φ——待消毒管道直径（m）；

　　　L——待消毒管道长度（m）。

也可查表 10-3 作为参考：

每百米管道消毒所需漂白粉用量　　　　　　　　　　　表 10-3

管径（mm）	100	150	200	300	400	500	600	700	800	900	1000	1100	1200	1400	1500
漂白粉量（kg）	0.13	0.29	0.5	1.13	2.01	3.14	4.53	6.16	8.05	10.18	12.57	15.21	18.1	24.64	28.28

2. 材料工具

漂白粉、自来水、小盆、大桶、口罩、手套等劳保防护用品。

3. 溶解

(1) 先将硬块压碎，在小盆中溶解成糊状，直至残渣不能溶化为止，除去残渣；

(2) 用水冲入大桶内搅匀，即可使用。

4. 漂白粉的注入方法

漂白粉的注入方法可采用打泵机或水射器进行注入，管线埋设条件允许时出可依靠溶液的重力灌入。

（二）管道消毒程序和注意事项（见表 10-4）

管道消毒程序和注意事项　　　　　　　　　　　　表 10-4

程　序	注　意　事　项
1. 准备工作	1. 在消毒前两天，与管理单位联系，取得配合 2. 制备漂白粉溶液
2. 泵入漂白粉溶液	打开放水口和进水处闸门，根据漂白粉溶液浓度，泵入速度，调节闸门开启程度控制管内流速，以保证水中游离氯含量每升 25 ~ 50mg
3. 关闸	应在放水口放出水的游离氯含量为每升 25mg 以上时，方可关闸
4. 泡管消毒	24h 以上
5. 放净氯水、放入自来水	
6. 取水化验	由管理单位进行，直至符合水质标准

第十一章 顶 管 施 工

第一节 顶 管 施 工 概 论

给水管道的施工通常是先开挖沟槽再敷设管道。

当管道穿越铁道、重要公路、主要街道、河道、地面建筑物、地下构筑物以及各种地下管线时，为了不影响交通、市容、通航和不拆迁建筑物，采用顶管工艺的非开挖施工法是十分必要的。顶管施工就是借助于主顶油缸及管道间中继间等的推力，把工具管或掘进机从工作坑内穿过土层一直推到接收坑内吊起。与此同时，也就把紧随工具管或掘进机后的管道埋设在两坑之间，这是一种非开挖敷设地下管道的施工方法，见图11-1。

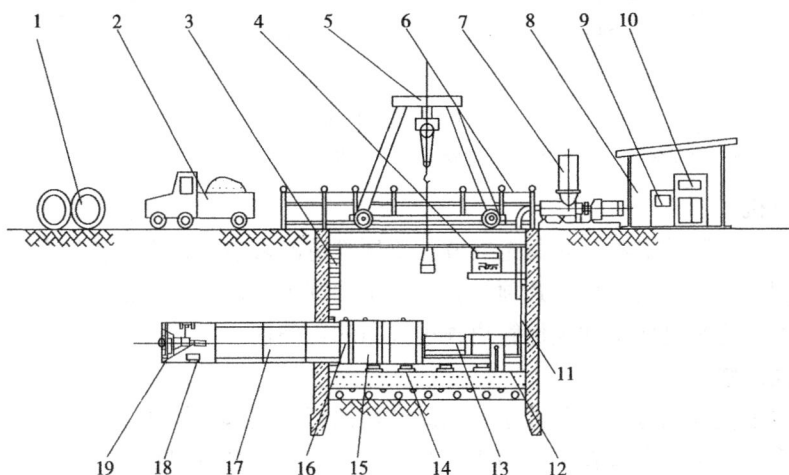

图 11-1

1—混凝土管；2—运输车；3—扶梯；4—主顶油泵；5—行车；6—安全扶梯；7—润滑注浆系统；8—操纵房；9—配电系统；10—操纵系统；11—后座；12—测量系统；13—主顶油缸；14—导轨；15—弧形顶铁；16—环形顶铁；17—混凝土管；18—运土车；19—机头

一、工作坑和接收坑

工作坑也称基坑。工作坑是安放所有顶进设备的场所，也是顶管掘进机的始发场所。工作坑还是承受主顶油缸推力的反作用力的构筑物。

接收坑是接收掘进机的场所。通常管子从工作坑中一节节推进，到接收坑中把掘进机吊起，再把第一节管子推出一定长度后，整个顶管工程才基本结束。有时在多段连续顶管的情况下，工作坑也可当接收坑用，但反过来则不行，因为一般情况下接收坑尺寸比工作坑小许多，是无法安放顶管设备的。

二、洞口止水圈

洞口止水圈是安装在工作坑的出洞洞口和接收坑的进洞洞口，具有制止地下水和泥砂流到工作坑和接收坑的功能，见图 11-2。

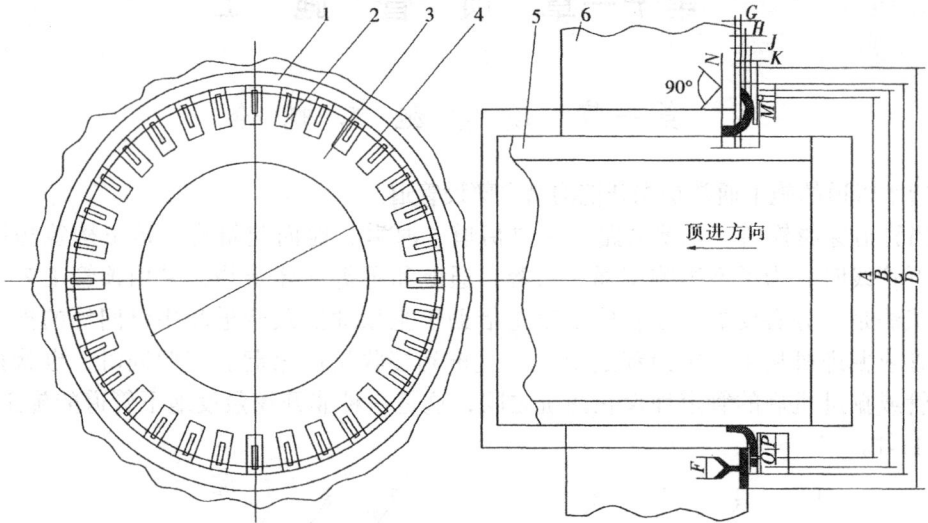

图 11-2　洞口止水圈
1—预埋钢环；2—压板；3—橡胶圈；4—安装钢环；5—混凝土管；6—井壁

三、掘进机

掘进机是顶管用的机器，它总是安放在所顶管道的最前端，它有各种形式，是决定顶管成败的关键所在。在人工挖土式顶管施工中不用掘进机而只用一根工具管。不管哪种形式，掘进机的功能都是取土和确保管道顶进方向的正确性。

四、主顶装置

主顶装置由主顶油缸、主顶油泵、操纵台及油管等四部分构成。主顶油缸是管子推进的动力，它多呈对称状布置在管壁周边。在大多数情况下都成双数，且左右对称。

主顶油缸的压力由主顶油泵通过高压油管供给。常用的压力在 32～42MPa 之间，高的可达 50MPa。

主顶油缸的推进和回缩是通过操纵台控制的。操纵方式有电动和手动两种，前者使用电磁阀或电液阀，后者使用手动换向阀。

五、顶铁

顶铁有环形顶铁（图 11-3）、弧形顶铁（图 11-4）及马蹄形顶铁（图 11-5）之分。环形顶铁的主要作用是把主顶油缸的推力较均匀地分

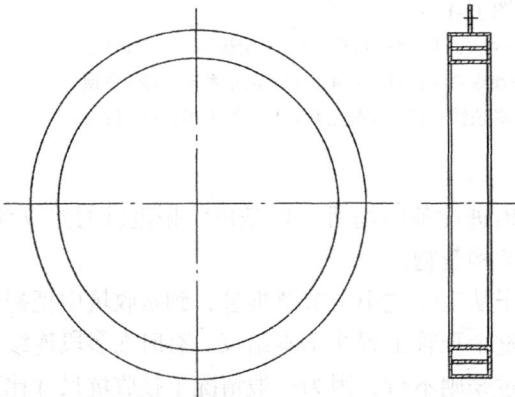

图 11-3　环形顶铁

布在所顶管子的端面上。

弧形或马蹄形顶铁是为了弥补主顶油缸行程与管节长度之间的不足。弧形顶铁用于人工挖土式、土压平衡式等许多方式的顶管中，它的开口是向上的，便于从管道内出土。而马蹄形顶铁则是倒扣在基坑导轨上的，开口方向与弧形顶铁相反。它只用于泥水平衡式顶管中。

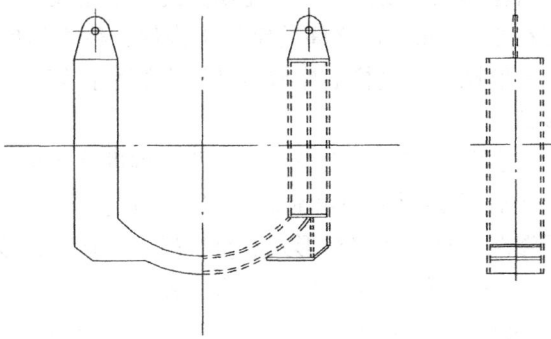

图 11-4　弧形顶铁

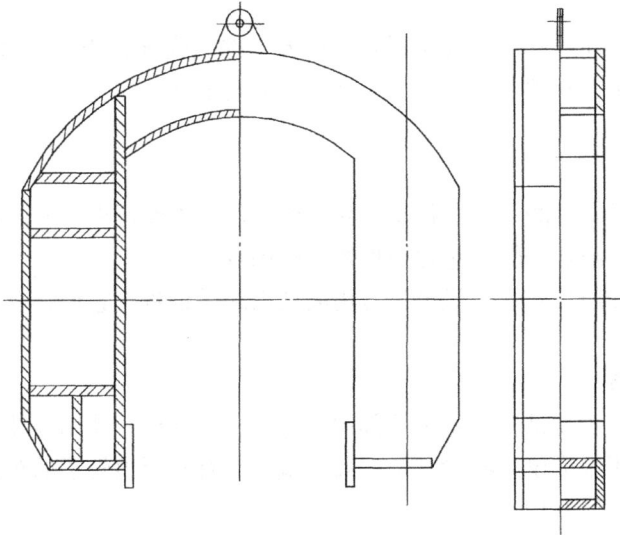

图 11-5　马蹄形顶铁

六、基坑导轨

基坑导轨是由两根平行的箱形钢结构焊接在轨枕上制成的。它的作用主要有两点：一是使推进管在工作坑中有一个稳定的导向，并使推进管沿该导向进入土中；二是让环形、弧形顶铁工作时能有一个可靠的托架。

七、后座墙

后座墙是把主顶油缸推力的反作用力传递到工作坑后部土体中去的墙体。它的构造会因工作坑的构筑方式不同而不同。在沉井工作坑中，后座墙一般就是工作井的后方井壁。

在钢板桩工作坑中，必须在工作坑内的后方与钢板桩之间浇筑一座与工作坑宽度相等的厚度为 0.5～1m 的钢筋混凝土墙，目的是使推力的反力能比较均匀地作用到土体中去，尽可能地使主顶油缸的总推力的作用面积大些。

由于主顶油缸较细，对于后座墙的混凝土结构来讲只相当于几个点，如果把主顶油缸直接抵在后座墙上，则后座墙极容易损坏。为了防止此类事情发生，在后座墙与主顶油缸之间，再垫上一块厚度在 200～300mm 之间的钢结构构件，称之为后靠背。通过它把油缸的反力较均匀地传递到后座墙上，这样后座墙也就不太容易损坏。

八、推进用管及接口

推进用管分为多管节和单一管节两大类。多管节的推进管大多为钢筋混凝土管，管节长度有 2～3m 不等。这类管都必须采用可靠的管接口，该接口必须在施工时和施工完成以后的使用过程中都不渗漏。这种管接口形式有企口形、T 形和 F 形等多种形式。

单一管节的是钢管，它的接口都是焊接成的。施工完工以后变成一根刚性较大的管子。它的优点是焊接接口不易渗漏，缺点是只能用于直线顶管，而不能用于曲线顶管。

除此之外，也有些 PVC 管可用于顶管，但一般顶距都比较短。铸铁管经过改造后也可用于顶管。

九、输土装置

输土装置会因不同的推进方式而不同。在人工挖土式顶管中，大多采用人力车出土，在土压平衡式顶管中，有蓄电池拖车、土砂泵等方式出土，在泥水平衡式顶管中，采用泥浆泵和管道输送泥土。

十、起吊设备

地面起吊设备最常用的是门式行车，它操作简便、工作可靠。不同口径的管子应配不同吨位的行车。它的缺点是转移过程中拆装比较困难。

汽车式起重机和履带式起重机也是常用的地面起吊设备。它们具有转移方便、灵活的优点。

十一、测量装置

最常用的测量装置就是置于基坑后部的经纬仪和水准仪。使用经纬仪来测量管子中心线的左右偏差，使用水准仪来测量管子的高程偏差。有时所顶管子的距离比较短，也可只用上述两种仪器的任何一种。

在机械式顶管中，大多使用激光经纬仪。它是在普通的经纬仪上加装一个激光发射器而构成的。激光束打在掘进机的光靶上，观察光靶上光点的位置就可以判断管子顶进的高程和左右偏差。

十二、注浆系统

注浆系统由拌浆、注浆和管道三部分组成。拌浆是把注浆材料兑水以后再拌成所需的浆液。注浆是通过注浆泵来进行的，它可以控制注浆的压力和注浆量。管道分为总管和支管，总管安装在管道内的一侧。支管则把总管内压送过来的浆液输送到每个注浆孔去。

十三、中继站

中继站也称中继间，它是长距离顶管中不可缺少的设备。中继站内均匀地安装有许多台油缸，这些油缸把它们前面的一段管子推进一定长度以后，如 300mm，然后再让它后面的中继站或主顶油缸把该中继站油缸缩回。这样一根连一根，一次接一次就可以把很长的一段管子分几段顶。最终依次把由前到后的中继站油缸拆除，一个个中继站合拢即可。

十四、辅助施工

顶管施工有时离不开一些辅助的施工方法，不同的顶管方式以及不同的土质条件应采用不同的辅助施工方法。顶管常用的辅助施工方法有井点降水、高压旋喷、注剂、搅拌桩、冻结法等多种，都要因地制宜地使用才能达到事半功倍的效果。

十五、供电及照明

顶管施工中常用的供电方式有两种：在距离较短和口径较小的顶管中以及在用电量不大的人工挖土式顶管中，都采用直接供电。

如动力电用380V，则由电缆直接把380V电输送到掘进机的电源箱中。另一种是在口径比较大而且顶进距离又比较长的情况下，则是把高压电如1000V的电送到掘进机后的管子中，然后由管子中的变压器进行降压，降至380V，再把380V的电送到掘进机的电源箱中去。高压供电的好处是途中损耗少而且所用电缆可细些；但高压供电危险性大，要慎重，同时要做好用电安全工作和采取各种有效的防触电、漏电措施。

照明通常也有低压和高压两种：人工挖土式顶管施工中的照明灯应选用12~24V低压电源。若管径大的，照明灯固定的则可采用220V电源，同时，也必须采取相应的安全用电措施来加以保护。

十六、通风与换气

通风与换气是长距离顶管中不可缺少的一环，不然的话，则可能发生缺氧或气体中毒现象，千万不能大意。

顶管中的换气应采用专用的抽风机或者采用鼓风机。通风管道一直通到掘进机内，把混浊的空气抽离工作井，然后让新鲜空气自然补充。或者使用鼓风机，使工作井内的空气强制流通。

顶管施工的流程如图11-6所示。

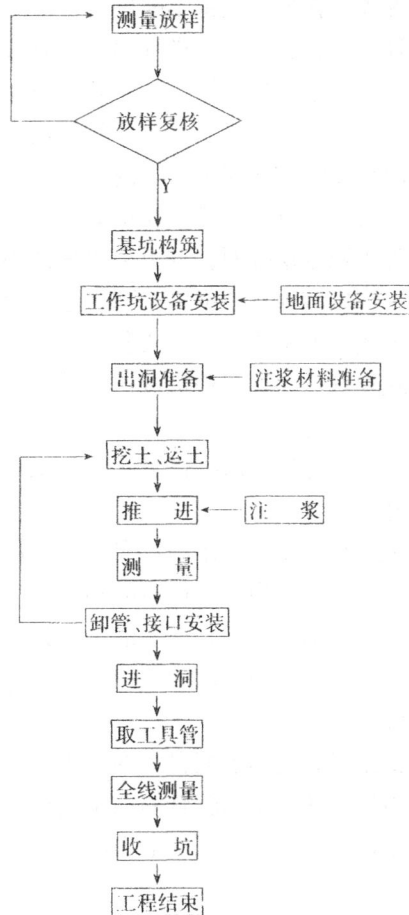

图11-6　顶管施工流程图

第二节　顶管施工分类及特点

顶管施工的分类方法很多，按所顶管子口径之大小分，可分为大口径、中口径、小口

207

径和微型顶管四种。

大口径多指 $\phi2000mm$ 以上的顶管，人能在这样口径的管道中站立和自由行走。大口径的顶管设备也比较庞大，管子自重也较大，顶进时比较复杂。最大口径可达 $\phi5000mm$，比小型盾构还大。

中口径是指人弯着腰可以在其内行走的管道，管道口径为 $\phi1200 \sim \phi1800mm$，在顶管中占大多数。

小口径是指人只能在管内爬行，有时甚至于爬行也比较困难的管道。管道口径在 $\phi500 \sim \phi1000mm$ 之间。

微型顶管其口径很小，人无法进入管道里，通常在 $\phi200mm$ 以下。这种口径的管道一般都埋得较浅，所穿越的土层有时也很复杂，已成为顶管施工的一个新的分支，技术发展很快，这种顶管在形式上也不断创新。

第二种分类方法是以推进管前工具管或掘进机作业形式来划分。推进管前只有一个钢制的带刃口的管子，具有挖土保护和纠偏功能的被称为工具管。人在工具管内挖土，这种顶管则被称为人工挖土式。如果工具管内的土是挤进来再做处理的就被称为挤压式。

以上两种顶管方式在工具管内都没有掘进机械，如果在推进管前的钢制壳体内有机械的则称为半机械或机械顶管。在钢制壳体中没有反铲之类的机械手进行挖土的则被称为半机械式。为了稳定挖掘面，这类半机械式顶管往往需要采用降水、注浆或采用气压等辅助施工手段。在机械顶管中都可看到推进管前有一台掘进机，按掘进机的种类又可把机械顶管分成泥水式、泥浆式、土压式和岩石掘进机，而顶管也被区分为泥水式、泥浆式、土压式和岩石式顶管。上述四种机械式顶管中，又以泥水式和土压式使用得最为普遍，掘进机的结构形式也最为多样。

第三种分类方法是以推进管的管材来分类的，可分为钢筋混凝土管顶管、钢管顶管以及其他管材的顶管。

顶管施工有一个最突出的特点就是适应性问题。针对不同的土质、不同的施工条件和不同的要求，必须选用与之适应的顶管施工方式，这样才能达到事半功倍的效果；反之则可能使顶管施工出现问题，严重的会使顶管施工失败，给工程造成巨大损失。

挤压式顶管只适用于软黏土中，而且覆土深度要求比较深。通常条件下，不用任何辅助施工措施。

人工挖土式只适用于能自立的土中，如果在含水量较大的砂土中，则需要采用降水等辅助施工措施。如果是比较软的黏土则可采用注浆以改善土质。或者在工具管前加网格，以稳定挖掘面。人工挖土式的最大特点是在地下障碍较多且较大的条件下，排除障碍的可能性最大、最好。

半机械式的适用范围与人工挖土式差不多，如果采用局部气压的辅助施工措施，则适用范围会较广些。

泥水式顶管适用的范围更广一些，而且在许多条件下不需要采用辅助施工措施。

土压式的适用范围最广，尤其是加泥式土压平衡顶管掘进机的适用范围最为广泛，可以称得上全土质型，即从淤泥质土到砂砾层它都能适应（N 值从 $0 \sim 50$ 之间，含水量在 $20\% \sim 150\%$ 之间的土它都能适应）。而且，通常也不用辅助施工措施。

各种顶管形式所适应的范围可参见表11-1。

分类	土质	N值	含水量(%)	开启式人工挖土 无	有	种类	半开启的挤压式 无	有	种类	开启的半机械式 无	有	种类	一般土压式 无	有	种类	泥土加压式(DK)式 无	有	种类	泥水式 无	有	种类
黏性土	有机黏土	0	150以上	×	×		×	△	A	×	×		×	△	A	△	A	A	×	△	A
	黏土	0~2	100~150	×	△	A	○			×	×		×	△	A	○	△	A	○	△	A
	黏土	0~5	80以上	×	△	A	○			×	×		△	△	A	○	△	A	○	△	A
	黏土	5~10	50以上	△	△	A	○			×		A				△			△		
	亚黏土	10~20	50以上	○			×			○			○			○			○		
	亚黏土	15~25	50以上	○			×			○			○			○			○		
	亚黏土	25以上	20以上	○			×			○			○			○			○		
砂性土	粉砂	10~15	50以上	△		B	×			△	○	B	△			△			△		
	松软砂土	10~30	20以下	×	△	A.B	×			△		A.B	△			△			△	○	A
	固结砂土	30以上	20以下	△		A.B	×			△		A.B	△			△			△		
砂砾土	松的砂砾	10~40		△		A.B	×			△		A.B	△			△			△		
	固结砂砾	40以上		△		A.B	×			△		A.B	△			△			△		
	含卵石石砾			×	△	A.B	×			×	△	A.B							△	△	
	卵石层			×	△	A.B	×			×	△	A.B							△	△	A
岩土	硬土	50以上		×			×			○			*			×			×		
	软岩			×			×			○			*			×			×		
	岩石			×						×			*			×					

说明：N—标准贯入值；○—实用；△—基本实用；×—不适用；*—特殊机型适用；A—为注浆；B—为降水。

第三节 人工挖土顶管法施工

人工挖土法顶管施工是最早发展起来的一种顶管施工的方式，由于它在特定的土质条件下和采用一定的辅助施工措施后，具有施工操作简便、设备少、施工成本低、施工进度快等优点，所以，至今仍被许多施工单位采用。

人工挖土法顶管施工的布置参见图 11-7。

一、顶管施工的准备工作

（一）工作坑的布置

工作坑是顶管施工人员的操作场地，其位置一般选择在顶管地段的下游，被穿越地段的附近，并和地上被穿越物保持一定的安全距离。按照土质和地下水位情况，开挖工作坑前应采取适当的排水措施。工作坑内应有足够的工作面，其尺寸和深度取决被顶管子的口径、每节管长、接口方式、顶进方式、顶进长度等。顶管工作坑尺寸可按下式计算：

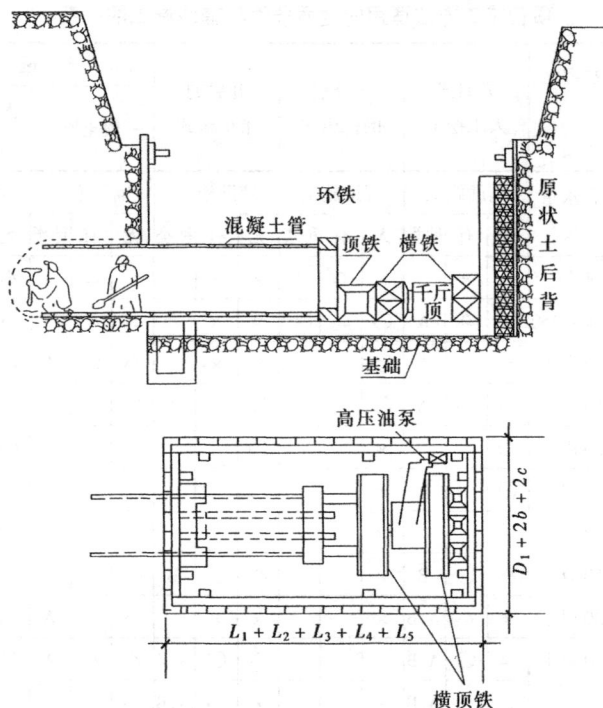

图 11-7 人工挖土法顶管施工

平面尺寸：

$$B = D_1 + 2b + 2c$$

$$L = L_1 + L_2 + L_3 + L_4 + L_5$$

式中 B——矩形工作坑的底部宽度（m）；

D_1——管道外径（m）；

b——管侧旁的操作空间宽度，根据口径、操作工具及土质条件而定，一般为 1.0 ~ 1.6m；

c——撑板厚度，一般采用 0.2m；

L——矩形工作坑的底部长度（m）；

L_1——工具管长度（m）当采用第一节管作为工具管时，钢筋混凝土管不宜小于 0.3m；钢管不宜小于 0.6m；

L_2——管节长度（m）；

L_3——运土间工作长度，按出土工具而定，用小铁车出土为 0.6m；采用推车出土为 1.2m；

L_4——千斤顶组装的总长度（m）；

L_5——后背墙的厚度（m）。

工作坑深度应符合下列公式要求：

$$H_1 = h_1 + h_2 + h_3$$

$$H_2 = h_1 + h_3$$

式中　H_1——顶进坑地面至坑底的深度（m）；

　　　H_2——接受坑地面至坑底的深度（m）；

　　　h_1——地面至管道底部外缘的深度（m）；

　　　h_2——管道外缘底部至导轨底面的高度（m）；

　　　h_3——基础及其垫层的厚度。但不应小于该处井室的基础及其垫层厚度（m）。

　　工作坑的基础，在土质较好且无地下水时，常采用方木基础；如有地下水时则用混凝土基础。工作坑的基础用于固定导轨，导轨通常是敷于基础上的方木或钢轨，用地脚螺栓固定或在混凝土中预埋钢件，而后将钢轨焊在上面。两导轨间的间距以管中心至两钢轨的圆心角在 70°~90°之间，导轨的作用在于稳定管子，按设计的中心线和高程要求引导顶进。

　　（二）后背的设置

　　后背位于工作坑内，作为千斤顶顶进管子时的支撑，后背一般利用未经扰动的原状土，在其垂直表面用方木和顶铁紧排，如图 11-8。

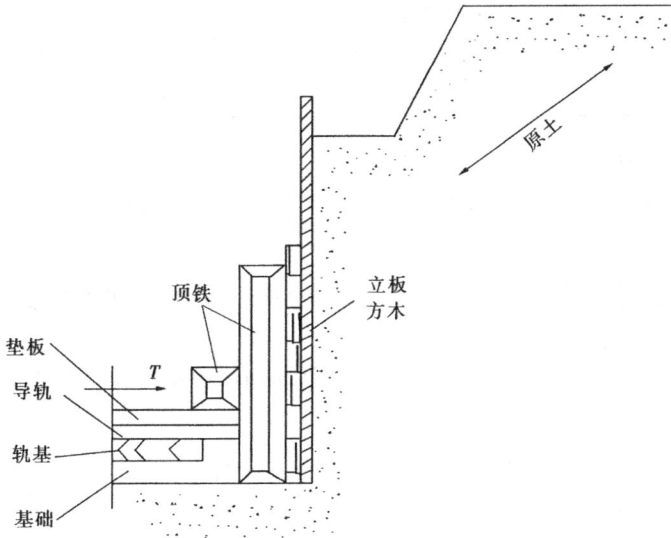

图 11-8

　　若无原状土，可因地制宜，按具体条件采用浆砌块石、现浇混凝土或方木制作。人工后背必须具备足够的强度和刚度，一般顶管用原土后背，其厚度应大于 7m，在此范围内要求土壤类别一致，以免顶力过大或地下水位变化时，后背产生不均匀变形，造成后背倾斜或坍塌。后背倾斜位移时可使顶铁外弹，极易造成工伤事故。

　　发现这类问题时应及早采取措施，比如减少后背承载压力，降低地下水位，加固后背。在后背倾斜不严重时，可在千斤顶与顶铁间加楔形钢板或硬木以调整顶进中线。

　　（三）顶力计算方法

　　顶力计算公式见表 11-2。

计 算 公 式	适 用 条 件	备 注
$kf\left[(2P_r + P_H)\,DL + P_0\right]$	适用直接顶进的顶力计算	P_r—土壤均布荷载，$P_r = rh$
		P_H—土壤水平压力，$P_H = Pr \times tg^2(45° - \varphi/2)$
		r—土壤重力密度（kN/m^3）
$2\pi DLF$	实用于人工挖土顶管的顶力计算	h—地面至管顶覆土深度（m）
		φ—土壤内摩擦角
		D—管道外径（m）
$(15 \sim 20)\,P$	能形成土拱的粘土，砂黏土的人工挖土顶管的顶力计算	L—所顶管道长度（m）
		P_0—顶进管子的全部自重（kN）
		K—安全系数（$1.0 \sim 1.2$）
$30P$	不能形成土拱的土壤中人工挖土顶管	f—摩擦系数
		F—管子与土壤单位摩擦力（kN/m^2）
		P—待顶管子的全部自重（kN）

二、顶管施工质量控制

顶管操作包括顶进、挖运土方、质量检验和管内处理等内容。

（一）顶进

顶进就是把管节沿导轨推顶到已挖好的土洞内的作业，顶进操作要坚持"先挖后顶，随挖随顶"的施工原则。

千斤顶顶进一个冲程后，千斤顶复位，在横铁和环形顶铁间装进合适的顶铁，然后继续顶进。

顶铁安装应平直，顶进时严防偏心，以免使顶铁崩出伤人。顶进时注意油压力变化，发现不正常时立即停止顶进，并检查原因。千斤顶活塞伸展长度应在规定范围内，以免损坏千斤顶结构。在整个顶进操作中应坚持连续作业，若顶进间隔时间过长，则土拱容易坍塌，使顶力增大。

顶进到一定程度时，下第二根管节应注意端口平直，接合良好，对钢筋混凝土管，为防止顶进管管节错位，需在接口处加设内胀圈，待管子全部顶进后，拆除内胀圈，安上内套管，并打塞填料予以接口。

（二）挖土和运土

挖土操作的质量和速度是保证顶管施工质量与速度的重要条件，管内挖土工作的劳动条件差，劳动强度大，应组织专人轮流操作。在挖土时，管上半周应较管外壁多挖 15 ~ 20mm。管下半部 90° 范围内不能超挖，应保持原土和管底齐平，这样在顶进时可减少或避免管子发生下斜现象。管前端挖土长度为 100 ~ 150mm，土质良好时可多挖些，挖出的土必须立即运出，运土可用特制的小车或手推车。

（三）管的允许偏差（表 11-3）

<table>
<tr><td colspan="6" align="center">管 的 允 许 偏 差　　　　　　表 11-3</td></tr>
</table>

项　　目	允许偏差（mm）	检　验　频　率		检　验　方　法
		范　　围	点　　数	
中　线　位　移	50	每 节 管	1	测量并查阅记录
管内底高程　DN<1500	+30 −40	每 节 管	1	用水准仪测量
管内底高程　DN≥1500	+40 −50	每 节 管		用水准仪测量
相邻管间错口	15%管壁厚且≤20			用 尺 量
对顶时管间错口	50			用 尺 量

（四）顶管质量的检测与校正

管节在顶进时，必须对顶进管段中线的方位及高程严格控制，以保证顶管的质量。顶管时的中线容易产生方位和高程上的偏差。其原因有以下几个方面：

1．由于两侧千斤顶的顶力不对称，或后背发生倾斜，造成中线左右偏离。

2．由于顶力作用点和管中线不一致，造成中线左右偏差。在前方挖土时，管底超挖而使高程起伏的不均现象。

3．管顶的端面或后背上下部位的土壤承载力相差较大。

4．导轨安装有较大误差。

5．顶铁制造质量差，受力后变形。

顶管高程的控制，可在顶坑中悬空固定水准仪，在顶管首端设立十字架（图 11-9）。每次测量时，若十字架在管首端的相对位置不变，水准仪的高程亦固定不变，只要量出十字架交点偏离的垂直距离，就可读出顶管的高程偏差（图 11-10）。若水准仪从坑外引进绝对高程，那么顶进管段的各点高程也可推算出来。顶管时的方位偏差，可在坑上面引出中心线，在中线方位的两点向坑内吊设两根垂球线，若管首端通过中心点的垂球线和上两垂球线在一条直线上，则顶管方位是准确的，否则存在偏差（图 11-11）。

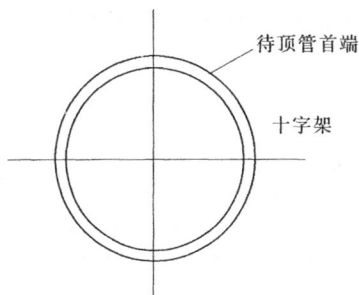

图 11-9　水准仪测量平面位置　　　　图 11-10　水准仪的高程测量

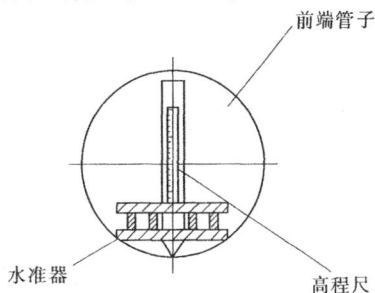

在顶管过程中校正偏差是保证顶管质量的有力措施，偏差是逐渐积累起来的，也只有逐渐校正过来，偏差过大校正就很困难，因而在顶管过程中应勤校测，发现偏差及时校正。校正的方法分坑内和管端面纠偏两类，具体作法如下：

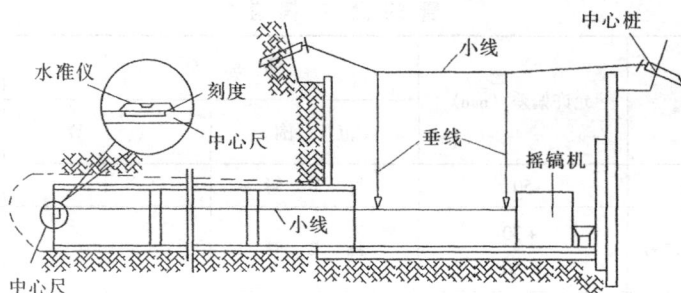

图 11-11 小线垂球延长线法测量中心示意图

1. 挖土校正法。在管子偏向设计中心的一侧适当超挖，而在相对的一侧不超挖或留坎，使管子在继续顶管中逐渐回到设计位置，校正中不得猛纠硬调，以防产生相反结果。当偏差为 10～20mm 时，可采用此法校正。

2. 顶木校正法。当偏差大于 20mm 或者用挖土法校正无效时，可用圆木或方木一端顶在管子偏离设计中心的一侧管壁上，另一端装在垫有钢板或木板的管前土壤上，支架稳固后开动千斤顶，利用顶进时顶木斜支管子所产生是分力，使管子得到校正。

3. 小千斤顶校正法。本方法基本同顶木校正法，并配合挖土校正法在超挖的一侧管端壁支上一个 5～15t 的小千斤顶，千斤顶的底座上接一短顶木，利用小千斤顶的顶力使首节管子调向，然后在继续顶进中，使管位得到校正。

4. 加垫钢板校正法。即在顶管末端与顶铁间的适当位置垫上一块相当厚度的楔形钢板，使顶铁和管间形成一个角度，顶进时可使被顶管逐渐回到设计位置。

（五）管内处理

顶进工作完毕后，管内胀圈全部松脱运出，将管内清扫干净，按要求处理好接口。

一般情况下，顶进管段的长度主要根据需穿越构筑物或河道的距离而定。在需要加长顶管长度时，可采取以下措施：

1. 加固后背，加强管口环形顶铁，增加其承受顶力的能力。

2. 使用膨润土（如触变泥浆等），以减小管壁与土壤的摩擦。采用触变泥浆可减小顶管顶力约 70%，同时在松散的土层中顶进，可对管周围土质起到加固作用，防止土拱的坍塌。

1）膨润土（触变泥浆）指标（表 11-4）

膨 润 土 指 标　　　　　　　　　　　　　　　　表 11-4

化 学 成 分		矿物成分（平均质）	
SiO_2	56.7%	蒙 脱 石	
Al_2O_3	20.2%		
CaO	2.9%	云 母	
MgO	4.3%		
强热下损耗量	7.6%	石 英	
其 他	5.6%	高岭土等	少 量

214

2）触变泥浆的配比（表 11-5）

触变泥浆的配比 表 11-5

一　般		在地下水的砂土中		条　件
膨润土	100kg	膨润土	80kg	
废机油	40L	废机油	40L	
CMC	2kg	石膏	1～2kg	搅拌 30min
高分子胶	2kg	高分子胶	2kg	
水	900kg	水	950kg	

3. 采用中继间的技术措施。

1）中继间的构造（图 11-12）

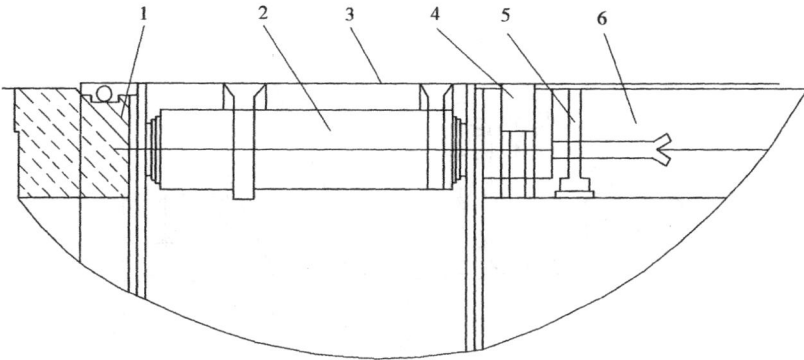

图 11-12　钢筋混凝土管中继间
1—前方管段；2—油缸；3—钢护套管；4—可调密封圈；5—注浆孔；6—后方管段

2）中继间的工作程序

中继间工作时按先后次序逐个启动，首先借助最前面的中继间，将其前方的管路向前顶出一个中继间顶程，后面的中继间和工作井内的千斤顶保持不动，形成后座，这时最前面的中继间必须排放油压，将液压系统转换为自由回程状态。后面的中继间向前顶将第一个中继间的油缸缩回，前面的管段不动，重复同样的动作，直到最后再由主顶油缸把最后一段管路推顶上去，同样的过程继续重复直到整段管节全部推顶完，管子顶推结束后，中继间按先后程序拆除其内部油缸以后再合拢。这样便达到了减少顶力的目的。

3）中继间的设置和设计原则

A. 中继间设计顶力的确定：设计顶力不能大于主顶力的最大允许顶力，并受到油缸允许安装尺寸的限制。

B. 根据实际地质情况，参考相近地段顶管实测经验数据，尽可能详细地估测沿途顶力变化趋势。

C. 设计时选择一个较为合理的顶力公式来确定中继间的数目。一般第一个中继间加设位置宜按中继间设计顶力的 60% 计算。其余中继间的间隔宜按中继间设计顶力的 80% 计算。

第四节 泥水式顶管施工

在顶管施工的分类中，把采用水力切削及输送泥土，同时利用泥水压力来平衡地下水压力和土压力的这一类顶管形式称为泥水式顶管施工。根据输土泥浆的浓度的不同，可把泥水式顶管分为普通泥水顶管、浓泥水顶管和泥浆式顶管三种。普通泥水顶管的输土泥水相对密度在 1.03~1.30 之间，而且完全呈液体状态。浓泥水顶管泥水的相对密度在 1.30~1.80 之间，多呈泥浆状态，流动性好。这种浓泥水式施工亦称超高浓度的泥水式顶管，有其独特的优点。而泥浆式顶管施工则是介于泥水式和土压式顶管施工之间，是由泥水式向土压式过渡的一种顶管施工。

一、泥水顶管系统的组成

完整的泥水顶管系统分为八大部分，如图 11-13 所示。

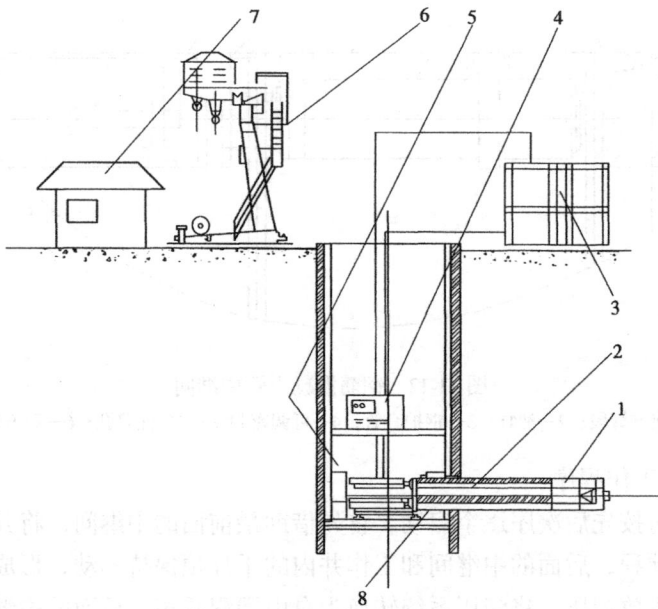

图 11-13

1—掘进机；2—进排泥管路；3—泥水处理装置；4—主顶油泵；
5—激光经纬仪；6—行车；7—配电间；8—洞口止水阀

第一部分是掘进机，它有各种形式，因而也就有区分各种泥水顶管施工主要依据。第二部分为进排泥系统，普通泥水顶管施工的进排泥系统大体相同。第三部分是泥水处理系统，不同成分的泥水有不同的处理方式：含砂成分多的可以用自然沉淀法；含有黏土成分多的泥水处理是件比较困难的事。第四部分是主顶系统，它包括主顶油泵、油缸、顶铁等。第五部分是测量系统。第六部分是起吊系统。第七部分是供电系统。第八部分是洞口止水圈、基坑层轨等附属系统。

二、泥水式顶管施工的特点

优点有：

216

1. 适用的土质范围比较广，如在地下水压力很高以及变化范围较大的条件下，它也能适用。

2. 可有效地保持挖掘面的稳定，对所顶管子周围的土体扰动比较小。因此，采用泥水式顶管，特别是采用泥水平衡式顶管施工引起的地面沉降也比较小。

3. 与其他类型顶管比较，泥水顶管施工时的总推力比较小，尤其是在黏土层这表现得更为突出。所以，它适宜于长距离顶管。

4. 工作坑内的作业环境比较好，作业也比较安全。由于它采用泥水管道输送弃土，不存在吊土、搬运土方等容易发生危险的作业。它可以在大气常压下作业，也不存在采用气压顶管带来的各种问题及危及作业人员健康等问题。

5. 由于泥水输送弃土的作业是连续不断地进行的，所以它作业时的进度比较快。

但是，泥水式顶管也有它的缺点：

1. 弃土的运输和存放都比较困难。如果采用泥浆式运输，则运输成本高，且用水量也会增加。如果采用二次处理方法来把泥水分离，或让其自然沉淀、晾晒等，则处理起来不仅麻烦，而且处理周期也比较长。

2. 所需的作业场地大，设备成本高。

3. 口径越大，它的泥水处理量也就越多。因此，在闹市区进行大口径的泥水顶管施工是件非常困难的事。而且，泥水一旦流入下水道以后极易造成下水道堵塞。因此，在小口径顶管中采用泥水式是比较理想的。

4. 如果采用泥水处理设备则往往噪声很大，对环境会造成污染。

5. 由于泥水顶管施工的设备比较复杂，一旦有哪个部分出现了故障，就得全面停止施工作业。它的这种相互联系、相互制约的程度比较高。

6. 如果遇到覆土层过薄，或者遇上渗透系数特别大的砂砾、卵石层，作业就会因此受阻。因为在这样的土层中，泥水要么溢到地面上，要么很快渗透到地下水中去，致使泥水压力无法形成。

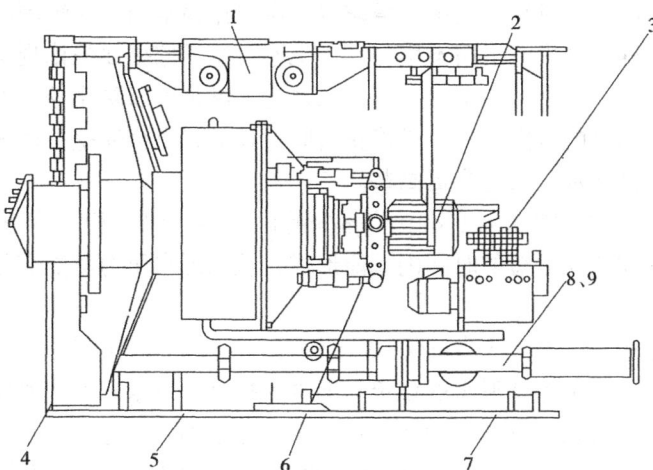

图 11-14　泥水平衡式工具管

1—纠偏油缸；2—驱动电动机；3—油压装置；4—切削刀盘；5—前段；
6—开口度调节装置；7—后段；8—进泥管；9—排泥管

三、泥水平衡工具管的构造

泥水平衡工具管的构造，如图 11-14 所示。

四、工作原理及过程

随着工具管的推进，刀盘在不断转动，进泥管不断提供泥水，排泥管不断将混有弃土的泥水排出泥水舱。泥水舱要保持一定的压力，使刀盘在有泥水压力的情况下向前钻进。泥水平衡式工具管是一种以全断面切削土体，以泥水压力来平衡土压力和地下水压力，又以泥水作为输送弃土介质的机械式工具管。

泥水平衡工具管的基本原理是泥水护壁。在泥水式顶管施工中，要使挖掘面保持稳定，必须向泥水舱注入一定压力的泥水。泥水在压力的作用下向土体内部渗透，在开挖面形成一层泥膜。泥膜的作用，一方面阻止泥水继续向挖掘面土体内部渗透；另一方面，泥水本身的压力通过泥膜作用在开挖面，平衡地下水压力和土压力，防止坍塌。

五、不同土质条件下的泥水相对密度

不论何种土质，泥水的相对密度必须大于 1.03，即必须是含有一定黏土成分的泥浆。但是，在泥水平衡顶管施工过程中，应针对各种不同的土质条件，来控制不同的泥水。详细情况可参见表 11-6。

不同土质条件下的泥水相对密度   表 11-6

土 质 名 称	渗透系数（cm/s）	颗粒含量（%）	相 对 密 度
黏土及粉土	$1\times10^{-9}\sim1\times10^{-7}$	$5\sim15$	$1.025\sim1.075$
粉砂土及细砂土	$1\times10^{-7}\sim1\times10^{-5}$	$15\sim25$	$1.075\sim1.125$
砂 土	$1\times10^{-5}\sim1\times10^{-3}$	$25\sim35$	$1.125\sim1.175$
粗砂土及砂砾土	$1\times10^{-3}\sim1\times10^{-1}$	$35\sim45$	$1.175\sim1.225$
砾 石	1×10^{-1}以上	45 以上	1.225 以上

在黏土层中，由于其渗透系数极小，无论采用的是泥水还是清水，在较短的时间内，都不会产生不良状况，这时在顶进中应考虑以土压力作为基础。在较硬的黏土层中，土层相当稳定，这时，即使采用清水而不用泥水，也不会造成挖掘面失稳现象。然而，在较软的黏土层中，泥水压力大于其主动土压力，从理论上讲是可以防止挖掘面失稳的。但实际上，即使在静止土压力的范围内，顶进停止时间过长的，也会使挖掘面失稳，从而导致地面下陷。这时，应把泥水压力适当提高些。

在渗透系数较小的，如 $K\leqslant1\times10^{-3}$cm/s 的砂土中，泥浆相对密度应适当增加。这样，在挖掘面上使泥膜在较短的时间内就能形成，从而泥水压力就能有效地控制住挖掘面的失稳状态。

在渗透系数适中，如 1×10^{-3}cm/s$\leqslant K<1\times10^{-2}$cm/s 的砂性土中，挖掘面容易失稳。这就需要我们注意，必须保持泥水的稳定。即进入掘进机泥水仓的泥水中必须含有一定比例的黏土和保持足够的相对密度。为此，在泥水中除了加入一定的黏土以外，再须加一定比例的膨润土及 CMC 作为增黏剂，以保持泥水性质的稳定，从而达到保持挖掘面稳定的目的。

在砂砾层中施工，泥水管理尤为重要，稍有不慎，就可能使挖掘面失稳。由于这种土层中自身的黏土成分含量极少，所以在泥水的反复循环利用中就会不断地损失一些黏土，

这就需要不断地向循环用泥水中补充黏土，才能保持泥水的较高黏度和较大的相对密度。只有这样，才可使挖掘面不产生失稳现象。

六、施工过程需注意的几个问题

1. 当掘进机停止工作时，一定要防止泥水从土层中或洞口及其他地方流失。不然，挖掘面就会失稳，尤其是在出洞口这一段时间内更应防止洞口止水圈漏水。

2. 在掘进过程中，应注意观察地下水压力的变化，并及时采取相应的措施和对策，只有这样，才能保持挖掘面的稳定。

3. 在顶进过程中，随时要注意挖掘面是否稳定，要不时检查泥水的浓度和相对密度是否正常，还要注意进排泥泵的流量及压力是否正常。应防止排泥泵的排量过小而造成排泥管的淤积和堵塞现象。

第五节　水力冲刷顶管法

水力冲刷顶管设备主要包括：工作头部（由工具管、封板、中间喷射管、环向管、真空管、测杆及有关管路闸阀组成，如图 11-15）、高压水泵（水压在 0.4～0.5MPa 以上）、高压进水管、排泥管、泥浆沉淀池。

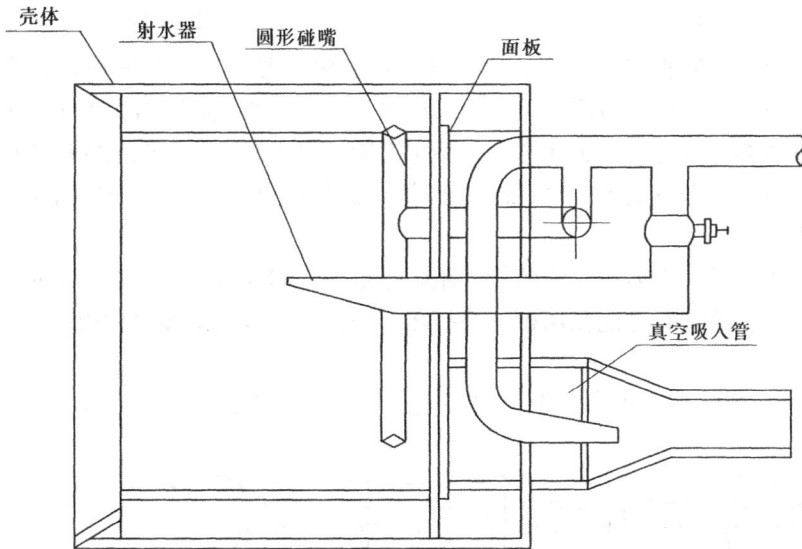

图 11-15　水力冲刷顶管设备

水力冲刷顶管的工作原理是以环向管喷射出的高压水，将顶入管内的土壤冲散，而中间喷射管则将工具管前下方的粉碎土壤冲成泥浆。流向真空室回水管的高速水流，使真空室内形成压差，将泥浆由管内吸出，混同高压水由排泥管排出地面。同时在顶力设备的作用下，将管子继续顶向前进，边水冲，边排泥的方式使顶管速度较快。土壤冲散和粉碎之所以要求在管内进行，主要是防止高压水流冲出管外，扰动管外土层，从而造成坍塌、河床穿孔以及河流倒灌等危险。顶入管内土壤必须保持一定的长度（又称土塞）。并用测杆随时进行测量，掌握顶进情况。

这种顶管法的优点是冲土、排泥连续进行，速度高，大大减轻了劳动强度，设备制作简单，成本低。缺点是泥浆处理占地面积大，特别是在大城市顶管受到限制，顶进时不易观测，方向难控制，往往影响施工质量。

水力顶管时射水水枪口距管子前端的距离，按水压、土质、口径而定，一般取 1～2m，并工作坑内应设排水井，将流出的泥水集中后，用泥浆泵抽出。

第六节　穿刺顶管法

穿刺顶管法就是在顶管的前端装置锥形头。锥形头底部直径必须比管子外径大 20～30mm，如图 11-16。此外，还有采用另一种形式的锥形头，即偏心地套在被顶管上，以便使锥形头偏于下面，如图 11-17。

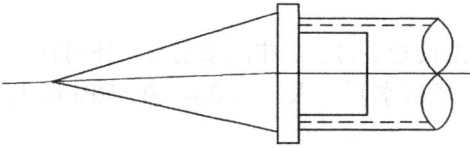 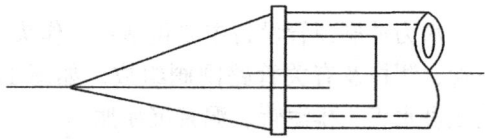

图 11-16　　　　　　　　　　　　　　图 11-17

当压入管道时，锥形头将土壤向旁边挤开，在土壤中形成了一个比被顶管略大的洞孔，因此在顶压时土孔拱撑不坍塌，由于上述情况，顶压时的主要阻力是由于锥形头压入土壤而发生。管道本身沿着锥形头前进，并不引起额外阻力。这种不取土的挤压顶管法也是在工作坑内进行的，它适用于非岩石性的土壤，尤以黏土及含水性黏土中特别适宜，但不适用于流砂性土壤。

在有黏性的土壤里，无需将安装的管子跟随锥形头一起顶压，而可以用临时管先行挤压穿孔后再行安装。这就有可能在用锥形头挤压好的孔洞里敷设价廉而耐用的非金属管及承插式铸铁管。

这种顶管法如图 11-18。可借助于 1～2 个油压千斤顶或螺旋千斤顶进行。在工作坑内

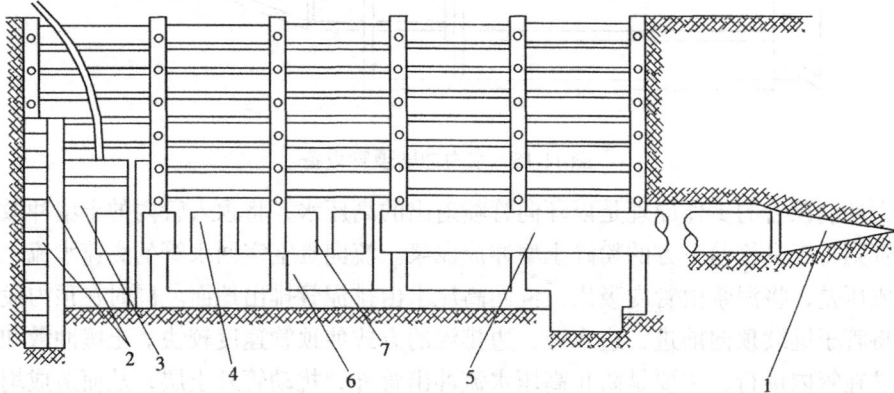

图 11-18　直接顶入法施工示意图

1—顶尖；2—后背；3—顶管千斤顶；4—垫铁；5—待顶管；6—基础；7—导轨

仍然需用后背及导轨，可顶口径为 25～400mm 的管道。当顶压大口径的管道时，由于巨大阻力及管道埋深过浅，会引起地表变形隆裂。它的最大缺点是顶管方向容易产生较大误差。

钢管也可不加锥形头而直接顶进，这种顶管法又称为土塞顶管。当开始顶进时，土方将挤入管内，进入管内的密集土柱和管内壁产生摩擦力，当土柱长度约为口径 4～6 倍时，这部分摩擦力足以能在管前端形成一个塞头，阻止外面土壤继续进入管内，从而使管外围土壤减少孔隙率，以增加密集度的方式形成一个压实了的圆锥形土体。这种土塞顶管的优点是管道不易偏斜，施工作业简单易行，挤入管内的土塞在顶管完毕后亦可掏除，但土塞顶管的速度慢，阻力大。

顶管施工是一门涉及知识面广、施工管理要求高、施工作业要求严的综合性施工技术。近十年来，随着城市化进程的加速和下水道普及率的提高以及旧城区的改造、公用事业的发展，顶管施工也越来越普及，方法也越来越多，在此就不一一赘述。

第十二章　过河管道的施工

给水管道穿越河道的方式分倒虹方式及架空方式两类，在选择穿越方式时应因地制宜，考虑施工可行、输水可靠、造价低廉等因素，进行经济比较，并与整体规划相协调。

在多水源环网中的管道过河，可按单根敷设；支状输水干管过河，则应附设两条管道，以保证输配水的可靠性。在倒虹方式敷设时，管道口径的选择应保证管内流不小于0.4m/s，以免发生沉积。过河管道在靠河岸两侧均应设置阀门，并有排水装置。

第一节　倒　虹　管　道

将管道埋设在河床下面穿过河道的方式称为倒虹管法。这种穿越河床的施工，首先应按规划的要求，结合现状确定管顶覆土深度。覆土深度要保证河床的疏竣、冲刷及通航船只抛锚等情况时，不危及管道的安全。按照河床的具体情况可分为顶管施工法、围堰施工法、浮沉施工法。

一、顶管法施工

是将要穿越的管道在河床下直接顶入，适用于河床地质构造、土质较好，同时河流较窄的倒虹吸管施工。

1. 施工步骤

（1）将待穿越部分的河床断面尺寸、河底工程地质与水文地质资料实地勘测准确。

（2）采用直接顶入法将管道由河底顶过去。

（3）穿越河流的直管顶入后，应对该管段进行清洗，然后将两端用木塞或其他物品封闭，防止泥土及其他杂物进入。最后，将两端管道连上，形成倒虹吸管。

2. 施工要求

（1）不得在淤泥及流砂地段顶穿；

（2）穿越管道的管顶距河底高度：对于不通航河道不得小于0.5m，对于通航河道，其值不得小于1.0m，管材采用钢管时应考虑防腐要求。

二、围堰法施工

围堰法是在施工场地临时筑堤用以分段交替隔堵水流的施工方法，如图12-1。这种施工法在河道水流不允许中断、改道、且水流不急、河面不太宽、无碍通航的条件下使用。

1. 施工步骤

（1）用围堰堵住设计穿越河流管

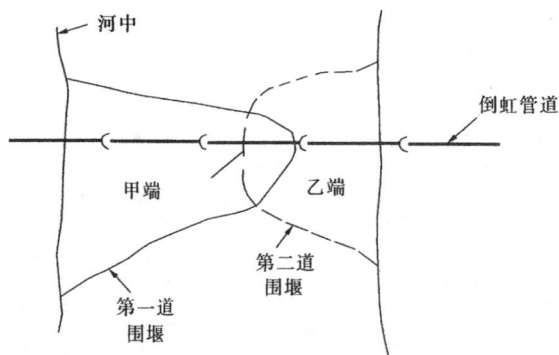

图 12-1　围堰法施工倒虹吸管

管一端约 2/3 河面。

(2) 用水泵抽出围堰中的水。

(3) 沿设计管线位置和走向在堰内开挖管沟，铺设管道；将堰内管道全部安装完毕，塞住管端端口，防止杂物及泥土进入。

(4) 对该管段进行试压检验，合格后作防腐修补，然后回填管沟。

(5) 继续建筑堰内部分第二道围堰。第一道围堰内的第二道围堰的设置要考虑尽量减少第二道围堰的施工工作量。为防止管沟串水，第二道堰与已施工完管段交叉处的管沟应以黏土回填做成止水带。

(6) 清除第一道围堰，建筑第一道围堤中铺筑的第二道围堰。

(7) 用水泵抽出第二道围堰中的水，开挖管沟继续安装管道，管道施工完毕，应进行整体穿越管道的试压，合格后清除第二道围堰。

2．施工要求

(1) 围堰的质量要保证在整个施工期间内，出现最高水位能安全堵水。在施工设计时，要依据施工进度及水文资料确定科学、合理的开工期，以使围堰施工在枯水期内完成。

(2) 穿越管道的覆土要求：不通航河流不小于 0.5m；通航河流应大于 1m，而覆土上要做好冲刷的面层处理（如混凝土、砌条石等封面方法），回填高度不得高于河床。

(3) 在管道施工中，应注意空管上浮的问题，应采取可靠的措施，防止管道的上浮和偏移。

(4) 采用钢管应考虑防腐要求，采用铸铁管，预（自）应力钢筋混凝土管，应优先选用橡胶圈柔性接口，并配合可靠的基础。

(5) 若管沟底的土层结构不稳定时，应考虑采用连续带状基础等措施。

三、浮沉法施工

浮沉法施工就是在河床水流不受影响的条件下水下开挖，利用漂浮法运管及组合焊接，然后管内灌水，使其下沉就位，管上覆盖，恢复河床原状的方法。如图 12-2 所示。

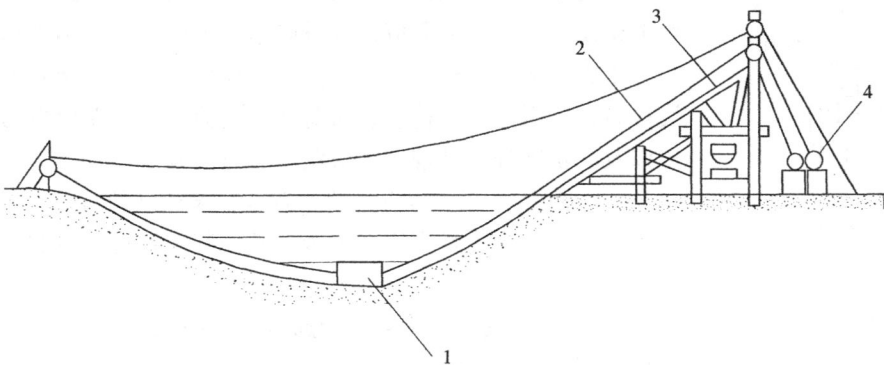

图 12-2　浮沉法施工管道穿越河流
1—索铲；2—牵引索；3—空载索；4—绞车

1. 施工步骤

（1）水下管沟可采用挖泥船、吸泥泵、抓斗等机械挖掘，也可采用拉铲挖沟装置，挖掘装置在安装和使用时，要使牵引始终保持与管道走向相同；

（2）在挖沟时，要经常测定水深、沟深，潜水员要及时检查管沟的质量；

（3）用碎石对管沟进行初步找平，达到设计要求；

（4）在邻近管沟河岸的平整场地上依河岸断面焊接倒虹吸钢管，对钢管进行防腐处理；

（5）进行分段打压试验；

（6）将钢管两端用木塞塞住拖至河中浮在水面上，对准管沟方位；

（7）再进行一次严密检验；校正管中线及倒虹吸管形状位置是否与河床断面相对应；

（8）打开安装在管面端的进水及排气阀，逐渐均匀将管道沉于沟底管沟中；

（9）潜水员检查和校正管道位置，使之符合设计要求，将管道沟底的空隙用石块等填塞；拆去管道上所系钢丝，检验后回填。

2. 施工要求

（1）水下沟槽开挖方向要符合管道设计走向；

（2）只能采用钢管施工；

（3）在沉管时，要求两端同时进水，进水流量要小而且两端进水速率大致相同，同时两端牵引设备要拉住管道，以免因进水不匀，管道两端下沉速度不同造成倾斜而改变位置。

（4）管顶覆土必须均匀，尽可能恢复原河床断面；如埋设在河床下较浅时，亦可不覆土待其自然淤没。

第二节　架　空　管　道

管道架空过河的方式有：沿路桥敷设法、水平管梁式管架桥施工法、拱管过河施工法等。

一、沿路桥跨河施工

（一）沿路桥跨河施工的形式

管道随道路桥梁架设是最简便又常见的过河方式。在道路桥梁上架设管道，一方面应符合桥梁结构上的许可，不影响过水断面、不影响船只通行；另一方面应确保供水可靠，维修方便。在设计时，应考虑地震荷载、风荷载、雪荷载、温度应力的特殊要求以及同桥梁外形处理上的协调性。方法有：

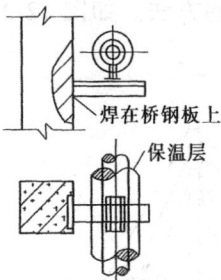

焊在桥钢板上

保温层

图 12-3

1. 吊环法　当桥旁有吊装位置或在设计已预留的情况下，利用现有桥梁，用吊环固定在桥旁，其安装位置可在桥的一侧（如图 12-3）。

2. 托架法　利用现有桥梁旁焊出钢支架，将管架起通过（如图 12-4）。

3. 桥台法　利用桥旁的桥墩端部（鱼嘴）架设管道（如图 12-5）。

4. 平铺法　设计时预留管位，将管道敷设在过河桥梁的人行道下的管沟内（如图 12-6）。

5. 简易法　对于 DN50 以下的钢管，可以采用一般简单的措施，将钢管固定在桥上。

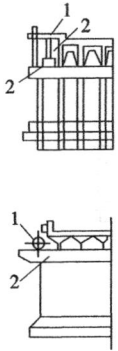

图 12-4
1—管 道；2—
支架；3—桥墩

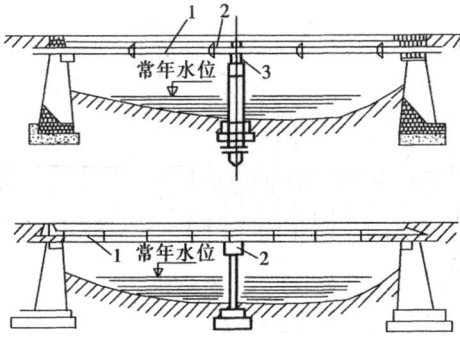

图 12-5
1—管道；2—管道接口；3—桥墩

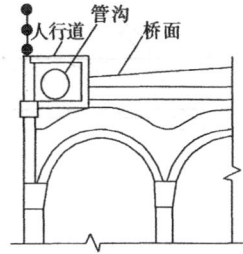

图 12-6

（二）沿路桥跨河施工要点（表 12-1）

表 12-1

项　目	要　点
支、吊、托架的制作	应按设计要求，制作合乎规范
支、吊、托架的安装	1. 依据设计定出纵横位置，然后在桥上凿预埋孔，安装位置应正确 2. 支、吊、托架插入预埋孔，埋设应平整、牢固、泥浆饱满，但不应突出墙面
安　装　管　道	1. 管道可在地面上焊起一部分，吊到桥上，放入支、吊、托架后对接 2. 安装时，要注意管道与托架接触紧密 3. 滑动支架应灵活，滑托与滑槽应留有 3～5mm 的间隙，并留有一定的偏移量
固定管道	依次旋紧支、吊、托架螺栓，个别管道与托架间有空隙处，应用铁锲插入，用电焊焊于管架上

二、水平管梁式管架桥施工

在没有道路桥的地段或桥上无法架越管道时，可修筑轻便的专用桥安放管道。如图 12-7 就是索桥上敷设管道的形式。

也可采用管架桥的形式跨越河道，这种管架桥是以钢制水管本身作桥的桁架，必要时进行适当加固的架管方式。它的类型分为不作加固设施的管梁式管架桥以及作加固设施的加强式管架桥。后者使用于跨度大而设立桥墩困难时。

（一）管梁式管架桥

1. 简单支撑形式如图 12-8。

2. 一端固定另一端活动的支撑形式如图 12-9。

3. 两端固定的形式如图 12-10。它适用于过河跨度较短时，但出现较大温度应力及地基不均匀沉陷时，这种形式不适宜。

4. 连续支撑形式如图 12-11。它在结构上也属简支形式，但连续多跨，因而作为连续支撑形式考虑。

（二）加强式管架桥

1. 桁架加强形式如图 12-12。一般口径不太大的管道，在跨度较大时用桁架加固。因其整体性好、刚度大、能承受较大垂直力与水平力。

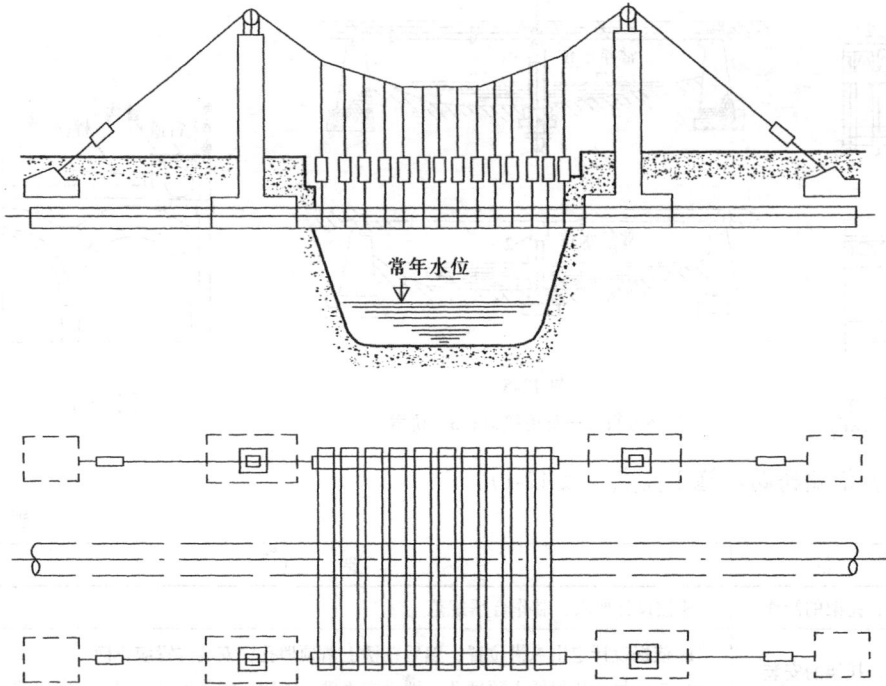

图 12-7　索桥上敷设管道的形式

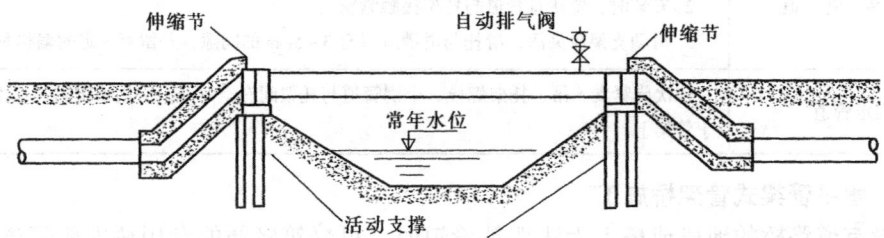

图 12-8　简单支撑形式

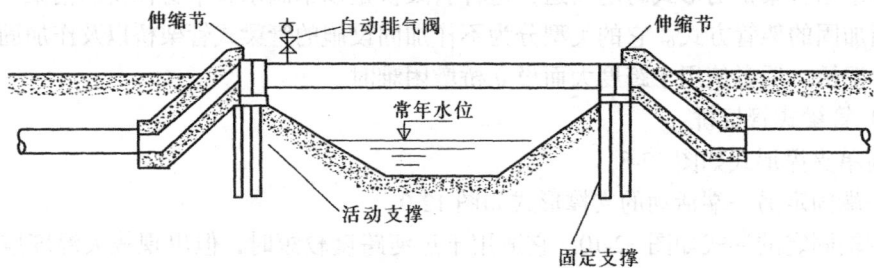

图 12-9　一端固定另一端活动的支撑形式

2. 系杆加强形式如图 12-13。

3. 横档加强形式如图 12-14。它适用大跨度的情况，由于对加强的干管具有抗弯性，在构造上是有利的。

4. 钢索吊管加强形式如图 12-15，适用于施工作业面困难，跨度较大的情况。

226

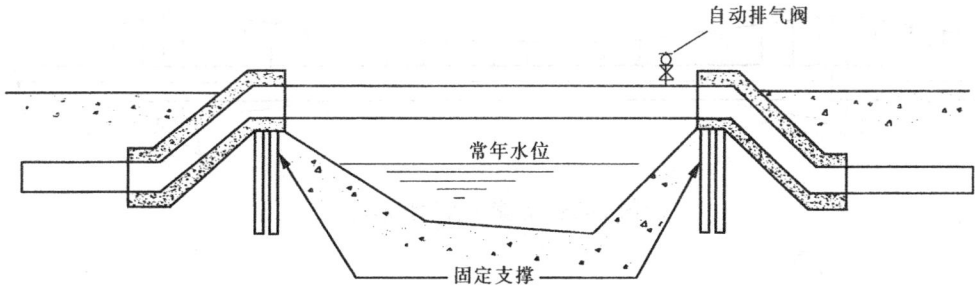

图 12-10 两端固定的形式

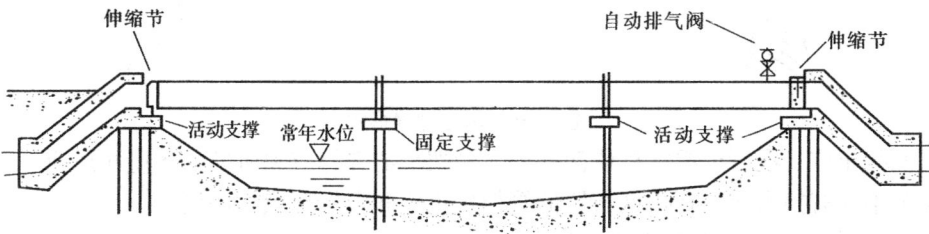

图 12-11 连续支撑形式

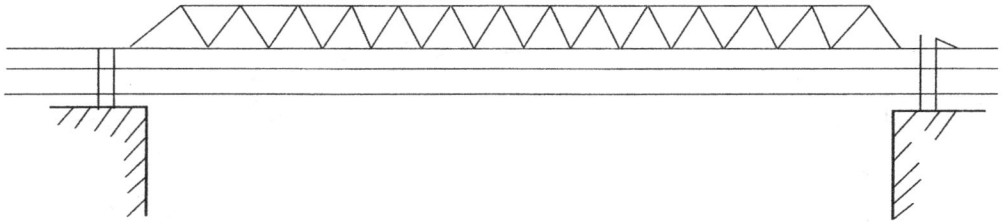

图 12-12 桁架加强形式

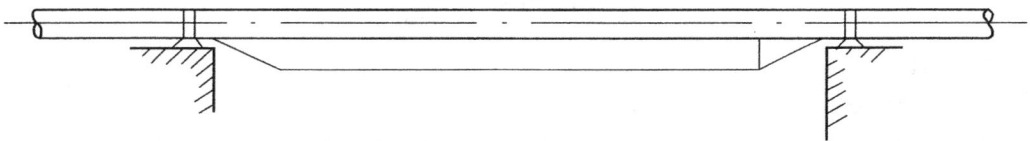

图 12-13 系杆加强形式

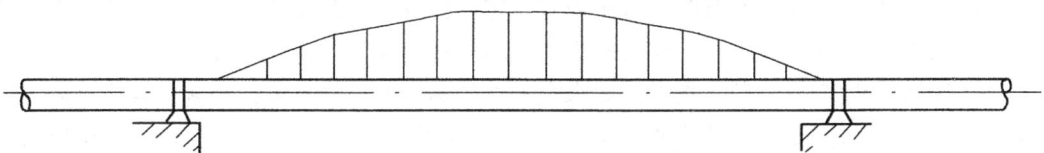

图 12-14 横档加强形式

5. 斜拉加强形式如图 12-16。

采用水平管梁式管架桥施工，在水平架空管上，应设置排气阀、伸缩节；过河管两岸埋地部分转弯处应设置镇墩，视抗震要求于适当地点增设抗震接口；管柱支撑可视河底条

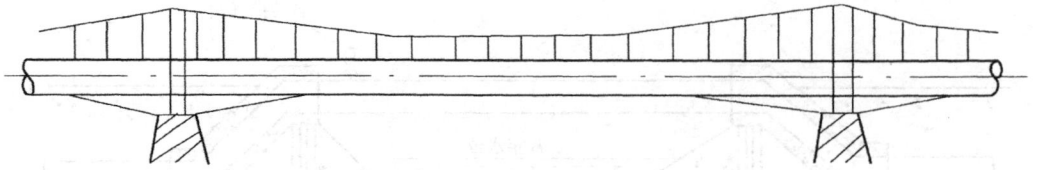

图 12-15　钢索吊管加强形式

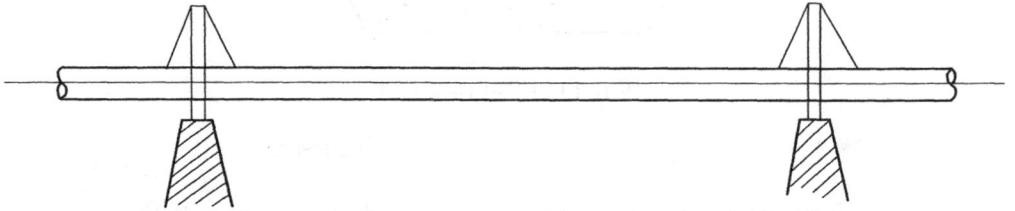

图 12-16　斜拉加强形式

件选用混凝土桩、混凝土灌注桩或深井桩。管架桥的选择应和所处的环境相适应，在城市的管架桥不应有损市容，在山区布置的管架桥也应和自然环境相协调。

三、拱管过河施工（如图 12-17）

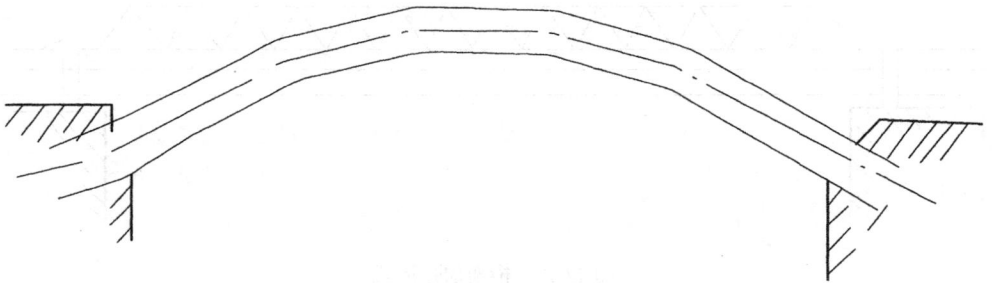

图 12-17　拱管过河施工

1. 拱管的弯制

（1）先弯后接法

先按拱管设计尺寸将管线分为适宜的几段，通常分为单数段（拱顶部分为一段，左右两个半跨对应分段），然后以分段的弧度及尺寸选择钢管，便可进行弯管焊制，钢管弯管可采用冷弯或热弯。采用冷弯时，管子尚有一定回弹量。因此在顶弯管子时，应当使管子的矢高较实际的矢高偏大一些，偏大多少应视不同管径与不同跨度通过试验决定。

拱管弧形管段弯成之后，按设计要求在平整的场地上进行预装，经测量合格之后方可焊接，焊毕应再行测量，应当保证拱管管段中心轴线在同一个平面上，不得出现扭曲现象。

（2）先接后弯法

先将长度适当大于拱管总长的几根钢管焊接起来，而后在现场操作平台上采用卷扬机进行弯管。

弯管所用的模具与弯管的弧度正确与否有着极大关系，弯管作业时一定要做到牢固、

228

准确，弯管的管子向模具靠紧速度要均匀，不宜过快。

为防止放松卷扬机钢丝绳之后管子回弹量过大，可在拉紧钢丝绳时，在拱管内侧用氧气烘烤到管壁发红后即可放松钢丝绳。由于拱管内侧由高温降到低温开始收缩（收缩方向与回弹方向相反），待管壁温度降至常温时，回弹量得以减少。

以上两种方法，在管道焊接之后，均需进行充气试验或油渗试验，以检查管道渗漏情况。

2. 拱管的安装

（1）立杆安装法

当管径较小，跨度较短时，立杆安装可采用两根扒杆，河岸两边各一根，其中一根为独角扒杆，另一根是摇头扒杆。起吊前先将拱管摆置在两个管架的中间，吊装时两根扒杆同时起吊。

当管径较大、跨度较大时，在河岸一边竖一台扒杆，主杆与悬臂长均由实际需要而定，扒杆立杆铁由四根中型角钢构成，利用悬臂将拱管吊起，并向河中心方向平移至两个管架之间。

扒杆或悬臂将拱管提起之后，即送至两个管架上就位，由于管架上的水平托架已经焊死，因而拱管左右位置不致产生偏差，而前后位置以两端托架为准，用扒杆或悬臂加以调正，而拱管的垂直程度，则可用经纬仪在两端观测，用风绳予以校正。

自拱管两个托架安装并校正后，随即进行焊接。如发现托架与管身之间有空隙，可用铁片嵌入后予以焊接。水平托架一经焊死，随即焊上斜托架，再用经纬仪观测拱管轴线，检查有否偏差。

（2）履带式吊车安装法

这种方法适用于水面较窄的河流条件下。与立杆安装法相比，该法可以减少管子位移及安装扒杆等一些准备工作，可以加速施工进度，其安装作业过程和要求，与立杆安装法基本相同。

3. 拱管安装注意事项

（1）拱管控制的矢高比为 $1/6 \sim 1/8$，一般采用 $1/8$；

（2）拱管由若干节短管焊接而成，每节短管长度 $1.0 \sim 1.5m$，各节短管焊接要求较高，须进行充气或油渗试验；

（3）吊装时为避免拱管下垂或开裂，应在拱管中部加设临时钢索固定；

（4）拱管安装完毕，应作通水试验，并观测拱管轴线与管架变位情况，必要时应作纠偏。

第四部分 管网维护与管理

第十三章 管网维护与管理

第一节 管网技术档案管理

一、管网技术档案的概念

城市给水管道埋设于地下，属于隐蔽性工程项目。它的设计、施工及验收情况，必须要有完整的图纸档案。并且在历次改动后，档案上应能及时反映管网的现状，使它能方便地为给水事业服务，为城市建设服务，这就是管网技术档案的管理目的。

城市给水管网的技术档案不仅是给水系统而且是城市建设档案的组成部分。对城市给水系统及城市建设关系密切，具有历史依据功能。

管网技术档案的内容由设计、竣工、管网现状三部分组成。设计资料在管道工程施工时作为施工的依据；管道工程竣工后，主要起到查考的作用。竣工资料则是今后管道维护、检修、改造等的依据，也是城市建设、各类管道设计施工的查考资料。管网现状图纸是充分反映管网实际状况的图纸，是逐月、逐季、逐年根据管道增添、变更的竣工图纸而增添、修改的管网图，这种图对日常的管网维护及城市建设的管理等都是极重要的资料。

设计资料包括：设计任务书、管网的总体规划、管网平差计算、单项管道工程设计图、构筑物大样图以及设计修改变更资料等。

管道的竣工资料包括：

1. 管道竣工平面图上标明节点（包括折点）的竣工坐标及大样图、节点和附近设施的相对距离；管道纵断面上标明管顶竣工高程。

2. 竣工情况说明。比如施工单位、施工负责人，开工完工日期，材料来源、规格、型号、数量、沟槽土质及地下水状况，和其他管沟等构筑物立交时的局部处理情况，工程存在隐患的处理及施工事故的有关说明。

3. 各管段水压试验记录，隐蔽工程中间验收记录，全线工程的竣工验收记录。

4. 工程预、决算资料。

5. 设计图修改变更资料。

至于小型用水户进水支管部分也应画竣工图，竣工图上应标注口径、长度、折点相对位置，埋深和节点大样，接水方式及水表内部安装情况的说明等。

档案的日常管理工作包括收集、整理、鉴定、保管、统计、利用等六个环节。收集资料是搞好档案工作的起点，利用是档案管理工作的目的。不重视经常性的管网资料的收集，管网档案就难以完善。档案管理不便于使用，档案就失去了存在的价值。其他几个环节的工作，则是为档案的利用创造条件的基础工作。

二、管网技术档案的整理

城市管网是由几十条甚至数百条的管道组成的。要了解某一管段的现状，就必须分析一系列的管网技术档案。但往往由于管网技术档案未能及时更新，管网技术档案与实际状况不符而引起差错。因此，逐月、逐季、逐年将管道的增添、变更情况及时地在综合的管网现状图上修改，才能使管网资料真实、准确地反映管网现状。

所谓的管网现状图就是指图纸上所标注的符号应与现场状况相符合的图纸。管网现状图，按管理范围与使用目的的不同可分为市政总给水管网平面图、分片给水管网平面图、分区给水管网平面图及各路段、各小区给水平面图。根据精度要求的不同，管网现状图有多种比例的图幅，如1:500、1:1000、1:10000、1:25000等。各种管网现状图所表示的管道资料的内容与城市的规模有关。一般大比例的管网现状图只标管径、管道走向、阀门节点布局。它可作为管理机构指挥生产的现状材料。小比例的现状图（如竣工图）上标注的内容包括：管道的材料名称、口径、管道坡向方位、节点（包括折点）坐标和相对位置的控制尺寸、折点的管顶竣工高程及埋深、安装年份；用水支管的管材名称、口径、方位、埋深、安装年份、水表位置及口径、其他主要管道交点位置及说明。它应充分反映管道现状，提供管道新建、扩建以及管网维护中巡查、检漏等第一手材料。管网现状资料主要来源于管道施工竣工资料。因此，竣工资料的查验、接收是工程移交的一个重要内容。

管网现状图的及时修改也是管网技术档案管理的一个重要内容。现场施工人员要及时、准确地将现场管道的变更、抢修情况报送资料员，并指定专人审查。资料员逐月进行1:500（或1:1000）现状图及卡片的修改，逐年进行大比例的管网现状图修改。若是采用微型胶卷存档或电脑储存的也应同时进行修改。对管道口径、走向、长度、阀门及消火栓数量的变化，发生事故情况、分析事故原因等记录，均应逐月、逐季、逐年及累计成现状统计资料。

管网技术档案的管理，按城市给水系统的规模，分一级、二级或多级的管理体制。在小型城市通常采取一级管理体制。中等城市采取公司及所两级的管理体制。大型城市采取公司、所、站的三级管理体制。管网图，特别是主要输、配水管道的图纸及微型胶卷在公司档案部门保管。在基层部门不仅要保管好用户档案，也应具备一两套所管辖区域的管道管网图纸，这将对管道维护工作起到指导作用，并能使维护工作事半功倍。

第二节 管 网 巡 查

一、巡查的作用

管网巡查是管网运行管理的一项日常工作，是预防管道发生故障的积极措施，其作用是在管道发生故障前提前加以预防和处理，避免故障的发生或有计划地处理故障。

二、巡查人员应具备的条件

随着城市建设的快速发展，市政各行业工程在改造、扩建、新建项目施工中，经常发生损害自来水管道的事故，这给供水管网的管理带来了很大的困难。要保证供水管网的正常运行，首先就要保证供水管网不受外力的损害。要看护好管网就必须要有一支责任心强、业务精、素质高的巡查队伍。供水服务是城市市政管理的重要组成部分之一，加强供水管理，巡查人员承担着举足轻重的责任。一个合格的巡查人员，应具备以下条件：

1. 要有高度的工作责任心。巡查人员一般独立完成工作任务，其工作的特点是移动范围广，流动性大，管理人员不易监管，这就需要巡查人员要有较强的工作责任心。

2. 要有丰富的业务知识和管道维修工作经验。巡查主要是查看管道是否存在跑、冒、滴、漏等漏水现象，是否有其他工程施工危害管道的现象及阀门井、消火栓等供水设施是否完好。在实际工作中，往往有很多复杂的情况需要及时做出正确的判断。比如，管线旁边地面漏水，就要根据掌握的业务知识及工作经验，确定是雨水还是污水或是自来水。再如：其他工程在管线周围施工时，就要判断对给水管道是否有影响，影响有多大，应采取何种措施。这就需要巡查人员掌握丰富的业务知识和管道维修工作经验。

3. 巡查员要掌握管网现有的布局、管道的管径、管材、服务压力、运行年限、管道周围土壤类别、阀门位置、地下水位及历年管道维修的情况等，对管道的分支、节点和用户接口的情况也要清楚。掌握了以上情况，才能在巡查工作中做到有的放矢，不漏项，巡查到位。

4. 掌握供水管理方面的法令、法规及有关规定（如供水条例、管理规定等），懂得管道施工及新用户的审批、办理程序。只有掌握了相关的规定和程序，在工作中遇到问题时，才能有根有据、及时有效地把问题处理好。

三、巡查人员的配置

在基层组织可设立巡查班。班内除巡查人员外还需配备技术人员以解决比较复杂的技术问题。人数的确定应根据各地区的工作标准及管线长度、路段的复杂程度来确定。工作方法可将整个管网区域分成若干小区域，小区域分成若干路段，采取分组负责区域，个人负责路段，责任到组、到人，定期巡查，及时处理问题。巡查班组应配备相应的设备及工具，根据各地区的具体情况配备相应的设备，如车辆、通讯设备、照相机及常用工具等。

四、巡查员的工作职责

1. 熟悉自己巡查区域的图纸资料，并核对图纸是否与现场相符，如有不符应及时更正。了解巡查范围管道更改及抢修的历史资料。

2. 认真做好巡查记录

巡　查　日　记

			年　月　日　　天气：
巡查路段：			
巡查情况：			
问题处理情况：			
备注：			
巡查人：		班长：	

3. 沿线巡查时，注意防止管道及管道上的附属设施（如消火栓、阀门、排泥阀、排气阀等）及井室（如阀门井、检查井等）被圈、压、埋、占等危害供水安全的情况。特别是新

砌围墙、新建临时建筑、道路改造、其他专业管线作业、绿化施工、房地产开发等工程的施工。这些项目很容易对管道及附属设施造成圈、压、埋、占等危害供水安全的情况。

4. 注意管线是否有漏水、爆管的情况，是否存在消火栓损坏、阀门井盖丢失的情况，小问题及时处理，大问题及时报告，把安全隐患消灭于萌芽状态。特别要重视阀门井的巡查工作，保证井盖完好、不丢失、井盖与井圈相匹配，防止阀门井变"陷阱"。

5. 配合其他施工单位的施工，向其指明管线位置，并做好标志，防止危害供水安全的事故的发生。检查和处理损坏供水设施的行为，发现情况应立即制止。

6. 注意沿给水管线走向有无施工刨槽取土情况，避免因覆土减少发生冻管或管道被压坏的事故。同时注意施工槽槽边与给水管道的距离，防止溜坡和塌槽的事故；给水管道与其他管道相交时，应根据现场情况定出处理方案，一方面保证给水管道不被破坏，另一方面要保证被扰动的给水管道的基础回填后回填土的密实度达到原有的状况，通常不应小于原土的95%。此外还要注意管线附近是否有搅拌和汽锤打桩或轨道塔吊等设备，留意这些设备运行时对管道的干扰程度。此外，还要防止管线被砌入雨水井、污水井、电缆井或其他设施中。

7. 对明露、架空、穿越铁路等特殊管段安全的巡查。

1) 对明露管线要勤看，尤其是大雨过后，要检查支墩是否被冲刷、管道沿线是否有塌方的情况。气温低的地区每年冬季前要检查保温层的完好程度；气温高的地区每年要检查防腐层的完好程度。另外，应注意管线的桩基、支墩附近的施工情况，在桩基、支墩附近严禁取土。

2) 注意检查架空管的基础有无下沉、开裂等情况。对架设在桥上的管线应检查吊管零件有无松动、锈蚀现象。

3) 凡穿越铁路或其他建筑物箱涵的检查井要定期（一年不少于一次）进行例行检查。

8. 用户新装工程施工时要检查其审批手续是否完整，防止未经审批私自施工及偷盗自来水的情况。

9. 管线巡查的时间周期应根据现场情况而定，对于已建设好的地段，应做到三天一巡；正在施工中的地段，应做到一天一巡。在巡查的过程中，不断总结经验，按故障发生的频率来调整巡查周期时间，以保证供水管道正常运行，保证供水安全。

附录

巡查员应掌握的管网管理上的规定和数据

1. 管道的埋深：原则上应超过冰冻层。以北京地区为例，该地区要求小管（管径小于75mm）覆土1m，大管（管径不小于75mm）为1.1~1.3m，凡覆土小于上述数值管道要做保温措施。

管道受外界荷载（如压路机）碾压时应有足够的覆土保护，根据经验至少应有60cm的覆土才可保证管道不受损坏。但是管道上面也不是覆土越厚越好，各管径均有对应的最大允许埋深。管径越大，最大允许埋深越小。除管径外，最大允许埋深与管底基础性状也有很大关系，90°弧形土基在同一管径上要比素土平基允许埋深大一倍。以 $DN1000$ 为例，素土平基覆土最大允许值为2.2m，而90°弧形土基可达到4m。管线上由于施工等原因不可避免要暂时堆放物品，经过核算得出允许堆放的物体和高度，详细数据可参见表13-1～表13-7。

铸铁管最大允许覆土上深度 表 13-1

口　径　（mm）	最大允许覆土深度（m）	
	素土平基	90°弧形土基
75～250	7～10	>10
300～400	8～6	>10
500～600	4～3	7～6
700～1200	2.5～2	5～4

设计内水压力：工作压力不大于0.5MPa，试验压力不大于1MPa，地面活荷载汽15，但不能与试验压力同时考虑。回填土密度1.8t/m³，安全系数$D \leqslant 1000mm$时，$K = 2.3$；$D \geqslant 1000mm$时，$K = 2.5$。

最大允许堆积高度(m) 表 13-2

（1000mm≤DN≤1200mm，灰口铸铁管或预应力混凝土管）

L（m）材料 \ B（m）	1.2				3				6				>6
	1.2	3	6	>6	1.2	3	6	>6	1.2	3	6	>6	—
建筑木材	6	4.9	4.7	3.1	4.9	3.7	3.5	3.1	4.7	3.5	3.2	3.1	3.1
铸铁	0.6	0.5	0.5	0.3	0.5	0.4	0.3	0.3	0.5	0.3	0.3	0.3	0.3
钢	0.5	0.4	0.4	0.3	0.4	0.3	0.3	0.3	0.4	0.3	0.3	0.3	0.3
黏土	2.3	1.9	1.8	1.2	1.9	1.4	1.4	1.2	1.8	1.4	1.2	1.2	1.2
卵石	2.3	1.9	1.8	1.2	1.9	1.4	1.4	1.2	1.8	1.4	1.2	1.2	1.2
黏土砖	2.2	1.8	1.7	1.2	1.8	1.3	1.3	1.2	1.7	1.3	1.2	1.2	1.2
水泥	2.6	2.1	2.1	1.4	2.1	1.6	1.5	1.4	2.1	1.5	1.4	1.4	1.4
钢筋混凝土制品	1.7	1.4	1.3	0.9	1.4	1	1	0.9	1.3	1	0.9	0.9	0.9
煤	5	4.1	3.9	2.6	4.1	3.1	2.9	2.6	3.9	2.9	2.7	2.6	2.6

说明：1.B—堆积物垂直于管道方向的长度；L—堆积物沿管道方向的长度。

2. 当实际长度介于表中两长度之间时，采用较大长度对应的最大允许堆积高度。如：长度为3.6m，介于3～6m之间，此时应选取6m对应的值。

最大允许堆积高度(m)

（400mm≤DN≤600mm，灰口铸铁管或预应力混凝土管） 表 13-3

L（m）材料 \ B（m）	0.6				1.5				3				>3
	0.6	1.5	3	>3	0.6	1.5	3	>3	0.6	1.5	3	>3	—
建筑木材	12.8	10.1	9.5	5.7	10.1	7.4	6.8	5.7	9.5	6.8	6.1	5.7	5.7
铸铁	1.2	1	0.9	0.6	1	0.7	0.7	0.6	0.9	0.7	0.6	0.6	0.6
钢	1.1	0.9	0.8	0.5	0.9	0.7	0.6	0.5	0.8	0.6	0.5	0.5	0.5
黏土	5	3.9	3.7	2.2	3.9	2.9	2.6	2.2	3.7	2.6	2.4	2.2	2.2
卵石	5	3.9	3.7	2.2	3.9	2.9	2.6	2.2	3.7	2.6	2.4	2.2	2.2
黏土砖	4.7	3.7	3.5	2.1	3.7	2.7	2.5	2.1	3.5	2.5	2.2	2.1	2.1
水泥	5.6	4.4	4.2	2.5	4.4	3.2	3	2.5	4.2	3	2.5	2.5	2.5
钢筋混凝土制品	3.6	2.8	2.7	1.6	2.8	2.1	1.9	1.6	2.7	1.9	1.7	1.6	1.6
煤	10.7	8.5	8	4.8	8.5	6.2	5.7	4.8	8	5.7	5.1	4.8	4.8

<h3 style="text-align:center">最大允许堆积高度（m）</h3>

（DN300，灰口铸铁管或预应力混凝土管）　　　　表 13-4

B（m） L（m）材料	0.3				0.75				1.5				>1.5
	0.3	0.75	1.5	>1.5	0.3	0.75	1.5	>1.5	0.3	0.75	1.5	>1.5	—
建筑木材	58.7	43.3	38.1	15.4	43.3	29.4	24.7	15.4	38.1	24.7	19.9	15.4	15.4
铸铁	5.7	4.2	3.7	1.4	4.2	2.8	2.4	1.4	3.7	2.4	1.9	15.4	15.4
钢	5.2	3.9	3.4	1.4	3.9	2.6	2.2	1.4	3.4	2.2	1.8	1.4	1.4
黏土	22.8	16.9	14.8	6	16.9	11.5	9.6	6	14.8	9.6	7.7	6	6
卵石	22.8	16.9	14.8	6	16.9	11.5	9.6	6	14.8	9.6	7.7	6	6
黏土砖	21.6	16	14	5.7	16	10.8	9	5.7	14	9	7.3	5.7	5.7
水泥	25.7	19	16.7	6.8	19	12.9	10.8	6.8	16.7	10.8	8.7	6.8	6.8
钢筋混凝土制品	16.4	12.1	10.7	4.3	12.1	8.2	6.9	4.3	10.7	6.9	5.6	4.3	4.3
煤	49.2	36.3	31.9	12.9	36.3	24.7	20.7	12.9	31.9	20.7	16.7	12.9	12.9

<h3 style="text-align:center">最大允许堆积高度（m）</h3>

（DN2600 或 DN2200，钢管或球墨铸铁管）　　　　表 13-5

B（m） L（m）材料	2.6				6.5				13				>13
	2.6	6.5	13	>13	2.6	6.5	13	>13	2.6	6.5	13	>13	—
建筑木材	10.6	9.1	8.9	6.7	9.1	7.2	7	6.7	8.9	7	6.8	6.7	6.7
铸铁	1	0.9	0.9	0.6	0.9	0.7	0.7	0.6	0.9	0.7	0.7	0.6	0.6
钢	0.9	0.8	0.8	0.6	0.8	0.6	0.6	0.6	0.8	0.6	0.6	0.6	0.6
黏土	4.1	3.5	3.5	2.6	3.5	2.8	2.7	2.6	3.5	2.7	2.6	2.6	2.6
卵石	4.1	3.5	3.5	2.6	3.5	2.8	2.7	2.6	3.5	2.7	2.6	2.6	2.6
黏土砖	3.9	3.4	3.3	2.5	3.4	2.6	2.6	2.5	3.3	2.6	2.5	2.5	2.5
水泥	4.7	4	3.9	2.9	4	3.1	3	2.9	3.9	3	3	2.9	2.9
钢筋混凝土制品	3	2.6	2.5	1.9	2.6	2	1.9	1.9	2.5	1.9	1.9	1.9	1.9
煤	8.9	7.6	7.4	5.6	7.6	6	5.8	5.6	7.4	5.8	5.7	5.6	5.6

<h3 style="text-align:center">最大允许堆积高度（m）</h3>

（1000mm≤DN≤1600mm，钢管或球墨铸铁管）　　　　表 13-6

B（m） L（m）材料	1.6				4				8				>8
	1.6	4	8	>8	1.6	4	8	>8	1.6	4	8	>8	—
建筑木材	15.4	13.4	12.8	9.7	13.4	10.4	10.1	9.7	12.8	10.1	9.8	9.7	9.7
铸铁	1.5	1.3	1.2	0.9	1.3	1	1	0.9	1.2	1	1	0.9	0.9
钢	1.4	1.2	1.1	0.9	1.2	0.9	0.9	0.9	1.1	0.9	0.9	0.9	0.9
黏土	6	5.2	5	3.8	5.2	4	3.9	3.8	5	3.9	3.8	3.8	3.8
卵石	6	5.2	5	3.8	5.2	4	3.9	3.8	5	3.9	3.8	3.8	3.8
黏土砖	5.7	4.9	4.7	3.6	4.9	3.8	3.7	3.6	4.7	3.7	3.6	3.6	3.6
水泥	6.7	5.9	5.6	4.3	5.9	4.5	4.4	4.3	5.6	4.4	4.3	4.3	4.3
钢筋混凝土制品	4.3	3.8	3.6	2.7	3.8	2.9	2.8	2.7	3.6	2.8	2.8	2.7	2.7
煤	12.9	11.2	10.7	8.1	11.2	8.7	8.4	8.1	10.7	8.4	8.3	8.1	8.1

最大允许堆积高度（m）

（*DN*800，钢管或球墨铸铁管）　表 13-7

L（m）材料 ＼ *B*（m）	0.8				2				4				>4
	0.8	2	4	>4	0.8	2	4	>4	0.8	2	4	>4	—
建筑木材	8.5	7.1	6.8	4.9	7.1	5.7	5.4	4.9	6.8	5.4	4.9	4.9	4.9
铸铁	0.8	0.7	0.7	0.5	0.7	0.5	0.5	0.5	0.7	0.5	0.5	0.5	0.5
钢	0.8	0.6	0.6	0.4	0.6	0.5	0.5	0.4	0.6	0.5	0.4	0.4	0.4
黏土	3.3	2.8	2.7	1.9	2.8	2.2	2.1	1.9	2.7	2.1	1.9	1.9	1.9
卵石	3.3	2.8	2.7	1.9	2.8	2.2	2.1	1.9	2.7	2.1	1.9	1.9	1.9
黏土砖	3.1	2.6	2.5	1.8	2.6	2.1	2	1.8	2.5	2	1.8	1.8	1.8
水泥	3.7	3.1	3	2.1	3.1	2.5	2.3	2.1	3	2.3	2.2	2.2	2.2
钢筋混凝土制品	2.4	2	1.9	1.4	2	1.6	1.5	1.4	1.9	1.5	1.4	1.4	1.4
煤	7.1	5.9	5.7	4.1	5.9	4.7	4.5	4.1	5.7	4.5	4.1	4.1	4.1

2. 上水管与建筑物、铁路等的水平净距根据《室外给水设计规范》GBJ 13—86 掌握，有关数据如下：

1) 建筑红线 5m。

2) 铁路坡脚 5～10m。

3) 煤气管中、低压 1.5m，高压 2m。

4) 热力管道 1.5m。

5) 街树中心 1.5m。

6) 照明杆 1m。

7) 电缆（高、低压）1m。

8) 以上距离在旧城市街道上难以满足时，可根据管径及其他因素酌量减小。

具体尺寸可参考下面数据：

1) *DN*75～*DN*150 可相距 0.5m 或一边 0.3m，一边 0.7m。

2) *DN*200～*DN*500 可相距 0.8m，*DN*600～1200 可相距 2m。

3. 给水管与污水管交叉时，给水管应当在上面，且管外壁相距不得小于 0.4m；如污水管在上面时，在交叉部位，给水管要加套管，套管长度应从交叉点处每侧引出至少 1m。

4. 所有各种地下管道不允许上下垂线安装。

5. 上水管道互相交叉时，垂直净距不得小于 0.2m，如低于此数应做处理，有效的办法是做弧形（不小于 120°角）支墩。

6. 管道穿越铁路时，首先要与铁路有关单位联系，一般做法是加套管或箱涵并采取顶进的办法，套管及箱涵两端要设检查井。

7. 管道穿越河道，可采用建管桥，或附装于桥上的箱涵来解决。除此之外，也可选择穿越河道的办法。凡是过河底时原则上应做两条。过河下扎的管子如系钢管，管壁要加厚 2mm，保护级要提高一级。

8．原则上管线上不允许被占压，但是实际上管线上方不可避免会临时堆积些建筑木材、水泥等物品。虽属临时，但如堆积物品过重，则有可能引起管道破裂或变形，从而影响管道正常供水，因此有必要对这些物品的堆积高度进行限制。

第三节　消火栓日常管理

消火栓是消防工作的主要设施，关系到人民生命财产的安全及保障，对消火栓的管理工作是有强制性的，倘有疏忽，将牵涉到国家刑法问题，因此，对消火栓的管理要重视。

消火栓分室内消火栓和室外消火栓两类。室内消火栓一般安装在楼房内的楼梯走道或过道等显眼的位置。其口径有 50mm 和 70mm 两种。它与消防带、水枪组成一套消防设施安装在消防箱内。室内消火栓由楼房的物业管理部门负责维护、管理，每季度至少检查一次。

室外消火栓由供水企业负责维护、管理（居民及工业小区总表后的室外消火栓由物业管理部门管理）。室外消火栓分地下式和地上式两种（如图 13-1）。

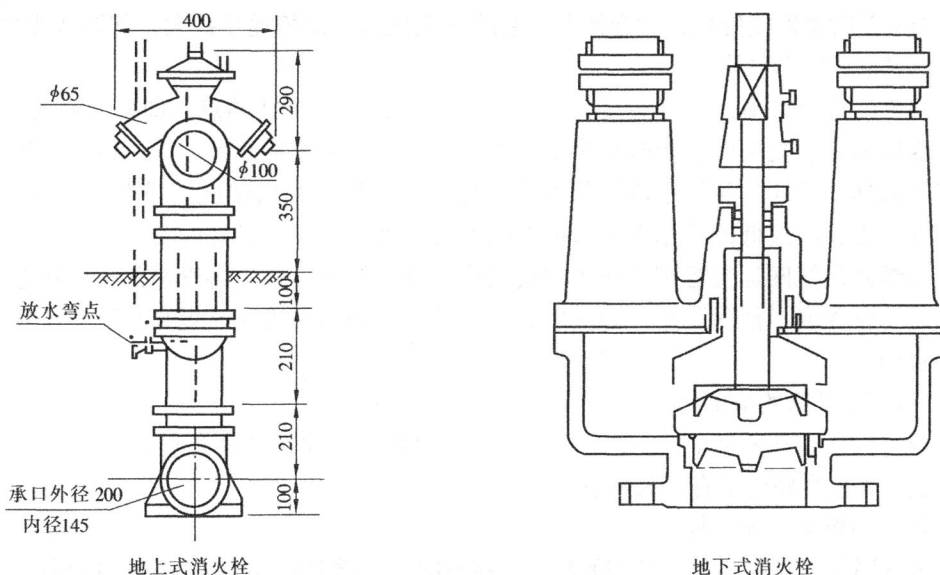

图 13-1　室外消火栓（单位：mm）

气温较低的地区多采用地下式消火栓；气温较温和的地区根据各地的习惯及不同情况分别采用。

在我国大部分自来水公司将消火栓的管理工作划归管网巡查管理。对消火栓的维护、管理应做到以下几点：

1．定期巡查消火栓，保证消火栓不被圈、压、埋、占、损坏。如发现存在以上情况中的任何一种，都应立即处理，确保消火栓处于正常状态。

2．每座消火栓均应建立档案卡片，详细记录该消火栓的式样、编号、安装日期、位置、管道口径、运转情况及检修记录等。每年应做一次数量统计并报有关部门。

3. 每半年对消火栓进行一次定期排放工作，排出管道中的脏水，并检查消火栓的部件是否完好、运作是否正常。如缺少零部件应及时增补；如启闭困难、水量及水压小等应及时维修；如消火栓损坏应及时更换。

4. 消火栓的拆除、迁移必须经消防部门及供水部门的批准，任何个人和单位不得私自拆除、迁移消火栓。

5. 消火栓是消防专用设施，任何个人和单位不得将消火栓另做他用，如绿化浇水、冲洗道路等。

第四节 给水管道故障及维修

一、维修的重要性及维修施工特点

（一）重要性

任何一项管道工程，在施工过程中，虽然经过一系列的检查、试验，具有一定的可靠性，但是投入运行以后，由于管道工作状态的变化，外界环境条件的影响，材料和设备性能限制，以及设计施工考虑不周等因素，不可避免地出现连接松动、腐蚀、泄漏等不正常现象，如不及时维修或修理，就会使管道系统性能减退，缺陷逐步扩大，甚至造成事故，或使管道过早的丧失功能。

管网规模有大有小，运行参数有高有低，但它们有一个共同点，即都是系统工程，一个小部件的功能丧失就会影响整个系统的正常运行，甚至造成停产。所以，管道的维护保养和修理就是通过各种手段使管网在运行中少发生不利的情况，或在发生故障时，通过修理或更新以最低的费用保证管网系统的可靠性，以保持良好的安全运行状态。因此，管道维修是管网运行管理的一个重要组成部分。维修可以改善管网的技术状态，延缓管网的恶化程度，消除隐患于萌芽状态，以达到管网运行安全，提高经济效益和社会效益的目的。

（二）管道维修的施工特点

随着材料制造技术的发展，管道材质不断采用新的品种，自然管道维修也多种多样，总的来说，管道维修施工有下列特点：

1. 维修内容多、项目复杂

由于管网长度日趋增长，所用的材料规格不同，材质多种多样，故带来的维修项目和内容也就各异，因此维修项目多而复杂。

2. 多工种协同作业

管道维修除需要管道工外，还需要电工、焊工、钳工、油漆工、保温工等共同施工，有的还需要机加工、瓦工、混凝土工配合，故维修工程是一个多工种相互协调配合的系统工程，计划不周就会延误工期影响运行。

3. 需要大型机具配合

部分施工需要破混凝土路面，需要拓路机、挖土机、吊车等。

4. 维修环境条件差、给水管铺设的位置旁边往往有其他管线或其他建筑物，操作空间小、施工困难，不小心还会损害其他专业管线或其他建筑物，引起施工事故。

5. 时间要求紧，安全可靠性要求高

给水管道维修一般有两种情况，一是不停水维修，另一种是停水抢修。不停水维修可以正常施工，时间要求按正常安排。停水抢修因为停止供水，会影响工业生产和居民日常生活用水，突出的是一个"快"字，所以要安排周到，材料机具要准备齐全，施工时必须保证安全和施工质量，确保抢修一次完成。

二、管网故障的诊断

（一）故障的分类

给水管网需要进行维修时，说明管道出现了故障。故障一词可以认为是"管道系统中的某一设备部件、构件或单元丧失了规定的功能"而不能使管网按规定参数和要求正常运行称为管网系统发生故障。按故障产生的原因可分为：

1. 消损性故障。如腐蚀、磨损的故障。

2. 人为故障。操作不当或其他施工造成管道损坏。

3. 固有的薄弱环节造成的故障。如道管下沉，造成坡度或坡向改变。

（二）管道故障的诊断

用户断水或者水压低，维修人员必须询问或去现场检查，找出故障的原因，这个确定原因的过程称之为诊断。给水管网常见的有两种故障情况，这里做简单介绍。

1. 用户断水的检查

原则上应从用水点向水表节点、阀门、小区管道、市政接口的来水方向沿线检查，特别要对水表的过滤网及沿线所有阀门进行检查，先检查过滤网是否被泥沙杂物堵塞，同时确定水流是否正常，再检查小区沿线阀门是否被关闭、或者阀门掉板。检查沿线是否爆管，如正常，应属市政管网出现故障，检查市政管网时，以来水方向沿线查看用水户，（有地上式消火栓的打开消火栓）是否有水，有水的并测压力，判断是否正常，以此类推，查阀门、查管段，找出故障段再找出故障点，然后再进行下一步工作。

在到现场检查之前，应了解以下情况：

（1）水厂供水是否正常，可查询调度部门。

（2）无水区域是否有停水抢修或新旧管连通施工，可查询工程管理部门和维修部门。

（3）了解是单个用户无水还是区域性停水，停水或水压不足的区域范围大小，以便有针对性地检查。

（4）检查所用的工具、机具要准备齐全。

2. 管网漏水的判断

一般的突发性爆管，埋深浅的容易发现，爆管或漏水位置较易确定，但有些漏水现象要确定漏水位置就很困难。比如，混凝土路面下的漏水，电缆沟、下水道晴天流清水，距管线有一定距离的地面冒水等情况。发现这些给水管旁边漏水是不是自来水比较困难；二是确定是自来水后，找出漏水位置也比较困难，判断方法如下。

（1）判断是不是自来水，有四种方法：

1）直接观察：看水质是否干净，看周围是否有水流过来的可能，看漏水流量变化，如果流水一直保持不变，爆管的可能性大，如果是其他来水，流量随时间变化应有波动。

2）闻气味：自来水是无色无味的（或少有点氯味），其他污水应该有异味。

3）取水化验：化验后的指标是不是与自来水相近，一般情况自来水含有余氯，其他来水无氯，水质也不符合饮用水卫生指标要求。

4）关闭阀门。看是否有水流出。停水后无水流出或水流明显减小，可以确定是管漏。

（2）确定漏点，大的漏水土会冲空，形成塌方，漏点一目了然。这里介绍是小流量漏水的漏点确定，其方法如下：

1）抽干积水，找到出水口位置，有的漏点有很多个出水口，以流量最大的出水口为基点，量出与点最短距离的管线位置作为开挖点，在管线上开挖，挖出管道，如果不是漏点，再看来水方向，沿水寻找。在确定开挖点时，应了解该段管道的原始资料，找出该管段的薄弱环节，如接口弯头，转换管等处，这些地方容易漏水，应作为开挖前参考。

2）仪器探测。可参见本书第十四章。

三、维修的分类

给水管道系统在运行过程中其各个组成部分会逐渐地产生磨损、变形、腐蚀、断裂等现象，随着损坏程度的扩大，管道系统就会出现故障。为恢复其功能而采取的修复或更换已损部件，对系统局部进行拆装和调整的活动，通称为管道维护维修。

管道维修的效果如何取决于：（1）维修方案设计的优劣；（2）维修人员技术水平的高低；（3）维修组织系统和装备设施的完善程度。上述三项可称为维修工作的三要素。因此要提高给水管网系统的经济效益和社会效益，应从这三个方面综合考虑采取对策。维修方式的选择，具有维修策略的含义。维修方式大致有以下几点：

1.预防维修

按事先规定的计划和相应的技术要求进行的维修活动，称为预防维修。通常它又可分为定期维修和状态监测维修两种方式。

（1）定期维修，按一定的时间间隔或一定的运行周期，按预定计划进行的维修活动，称定期维修。定期维修在一定程度上可以克服事后维修的一些弊病，使维修能主动些，延长设施及部件的使用寿命，如：阀门的定期保养维护。

（2）状态监测维修，对管网系统进行监测，根据监测结果从维修的经济性出发所决定的维修活动。这种维修方式，可为维修留出充分的准备时间，又能保证系统的正常运行。由于这种维修是在系统发生故障前有计划进行的，所以称之为预防维修。

2.改善维修

为了消除管网先天性和频发性故障，对管网局部进行改进，以提高管网可靠性的措施，称为改善维修。

3.事后维修

即管道系统发生故障后，为恢复或改善系统性能所进行的维修活动。如突发性爆管进行的抢修属事后维修。

4.机会维修

机会维修也称时机维修，它是指在发生故障后进行的一种修理方式，也就是在定期检修或状态监测修理的同时，在完成原定项目以外，顺便进行的修理活动。利用系统停止工作的时间进行的维修活动也可视为机会维修。如水厂检修时，顺便更换或修理阀门属机会维修。

四、常用的维修配件

维修材料除了新装时用的直管、弯头、三通及连接用的配件外，有专为抢修用的维修配件，按类型分，常用的有管箍、连接器等。

1. 管箍（又称包箍）：

管箍一般用于管道的直管部位发生砂眼、裂缝、断裂及承插部位松动、破裂的抢修，管箍分厂家制作与自制两种：

（1）厂家制作的包箍有哈夫节、大佛头、卡子，主要用于铸铁管、钢管的抢修，如图 13-2。在选用时，应注意分清钢管还是铸铁管，它们的尺寸是不同的，同时还可

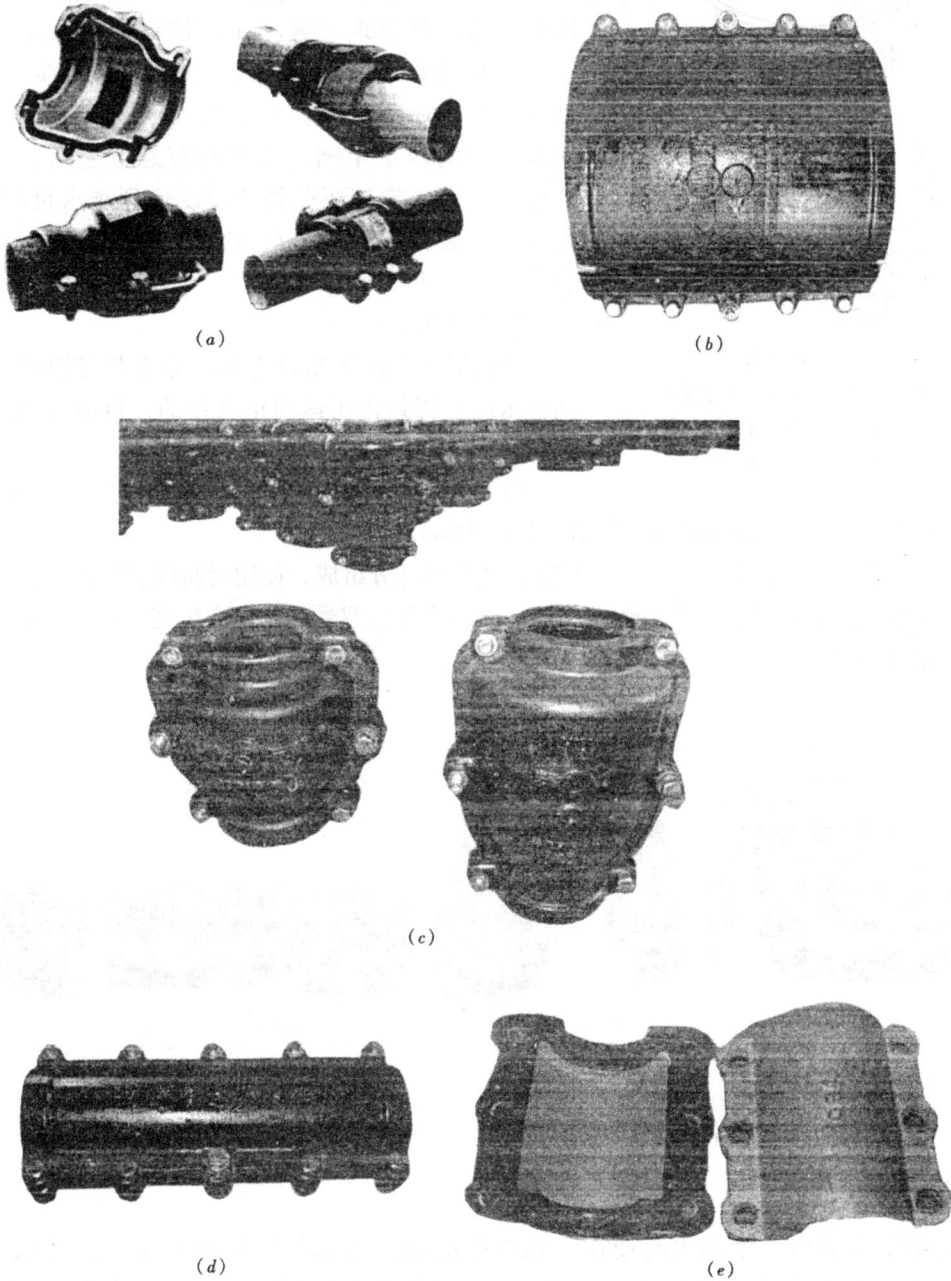

（a）

（b）

（c）

（d）

（e）

图 13-2

（a）全剖式哈夫节；（b）直管段用哈夫节；（c）承杆接口用哈夫节；

（d）直管段加长用哈夫节；（e）卡子

以选择哈夫节的长度。目前厂家生产的哈夫节有 50 ~ 600mm 的各种不同规格的产品。

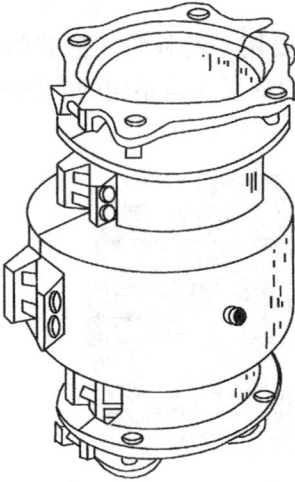

图 13-3 （大佛头）

注：大佛头是两合的结构，能将损坏的大口容两端以胶条密封。中间放水孔待各处紧固之后堵死

（2）自制包箍：自制包箍又称套管式管箍，主要用于大口径管道和混凝土管的抢修，具体见套管修漏法。

（3）厂家定做承口包箍：又称大佛头，一般用于承插口处出现裂缝，或者填料冲出漏水的情况，它可以将接口整体包起来，不用换管，缩短了维修时间。承口包箍为两头直径小，中间直径大的两个半圆，两瓣间有螺丝连接，承口包箍一样依靠挤压此处的胶皮达到止水目的。大佛头规格有 $DN100 ~ DN800$（见图 13-3）。目前用得比较少。

2. 连接器

连接器主要用于断管连接，原理是橡胶圈受到挤压产生密封作用达到止水目的，目前常用的有以下几种：

（1）无牙接头，它由锁母、套筒、胶圈三部分组成，分别有 $DN15 ~ DN100$ 多种规格（如图 13-4）。

（2）压盘连接器，由套筒、压盘、胶圈、螺杆四部分组成，使用时将断管的两头插入套筒，放入胶圈，装好压盘，拧紧螺丝即可。原理是橡胶圈受到挤压产生密封作用达到止水目的（如图 13-5）。

(a)   (b)

图 13-4

(a) 镀锌管用无牙接头；(b) 塑料管用无牙接头

3. 卡盘

卡盘用于承插口发生漏水时使用，承口处的麻灰等填料被局部冲出，或者接口管及预应力混凝土管承插口处的胶圈沿承插口移位而造成漏水时使用。卡盘一般分为圆心角为 120° 三瓣，卡盘规格有 $DN400 ~ DN1200$，目前较少使用（见图 13-6）。

（a）

（b）

图 13-5

（a）铸铁管用连接器；（b）多用途连接管件

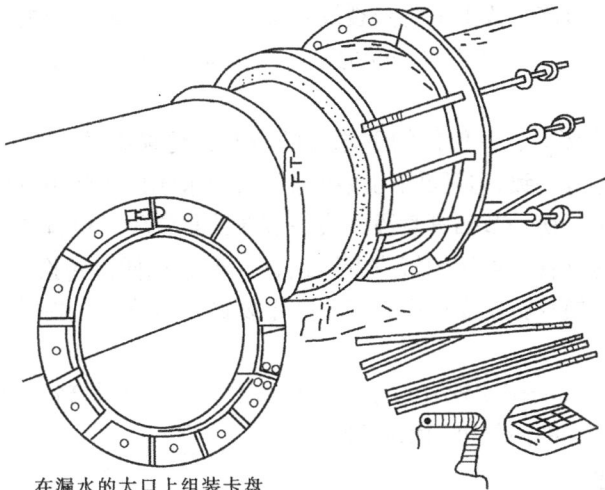

在漏水的大口上组装卡盘
胶棍切出斜茬排细铁丝绑好

图 13-6

第五节 管 道 维 修

城市给水管道是把自来水输送给用水户的输水设施。它由多种不同材质，不同口径的水管纵横交错敷没，埋于地下，组成一个城市的输配水管网，管网维修的对象，就是埋于地下的这些管道。管道的维修原则是在安全施工的前提下，用尽可能短的时间，在尽可能少的管闸门的情况下，止水修复，而且要保证维修的质量。

管道维修分日常维修和抢修两种。

日常维修一般指的小滴小冒漏水及消火栓、阀门等供水设施的小故障的处理，一般不停水就能够修好。抢修是指管道爆裂，严重跑水及危害其他设施安全的情况下，要求时间要短，速度快的修理。下面介绍一下常见的几种管材的修理方法。

一、镀锌管的维修

镀锌管最常见的是锈蚀引起渗漏，也有其他施工不慎等因素对管道破坏致使管子断裂，常用修复方法有用卡子（包箍）或无牙接头。一般小的漏眼用卡子即可，1m内已有两个以上漏点时，应考虑更换新管；大的漏眼或管子断裂换管时需使用无牙接头，一般立管维修不宜用无牙接头。当管子腐蚀严重时必须换新管，若换管长度小于单根管长时可用无牙接头与原管连接，若大于单根管长，新换管之间必须套丝用管箍连接，新管与原管之间的两头仍可用无牙接头连接。

二、铸铁管的维修

铸铁管抗压好，耐腐蚀性强，但是其属于脆性材料，韧性较差。铸铁管接口形式有承插式和法兰式两种。承插口的填料一般有油麻、石棉水泥和油麻、铅等，近年来用胶圈的比较多，常用的有圆形和楔形胶圈。

1. 承插式接口由于种种原因，填料局部漏水情况较多，如果是灰口，一般将接口出的填料剔除重新填打，如果漏眼较小也可以直接填口；如果是铅口，一般需要将已经冲走的局部青铅捻打入口内，再向口内补铅绒。如果是接口胶圈冲出漏水，承口或插口裂缝漏水，可用承口包箍。目前直段上的管身裂纹及接口漏水用包箍（哈夫节）抢修比较多。

2. 管子产生不均匀沉降或者水平受力不均匀及受到侧向挤压时而导致承口裂缝漏水，用承口包箍维修。

3. 铸铁管弯头损坏时，一般需卸下原有的弯头，更换新的弯头，新换弯头时，弯头一侧与旧管接口应尽量一致，是胶圈的用胶圈，石棉水泥口的就用石棉水泥接口，另一侧接口应采用新管连接，切一节旧管直段，换一节新的直管段，也就是新旧管的接口，必须在管的直段上，新的直管段可用钢管或者铸铁管（钢制承插口转换），再焊接或者用哈夫节，连接器等连接，换管施工完毕后，弯头一定要做好后背，先临时支撑，后再打混凝土支墩。

4. 当需要更换较长的铸铁管（不小于一根管）时，新管与新管之间必须是打口或者胶圈连接，新管与原管的两侧可用钢制管件连接。

三、钢管的维修

钢管一般用于大口径给水管道，或者穿越道路河谷等地区，其强度比铸铁管大但耐腐蚀性差，接口多为焊接，故钢管的漏水大部分是管壁腐蚀穿孔或者焊缝开裂。对于局部穿孔的管壁，容易停水的一般直接焊补，停水难的用包箍抢修，若漏眼较小，管径（DN600以上）大的，可用盖压焊接及导流盖压焊接法（见图 13-7），实践证明效果很好。对于腐蚀严重的管道需要更换新管。

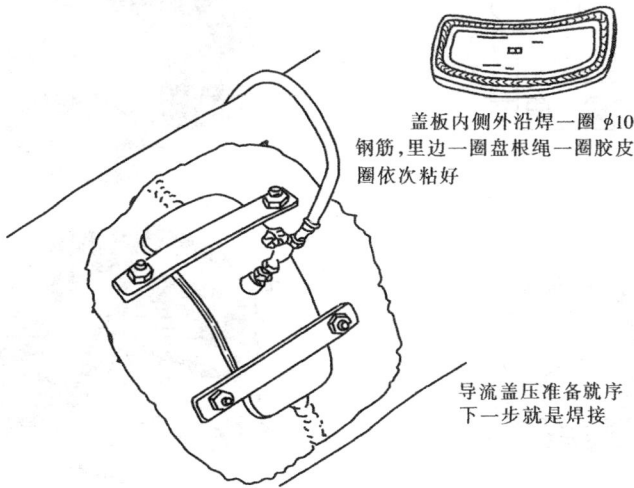

盖板内侧外沿焊一圈 $\phi 10$ 钢筋，里边一圈盘根绳一圈胶皮圈依次粘好

导流盖压准备就序下一步就是焊接

图 13-7　盖压焊接示意图

在钢管的维修中注意，凡在 DN600 以上的钢管均存在不同程度的椭圆度。对口焊接时，将有一定困难，所以要做好整圆的工序准备。

四、预应力钢筋混凝土管的维修

预应力钢筋混凝土管一般为承插式胶圈接口，三通、弯头、在小头。通常采用钢管制作，用钢制承插口进行连接。因此，钢筋混凝土管的漏水大多在接口处，尤其是转换管接口处漏水情况较多。钢筋混凝土管的漏水一般用包箍（哈夫节、大佛头）或套管（见套管修漏法）等方法修理。如果管身裂纹太长或者管身断裂应考虑换管，通常用钢管更换。钢管与原混凝土管用转换口先连接，后再碰口焊接，施工时应注意相邻两边旧管的接口不能松动，防止漏水。目前钢筋混凝土管抢修用配件一般自行制作或到厂家订做，因此应准备一些备件。

五、塑料管的抢修

近几年来用在室外给水比较多的主要有硬聚氯乙烯（UPVC）管和聚乙烯（PE）管这两种塑料管。这两种管抗腐蚀，柔性好，一般漏水主要受外力破坏。管道漏水一般用不锈钢修补管件进行维修，操作简单、快速（如图 13-8），不同管径的管道选用匹配的抢修件就可以了。当三通、弯头处接口漏水时，应更换新的弯头、三通。在直管段处连接旧管，按材质的不同，连接方式有所不同。

1. 硬聚氯乙烯（UPVC）管

用钢锯切断原管后，再换一节新管，新旧管连接用无牙接头，也可用套管配件胶粘连接。

2. 聚乙烯（PE）管

新旧管的接口一般热熔连接，也可用不锈钢修补连接。

六、套管修漏法

套管用于铸铁管、钢筋混凝土管直段及接头漏水的抢修，一般自行加工。

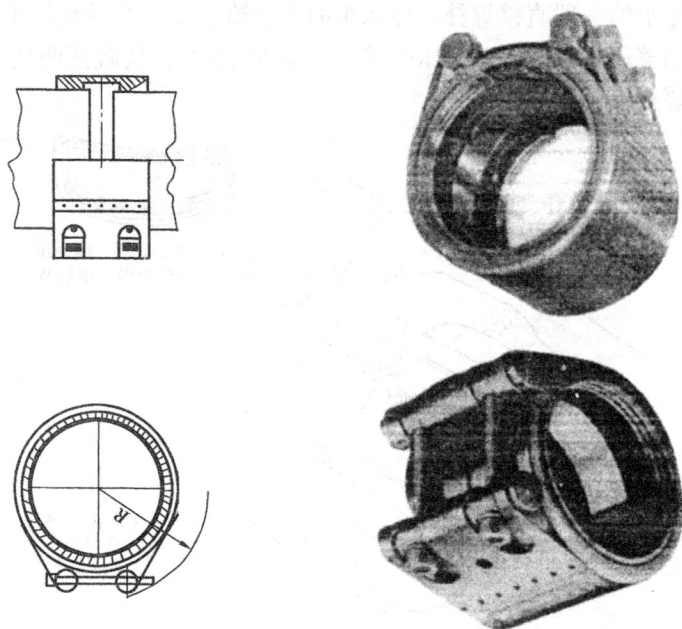

图 13-8　不锈钢修补管件

1. 直管段所用的套管见图 13-9。

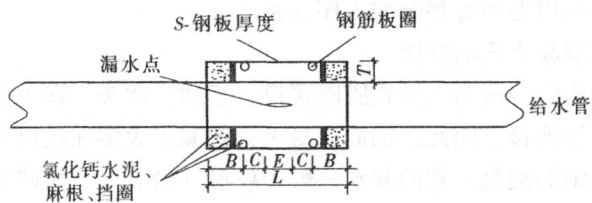

图 13-9

2. 接口用的大小头套管，见图 13-10。

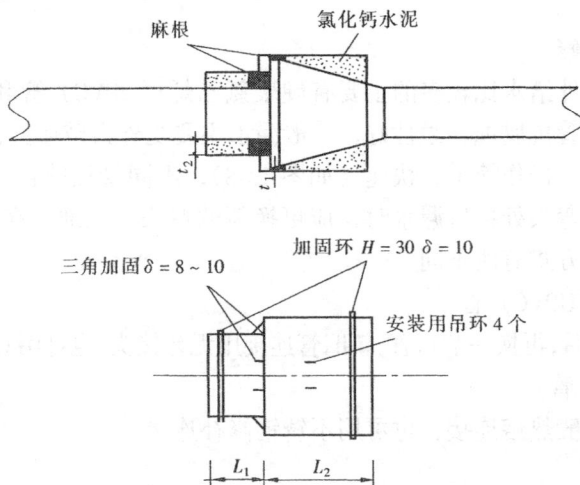

图 13-10　接口用的大小头套管

套管的内径确定主要是以被套管的外径尺寸为标准，加上套管与被套管之间的填料空间，然后确定套管内径尺寸。钢筋混凝土管、铸铁管因型号不同其管壁厚度不同，自然外径也不同，故不能以给水管的公称直径来确定套管尺寸，所以在加工套管前必须要查清所套管道的外径。加工套管时，应先加工好整件，合格后再破为两半，并点焊成整件。

从表 13-8 看出，口径大的套管填料空间也大，理论上讲 2cm 的间隙最好。但在实际操作时，加工的套管件无法做到很精确，而且在开边、再焊接这个过程中它已经变形，所以大的管件必须预留一定填料空间以抵消变形的影响。

表 13-8

公称直径 DN（mm）	各部分尺寸（mm）					备注
	L_1	L_2	t_1	δ	t_2	
300～600	200～300	250～300	10～20	8	20～25	无需加固
700～1000	300～350	350～400	20～25	10～12	30～35	
1200	400	450	25	12	40	只需三角加固
1400	450	500	25	14	45	需全部加固

七、带水施工维修法

在管网维修工作中，遇到困难最大的是阀门闭水不严，主要集中在 DN600 以上管道抢修。市政道路下面管线众多，为节省占地空间，有些城市给水管网 DN600（含 600）以上大部分采用蝶阀。从运行的结果来看，蝶阀的缺点是，蝶阀在使用 4～5 年以后，阀板和阀体内部就长出很多 0.5～2cm 直径的铁瘤，使阀门关闭不到位而闭水不严甚至无法关闭。在抢修主管、支管及更换阀门时，遇到停 DN600 以上供水主管，有的情况会带水施工，以下是两种常见的办法。

1. 带水焊接，适用于钢管。方法如图 13-11 所示。

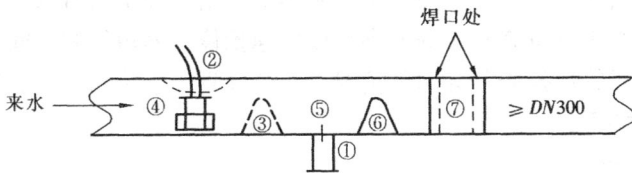

图 13-11 带水焊接

①焊一个根据来水大小确定管径的排水法兰短管；

②开一个放潜水泵抽水的天窗；

③用面粉和一个堵水面团；

④水泵抽水；

⑤用气割在排水短管处割开主管放水；

⑥将面团移到排水短管后面堵水，使水从排水短管泄出；

⑦修复主管；

⑧焊口焊好后拿出面团再焊上天窗，天窗焊好后用封板堵住排水口，施工完毕。

2. 带水打水泥口，方法如图 13-12 所示。

①在套管的底部焊一个根据应排水量确定管径的排水短管。

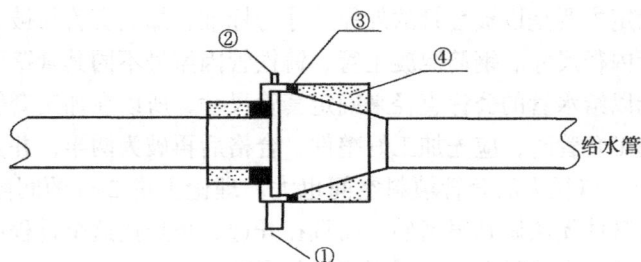

图 13-12　带水打水泥口

②焊一个排气阀。

③将套管焊好后找准位置打麻筋。将两边的麻筋打紧至水不能从套管两边漏出，而从排水短管处排出（麻筋止不住水就不能打水泥）。

④麻筋打好后在外面加添料封堵。大口径的管道接口打麻筋和水泥前应准备好工具，如大小适宜的硬方木等。接口填料一般用氯化钙水泥，重量配比大致为：水泥∶氯化钙∶石膏∶水 = 10∶0.5∶1∶0.33～0.35。配比应根据天气不同稍有变化，直觉是手感要热，干稀适度（凭经验），必须 10min 内用完。填料打好后注意养护，两个半小时左右可以通水。为了准确掌握水泥硬度情况，应另做水泥模块，以它来衡量接口水泥的硬度。水泥硬度达到一定强度后用封板封住排水口，等排气口均匀出水后再堵上排气口，施工完成。

第六节　大口径管道抢修

这里所讲的大口径管道，是指 $DN600$ 以上的输水干管。输水干管停水抢修往往会造成区域性停水，大面积的生产、生活用水受到影响，给居民生活带来不便，给工业生产造成困难。因此，给水干管抢修施工的原则是以快速抢修，缩短抢修时间为主，考虑抢修施工成本为辅。大口径管道抢修分为两种情况：一是计划停水抢修；二是紧急停水抢修。大致的抢修施工程序如下：

一、计划停水抢修

计划停水抢修指的是管网已发现故障，还可以维持运行，但影响正常运行的管网故障，管网停止运行影响较大的系统，这种情况需要计划停水。程序如下：

1．技术准备

（1）编制施工方案，了解管网状况及确定维修管段的影响范围。

（2）明确施工范围、施工方法和质量标准，并据此定出施工停水所需时间，以便及时通知用户准备。

（3）办理破路、破绿化手续，了解地下其他管线情况，并提出保护措施。

（4）提出严格、明确的安全要求。

2．现场准备

（1）路通、电通，要有足够的作业面和堆放材料机具的场地。

（2）在道路边施工时，要有交通安全标志和安全防护栏。

3．人员准备

（1）成立现场指挥小组，确定总负责人及分项工作负责人，明确各人的工作职责，责任到人，层层落实。

（2）根据现场工作量情况确定各工种具体人数。

在确定人数时，考虑的原则是：①在工作面上所有的工作位必须有人操作，不能因考虑人工成本而延长施工时间。②安排的技术工种人员（如焊工、安装工）必须是技术水平高，操作熟练，责任心强，听从指挥的人员。③施工时间长的工程要考虑有人换班，不能疲劳操作，延误工作进度及影响施工质量。

4. 材料、机具准备

（1）所有施工用的材料必须在停水前提前半小时到达现场，并核实材料名称，数量防止遗漏（包括小材料如螺丝、水泥等），同时检查材料质量，必须合格，不能马虎。

（2）施工工具要准备齐全，机械设备要保证正常运行，施工时间长的工程要考虑备用设备，工具、设备可以按工作顺序随人进入场地。

5. 施工

凡是在停水前能够做的工作，必须在停水前做完，如土方开挖管件制作，气割管前要清除外壁的防腐层等工作。这里值得一提的是更换伸缩器、阀门工程时，最好将阀门、伸缩器上的旧螺丝换上新螺丝，这样停水后拆新螺丝比拆旧螺丝快很多，方法是：拆一个旧螺丝再换一个新螺丝并拧紧，以此类推，这样不会漏水，可以节省停水后的施工时间。停完水后，按前面介绍过的方法施工即可。

二、紧急停水抢修

所谓紧急停水抢修一般指的是突发爆管、跑水量大、影响用户供水及周围安全的情形，需要立即施工修复。突发性爆管危害是比较大的，一是对水量造成损失，合格的清水白白流走；二是对用户供水造成影响，因为爆管，有些用户用不上水，特别是有些生产工艺不能停水的工厂企业，造成停产，带来经济损失；三是距管道爆管较近，而且地势较低的商店、仓库，有被水浸的危险，造成经济损失；四是大口径管道爆裂，跑水量大的会影响交通或塌方损坏其他管线。所以突发性爆管必要紧急停水抢修。程序如下：

1. 接到爆管的电话后，应立即组织人员关闭阀门。在关阀门的同时，应通知调度部门及比较重要的用水单位。

2. 迅速组织人员及抢修设备赶到现场。阀门先关后，要尽快排除积水，组织人员或者设备开挖土方。

3. 挖出故障点后，确定抢修方案，根据管道材质、损坏大小、现场操作位置情况选择维修方式（具体见第五节，管道维修）。

4. 根据抢修方案、要尽快组织相关工种的人员、设备、材料配件到达现场，具体施工参照计划停水抢修程序。

突发性爆管是管网经常遇到的情况，所以供水企业都有应对措施和准备。目前国内供水企业基本都成立了抢修队；配备了专用抢修车，车内配有常用的抢修设备，如发电机、抽水泵、焊机等；抢修人员24小时集中待命，轮流值班，一般情况接到电话，1小时之内能到达现场；仓库准备了常用的抢修配件及各种规格的材料以备应急之用。

三、维修时阀门启闭后一般程序

阀门的开、关是管网管理抢修、维修必须要做的，看起来似乎很简单，但在实际工作中如操作不当，容易产生水锤，造成新的爆管，因此阀门的开启，应该有一定原则和方法，在这里介绍一下阀门启闭的一般程序。

1. 阀门的关闭

（1）在环状管网停水维修需要关多个（2个以上）阀门时，应从大到小的顺序进行操作，也就是先关大阀门，后关小阀门，优点是比较省力，同时也是避免水锤的发生。

（2）在关单根管道，单个 DN400 以上阀门时，应注意放慢关阀门的速度，避免管道压力突然升高，损坏管道，一般情况是被关阀门来水段单根管道距离越长，关闭速度就要越慢，再有是距水厂距离较近的大阀门也要慢关，特别是出厂管上的主阀门，关阀前，必须要与水厂协商好得到指令后，才能操作。

（3）管道排空　当所有需要关的阀门关完后，有地上式消火栓的，先打开消火栓，看到压力降了，再打开排泥阀，如压力不降，先检查阀门是否关严，确定关严后再开排泥阀，如没有地上式消火栓的，排水打开排泥阀时，要控制好排水流量，防止压力、水量过大，损坏其他设施。

2. 阀门的开启

当管道抢修完工后，需要开启阀门送水，开启阀门的顺序是：关闭排泥阀，打开排气阀（或地上式消火栓），环状管网的阀门开启时，应先开直径小的阀门，待管道充满水后（用地上式消火栓排气的应先关闭消火栓），再开大的阀门，顺序是从小到大。单根管道的阀门开启，一定要慢慢开启，开到 1/4 后停止，待管道充满水后再全部打开。阀门的开启应注意的主要是排气，当空管注水后，气体压缩到一起时，破坏性大，很容易造成爆管，因此，在开启阀门前，必须要有排气的出口，当管道有坡度时，应考虑在管道的最高处有排气口，阀门在最低处的先开，以保证排气顺畅。

四、土方开挖和回填

1. 土方开挖

管道抢修的土方开挖一般有两种形式，一是人工开挖，再有是机械开挖人工配合。一般管道埋深浅、土方量少，开挖爆管处有其他地下管线不宜用机械开挖的采用人工开挖。人工开挖的优点是安全性好，不会损坏其他地下管线，缺点是施工进度慢，劳动强度大。一般管道深度土在 1m 以上，管径较大的，爆管处确定没有其他管线，可采用机械开挖、人工修整。机械开挖的优点是，施工进度快，节省抢修时间，缺点是对爆管处地下管线不明，容易挖坏其他管线。土方开挖的边坡及沟边支撑可参照管道安装的管沟开挖的尺寸来确定。

2. 土方回填

抢修工作坑的回填，分两种情况：管道在道路下面的工作坑应全部回填砂或石粉渣以便尽快修复路面，避免路基下沉。管道不在道路下面，在绿化带或者其他空地，工作坑应回填砂或石粉渣至管面。然后回填挖出来的土，保证管基稳固。

第七节　抢修施工安全

所有工程施工都应贯彻安全第一的指导思想，在保证安全的前提下才能进行施工，抢修工程也是一样，施工过程中要保证各方面的安全。根据抢修工程的施工特点，在抢修施工中应注意以下几方面的安全。

1. 施工人员的安全

人是主体，人的生命最重要，施工人员要严格按各工种的操作规程进行操作，现场要有安全员监督，密切注意现场情况，发现安全隐患要及时排除，具体的要注意用电安全，防止塌方和其他机械事故。

2. 现场安全

管道抢修施工点大部分都在道路旁边或者在道路上，要防止过往行人和车辆掉进工作坑，因此在施工时，要有明显的标志桩，并设置护栏，晚上要有指示灯，人多车多时，要有专人指挥交通。

3. 其他管线安全

凡敷设在路上的给水管道，旁边也一定敷设有煤气管道、电缆、通信等专用管线，在施工时，一定要保护好这些管线的安全，一旦损坏会造成经济损失，甚至人员伤亡，如煤气管、电缆线，施工时，一定要有一定的安全操作距离。

第十四章 检 漏

第一节 漏水调查基础知识

一、漏水音

1. 漏水音的概念

漏水音就是指管道发生漏水时，因管道内的水有压力，漏出管道外的水冲击周围的土壤介质，而发出具有一定频率的漏水噪声（漏水音）。漏水音的频率较广，一般在 16～2500Hz 之间。

2. 漏水音的种类

漏水音根据其形成的机理，可分为漏水口摩擦音、冲击音和介质碰撞音三种。

3. 漏水音的特征

管道发生漏水会从漏水孔（或裂缝、裂纹等）发出连续的不规则的振动音，这种振动音沿管道传播会逐渐减弱或消失，它是由流体动能变成音响能量和机械振动能所造成的。

漏水音因管材、管壁厚度、管径、水压、漏水孔的形状、内衬材料以及覆土深度和介质等原因在音量和音质上有明显的差别，所以判别是否为漏水音需要有相当的检漏经验和判断力。

4. 漏水音的传播距离

（1）土壤中的传播特性

A. 周波频率越高信号衰减就越显著；

B. 衰减率与土壤介质有关；

C. 衰减率与埋设深度成正比。

（2）管道内的传播特征

1）衰减特性：

A. 漏水音与管材有关；

B. 漏水音的衰减率与管径成正比，超过 $DN1000$ 以上的大管衰减剧烈；

C. 漏水音的衰减率与传播距离成反比；

D. 衰减率与压力关系不大，但压力高时，漏水音比较尖剧。

2）周波特征与管材、管径有关。

3）传播速度

A. 漏水音以不规则的波形，在管内中以声波形式传播；

B. 传播速度影响的因素有：管材、接口、管壁厚度、内涂材料等。

5. 漏水音的特性

现有听漏仪所能听到的漏水音波范围在 0.2～5kHz 之间，所听取的漏水音可分高音（1kHz 以上）、中音（0.5～1kHz 以下）、低音（0.5kHz 以下）三种类型，其关系如表 14-1：

项　目	高　音	中　音	低　音
周波数范围	1kHz 以上	0.5～1kHz（不足）	0.5kHz 以下
漏水孔大小	小	大	非常大
漏水孔形状	复杂	简单	简单
漏水孔流速	较快	慢	较慢
管径	小口径	中口径	大口径
管材	钢、不锈钢	铸铁铁管、水泥管、塑料管	
距离	近	远	非常远
水压	高	低	非常低

二、漏水相似音

漏水相似音就是与漏水音相似，容易给检漏人员造成假相，怀疑是漏水异常点的声音。漏水相似音有很多，我们日常工作中接触到的主要有如下几种：

1. 管内流水音

这种声音，是水流过给水管时与阀栓等凸起物产生摩擦而形成的一种振动音，它在管道内以一定的频率传播。如阀门在不是全开的状态下，水流的擦过音和漏水音几乎完全没有区别。

2. 电力管线产生的回路声

地下电缆、高架变压器、路灯等电力设备会产生 300Hz 以下的低周波回路声，与漏水音极其相近。

3. 用水音

是在大量用水时产生的，检漏时检漏人员只要注意即可判别，其周波范围在 500～2000Hz 之间。如居民晚间用水时，入户管发出的声音。

4. 下水音

主要是指雨水、污水流动及雨水、污水流入检查井时的声音。其频率一般在 50～2000Hz 之间。这种声音发生在供水管道周围，影响路面听音的效果，其干扰作用，在路面听音时检漏人员只要稍加注意就可判别。

5. 汽车行驶音

汽车行驶时轮胎与地面的摩擦音。如果车速较快一驶而过，其声量变化较大、易辨认。但有时较远的、平稳行驶的车辆，其轮胎的摩擦声在 1～2kHz 左右，与漏水音也较为相似，所以路面听音时要加以区别。

6. 风速音

听音时，所用的仪器探头、连线在被风吹的情况下，会产生 500～800Hz 的低频音，有时会被误认为漏水音。当风速在 4～6m/s 时，听音就很难辨别漏水是否异常，因此漏水调查时应尽量避免在大风时进行听音作业。

7. 其他都市噪声

如空调、暖器、冰箱、加压泵、排风扇等运行时产生的噪声，其频率大多在 0.4～2kHz 之间，也近似于漏水音，给听音效果造成影响。

第二节 检漏技术简介

一、声波技术

当管道发生漏水时,漏水点就是声波源,它会以漏水点为中心,以一定频率向漏水点周围连续传播,通过漏水点周围的介质传播到地面或沿管道传播至其附属设施。由于漏水点的形状不同、管道内的水压不同、漏水点传播的介质不同,所以我们捕捉到的漏水音就不同。

声波技术就是把流体动能转变成音响能量和机械振动能,通过一定的仪器设备,经过过滤、放大、转换等功能,借助人的感官器官捕捉到漏水音,并把漏水相似音或其他噪声加以区分的一门用于漏水探测的技术。如图 14-1 所示,音听检漏法及检漏设备,就是利用声波技术的原理进行工作或研制成的,如听音棒、听音仪、相关仪等。

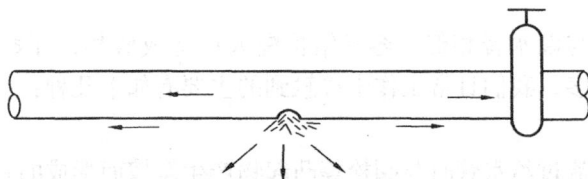

图 14-1 漏水点在管道及周围介质中的传播

二、相关技术

管道漏水会产生连续的不规则的振动音,这个振动音通过安放在管道两端的传感器检出,传入相关仪本体,在显示屏幕上出现峰值波形,这个波形即为漏水点向两个方向传播的漏水音,根据两传感器之间的距离、传播延时、传播速度,即可判定漏水点的位置。如图 14-2 所示。

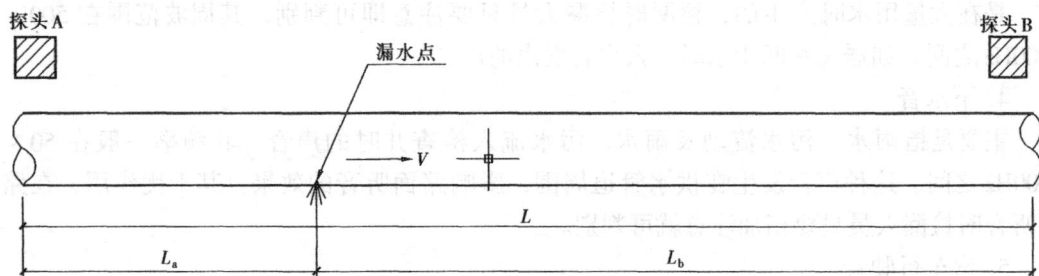

图 14-2 振动音传播示意

L_a：表示探头 A 至漏水点的距离;

L_b：表示探头 B 至漏水点的距离（假定 $L_b > L_a$）;

L：表示两探头之间的距离;

V：表示振动音在管道内的传播速度;

Δt：表示漏水点至 A、B 两点的漏水延时（即时间差）;

则 $$\Delta t = \frac{(L_b - L_a)}{V}$$

又 $$L = L_b + L_a$$

即
$$L_a = \frac{1}{2}(L - V\Delta t) \tag{14-1}$$

因此漏水点 A 的位置即可通过 (14-1) 求得。

式中振动音在管道内的传播速度 V 可以通过理论公式求得。以铸铁管为例，其中传播速度 V 适用于亚瑞埃比公式：

$$V = \sqrt{\frac{E_v}{1 + \frac{E_v}{E} \times \frac{D}{d}}} \tag{14-2}$$

式中　E_v——表示水的体积弹性系数（$2.11 \times 10g/m^2$）；

　　　E——表示管材的弹性系数（kgf/m^2）；

　　　ρ——表示水的密度（$101.97kgf$、s^2/m^2）；

　　　D——表示管材的内径（m）；

　　　d——表示管材的壁厚（m）。

通过 (14-1)、(14-2) 式可知，只要知道两探头之间的距离、管道的材质、管径和漏水延时即可确定漏水点的位置，通常情况漏水延时可通过检漏仪器得到。

利用相关技术，虽然可以不用依赖检漏人员的丰富经验，但它会受到管道的材质、接口形式、管壁厚度、水压高低、周围覆土性质等的影响，从而影响检漏效果。

三、其他检漏技术

我们国家对检漏技术的研究和应用起步较晚，主要是学习和借鉴发达国家的技术和经验。除了前面介绍的几种检漏技术之外，还有利用溶解气体（如 N_2O）、放射性同位素（如同位素 Na_{24}）等技术进行漏水探测，也有通过简单水质检测发现漏水的方式，在此不一一说明，将在后面的检漏方法中进行简单的介绍。

第三节　检漏方法简介

检漏工作是一项系统工程，在开展检漏工作时，要学会分析管网的漏损情况，对需要检漏的区域进行漏水分析，制定详细的检漏计划，然后按照检漏计划开展工作。纵观国内外，检漏的方法都是根据现场的实际情况、所具备的仪器设备和检漏人员的素质，以及检漏的成本等选择合适的方法进行检漏。

一、音听法

音听法利用漏水仪器寻找漏水声音，并确定漏水点的方法。它是检漏中最常用、最有效的方法，采用声波技术和相关分析技术进行漏水探测。音听法适用广，但环境噪声对其影响较大，检漏人员需要一定的经验，能区分漏水音和漏水相似音，在繁华市区和环境噪声较大的地方，进行音听作业往往需要在深夜进行。如果管网压力较小、管道埋设过深、管道口径较大和非金属管道对音听检漏会带来较大困难。

二、区域检漏法

区域检漏法分传统区域检漏法和利用新型检漏设备进行区域检漏的方法两种。传统的区域检漏法是，小区的总进水阀门打开，关闭小区内用户的所有进水阀门，这时测得小区内的最小流量，为小区管网的漏水量；或者是通过关闭大部分小区的进水阀门，在尽量短的时间内抄录用水户水表，并通过关闭区内阀门以确定漏水管段的方法。

区域检漏法利用排队原理，可测出深夜用户不用水或基本不用水时进入检漏区的瞬时最低流量。当最低流量小于 $0.5 \sim 1 m^3 /$ （km·h）时，可认为符合要求，不再检漏。超过上述标准时，可关闭区域内部分阀门进行对比，以确定漏水管段，然后再用音听法或相关分析法确定漏水点位置。

区域检漏法还有一种方法是利用新型区域检漏设备进行区域检漏。该方法不用像传统的区域检漏法那样，通过开关阀门的方式进行漏水判别，而是采用漏水监测仪器，把探头编号置于明设的管道或管道附属物上，在某一时段，主要是夜间（最好是凌晨无人用水时）设定记录时间，如果管道发生漏水，探头将进行记录；检漏人员第二天用主机巡视或取回探头进行漏水分析，然后通过音听法或相关分析法进行漏水点的准确定位。

三、区域装表法

区域装表法是在进入小区的主管中加装流量计，利用总进水量与用户用水总量差来判断漏水的办法，该方法操作简单，只需对进水流量计和用水水表进行抄录统计便可知道区域内有无漏水。该方法适用于树枝管网，对于环状管网，工程费用高，操作不便。

四、被动检漏法

被动检漏法就是通过水司巡查人员和居民发现漏水，然后确定漏水点的方法。它是一种消极的检漏方法，适用于资金、管理不到位的单位。

第四节　检漏工作流程

检漏工作是一项系统工程，需要检漏人员长期的检漏经验以外，还需掌握检漏的程序，以便较好地开展检漏工作。其工作流程为：

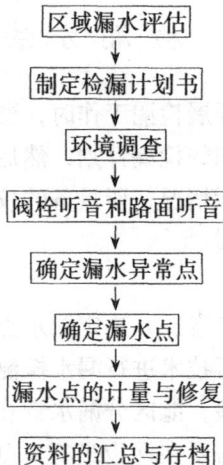

区域漏水评估
↓
制定检漏计划书
↓
环境调查
↓
阀栓听音和路面听音
↓
确定漏水异常点
↓
确定漏水点
↓
漏水点的计量与修复
↓
资料的汇总与存档

第五节　漏水量估算和检漏周期确定

一、漏水量的估算

要确定管道的漏损值，就必须对采取有效措施后能降低的漏水量进行估算。漏水量的估算方法主要有三种：容积法、导入法和经验公式法。

1. 容积法

容积法是最简单、最适用，同时也是比较经济的测量漏水量的方法。具体方式是：先开挖漏水点，保证有足够的接水空间；采用器具（如盆、桶等）把管道的漏水在一定的时间内全部接入器具内；然后用秤或其他计量工具计量漏水量。如果在测量过程中，不能保证把管道的漏水全部接入器具内，可以采用对未接入器具内的漏水量进行估算。该方法比较简单、适用。

2. 导入法

导入法就是采用引导的方式，把实际漏水的位置引到其他地方，进行计量的方法。具体方式是：利用测量设备和必要的测量器材，在漏水点的位置把水全部接入，然后用容积法或计量设备如装有水表的特殊专用设备，进行测量。该方法适用于漏水点位置测量不便或拥有特殊专用的计量设备。但是该方法比较复杂，并受条件的限制。在实际中很少使用。

3. 经验公式法

漏水点的形状多种多样，但大多数情况下都是孔状，漏水孔在水力学上近似于一个孔口，可按孔口公式计算。

公式为
$$Q = C \cdot a \cdot \sqrt{2gh}$$

式中　Q——推算漏水量（m³/h）；

　　　C——漏水系数（可设定为 0.6～0.62）；

　　　h——压差（m），空气中为一个大气压；

　　　a——漏水孔面积（m²）；

　　　g——重力加速度（m/s²），$g = 9.81\text{m/s}^2$。

式中的 C 值需要进行水力学试验，与漏水管道的管材、管径、水压、内防腐材料及漏水点的形状有关。

二、漏水周期的确定

在通常情况下，检漏和修复作业完成后，区域内的漏水量会降低一定数量，但尚有漏水，随着时间的推移，漏水量会逐渐上升。如何确定合理的检漏周期，是每一个水司关心的问题。合理的方式是各水司根据自己的平均每公里漏损控制费（元/公里）、几年内的检漏费（元）、漏损控制的配水管长度（km）来确定检漏循环周期。

第六节　常用检漏设备

常用检漏设备主要分为音听和相关两大类。音听设备中主要有听音棒（机械式、电子式两种）、听漏、听音仪等，主要由英国、德国、美国、日本等国家生产，国内的生产厂家如哈尔滨无线电六厂和扬州的无线电厂等也生产，但市场占有率不高。相关设备主要有相关仪、多探头相关仪等，其生产厂家大多在欧美发达国家，我国的哈尔滨工业大学曾生产过相关仪，但其技术水平与欧美发达国家生产的相关仪相比，还有很大差距。虽然目前国内外研制检漏设备的厂家很多，产品型号和规格也各不相同，但其原理及使用方法基本是一致的。

第十五章 管网测压、测流

第一节 概 述

　　管网测压、测流是加强管网管理的具体步骤。通过测压测流可系统了解输配水管道的工作状况，例如：管网各节点的压力、流量、流速和流向等实际情况。掌握了这些数据将有利于城市给水系统的日常调度工作。如把这些资料长期收集起来，既可作为管网分析和改善管网经营管理的依据，又可通过测压、测流及时发现和解决管网中不少疑难不易解释的问题。例如：某处通过测压、测流找出了一个主要阀门长期处于关闭状态，因为管网呈环状，没有断水，这类问题不明显，不易发现，通过测流可以解决水厂长期出水不畅、电耗大的问题，而且大大的改善了受影响地区水压偏低的现象。

第二节 管网压力测定

一、测压点的选择

　　测点选择是测压、测流的基础工作，测点选择的合适与否，关系到施测工作的效果。最基本的原则是测压选点可根据测压预想达到的目的和范围来选择不同的选点方法。

　　（一）远传测压点的选择

　　远传测压是将全市各个点的压力数据通过有线或无线的电传方式送到调度中心，再由调度员根据各地点的压力情况调配各水厂的出水量。由于远传压力点的费用较高，所以一般情况下不可能装得太多，要充分利用这些有限的设点个数，来了解全市各控制点压力状况。因此这就要求选点要精，一般远传测压点设在各个水厂、加压泵站及市内管网的若干控制点上。

　　（二）高峰测压点的选择

　　高峰测压是每年用水高峰时必不可少而且非常重要的一项工作。它可直接反映供水服务质量的高低。所以，在选点时既要考虑到能真实地反映压力情况，又要考虑到合理布局，用优化选点的方式进行，以达到高峰测压的目的。

　　总之高峰测压点的选择就是要结合本地区的实际情况，充分发挥有限的人力物力，确定测点个数，使每个测点都能代表附近地区的水压情况，设点均以大中口径干线为主，小口径管线为辅。测压点一般设立在输配水干管的交叉点附近、大用水户或重要用户的分支点附近、水厂、加压站及管网末梢等处，同时要考虑不影响交通、均匀合理布点以及画等压线的需要等。

　　（三）季度测压点的选择

　　季度测压是为了了解平日高峰时管网的运行情况。它的选点有两种：

　　1. 与高峰测压点相同，通过对全市 $DN300$ 以上大干线测压、从宏观上了解平日高峰时的管网压力及在各个不同季节时管网的负荷状况。

2.分区测压是季度测压的另一种形式。它是为了解某一地区供水情况而实施的一种测压方法。施测管径范围一般在 *DN*75～*DN*400 个别情况可提到 *DN*600 之间，这可根据本地区的实际情况来定。设点要求均布，能较准确的反映该地区的压力分布情况。在此应当注意的是测压点不能设在进户支管上或有大量用水的用户附近，以免造成施测结果失真。

二、测压使用的仪器

它是完成测压工作的必要手段，对其要求首先是准确，其次是方便。工作人员必须充分了解各种仪器的性能，并掌握其使用方法。现将常用仪器介绍如下：

（一）瞬时记录普通压力表：普通压力表的主要性能为适用于瞬时测压，设计结构合理，较为耐用，体积较小，便于携带。见图 15-1。

（二）智能型压力表：这种表是 20 世纪 90 年代以来从国外引进的新产品，也属于自动记录的性质，它是将数字信息储存表内，在通过计算机读取数据，特点是适用于连续测压，据介绍可连续使用多年，防水性能好，体积小，便于携带，但价格较贵。见图 15-2。

三、测压数据的整理和应用

绘制绝对等压线图：测压工作结束后，应及时整理测压数据绘制等压曲线图。

（一）绘制的基本规定

1.压力单位要统一，将公斤力/厘米^2（kg/cm^2）或兆帕（MPa）换算成"米水柱"单位、以便于绘制等压线图。

2.相对压力与绝对压力：每个测点的压力数值是相对该点管道的压力，称为相对压力。在整理数据时要将这个压力值加上该点管道的地面标高，换算成该点管道的绝对压力值。图上绘制的等压线为绝对压力值（但在该点旁边也注以相对压力值）。

3.压力数值要采用同一时刻的压力值。

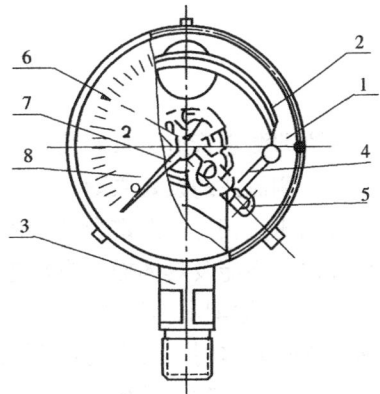

图 15-1

1—封口塞子；2—密封弹簧管；3—接管头；
4—连杆；5—扇形齿轮；6—转轴齿轮；
7—指针；8—刻度盘

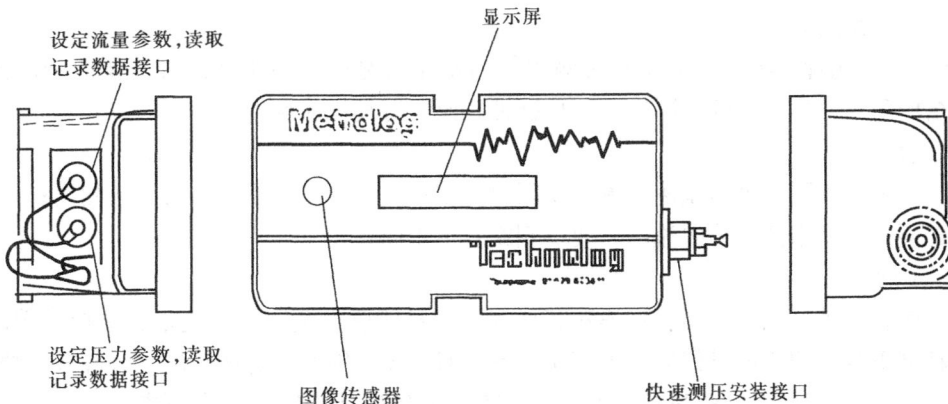

设定流量参数,读取记录数据接口

显示屏

设定压力参数,读取记录数据接口

图像传感器

快速测压安装接口

图 15-2　智能型压力表

（二）画法

1. 把已换算好的压力数值，按其所在位置标在管网图上。

2. 在每个测点旁编号并标注压力表读数和绝对压力数。

3. 将相同的绝对压力水压线连接起来，曲线间距以米为单位（水力坡降大的地区，可以 5m 或 10m 为单位）。

（三）管网等压线图的分析

管网等压线图是测压的成果，从等压线图上可以分析每个管段管径的负荷。水压线过密的地区，表明水压降大，即该管段负荷大，证明管径小，需要调大。水压线过疏，说明该管段管径偏大，管径尚有潜力。水压线分布均匀，说明管网布局合理。此外，等压线图也可分析出多水源供水的大致分界范围。这对源水调度，水质管理也能提出参考资料。

第三节 管 道 测 流

测流即测定管道中水的流速。其目的在于掌握管段内水的流速、流量和流向。

一、测流井的设置原则

与测压点相仿，选定合适的测流点是能否取得良好测流成绩的关键。为此如何选点，使用仪器的性能及具体操作方法进行介绍，以作为工作上参考之用。

（一）在输配水干管所形成的环状管网中，每一个管段上应设测孔，当该管段较长，引接分支管较多时，常在管段两段各设一个测孔；若管段较短而没接支管时，可设一个测孔，若管段中有较大的分支输水管时，可适当增添测孔。测流的管段通常是管网中的主要管段，有时为了掌握某区域的配水情况，以便对配水管道进行改造，也可临时在支管上设立测流孔，测定配水流量的数据。

（二）测流孔应设在直线管段上，距离分支管、弯管、阀门应有一定距离，有些城市规定测流孔前后直线管段长度为 30 ~ 50 倍管径值。

（三）测流孔应选择在交通不频繁便于施测的地段，并砌筑有井室。

（四）测粗糙系数时，可借助一个消防栓井和一个测流井，也可用两个测流井，两井间距至少在 50m 左右，管径在 1m 以上时，此距离还要增加，因为太近会影响测试结果，甚至看不出水压降，太远操作不便。

二、常用测流仪器

（一）毕托管：毕托管是能直接测出管内水流状况的一种非常经济简便的测流仪器。它的结构简单，自己就可以制造，而且携带方便，对其优缺点列举如下。

1. 优点

直接测出管网中水的流速、流向及压力；在不知道管道口径时，可直接测出；构造简单、轻便；根据水体在管内流向，便可判断管道走向。

2. 缺点

操作较繁琐，测试时间长；毕托管插入部分易磕碰，使铜管口变形，造成系数改变，测试精度下降；测前如对仪器不做清洗消毒，对水质可能有一定的影响；计算较麻烦。

（二）便携式超声波流量计：便携式超声波流量计是一种现代化测流仪器，它是利用超声波原理测出管中水的流速，并能记录瞬时流量和积累流量，特点是不用装入管网系统中去，在管的外面进行施测。

三、流向的测定

对管网测压点普遍测定后，绘制等压线图，基本上可以确定干管的流向。

四、管内水流状态

管道内的水流状态，绝大多数情况下呈紊流。任何口径的平直水管，它的流速分布状态近似呈抛物线形，在管中心点流速最大（实测时，往往不一定如此），靠管壁越近流速越小。

参 考 书 目

1. 何维华. 城市给水管道. 四川科学技术出版社
2. 中国城镇供水协会编. 供水管道
3. 刘灿生. 给水排水工程施工手册. 中国建筑工业出版社
4. 建设部. 给水排水管道工程施工及验收规范（GB50268—97）. 中国建筑工业出版社
5. 柳金海. 管道工程安装维修手册. 中国建筑工业出版社
6. 陆培文，孙晓霞等. 阀门选用手册. 机械工业出版社
7. 建设部. 室外给水设计规范（GBJ13—86）. 中国计划出版社
8. 王立吉. 计量学基础（修订版）. 中国计量出版社
9. 应启明，刘德荣. 水表装修工. 中国建筑工业出版社
10. 詹志杰. 水表技术手册. 中国计量出版社
11. 中国城镇供水协会编. 供水营销员
12. 游浩，王景文. 给水排水工程. 中国建材工业出版社
13. 严煦世. 给水工程. 中国建筑工业出版社
14. 余彬泉，陈传灿. 顶管施工技术. 人民交通出版社
15. 中国工程建设标准化协会. 硬聚氯乙烯管应用技术规程汇编. 中国计划出版社
16. 国家技术监督局发布. 给水用硬聚氯乙烯管材（GB/T10002.1—1996）
17. 王旭，王裕林. 管道工识图教材. 上海科学技术出版社